Gustav Pécsi

Krisis der Axiome der modernen Physik

Reform der Naturwissenschaft

Gustav Pécsi

Krisis der Axiome der modernen Physik

Reform der Naturwissenschaft

ISBN/EAN: 9783959132749

Auflage: 1

Erscheinungsjahr: 2015

Erscheinungsort: Treuchtlingen, Deutschland

© Literaricon Verlag Inhaber Roswitha Werdin. www.literaricon.de. Alle Rechte beim Verlag und bei den jeweiligen Lizenzgebern.

KRISIS DER AXIOME
DER MODERNEN PHYSIK.

Reform der Naturwissenschaft.

Vom Professor
Dr. GUSTAV PÉCSI.

I. BUCH:
Newtons System und das neue physische System.

II. BUCH:
Das neue Sonnensystem.

DRUCK VON GUSTAV BUZÁROVITS
ESZTERGOM (Ungarn)
1908.

I. BUCH.

NEWTONS SYSTEM UND DAS NEUE PHYSISCHE SYSTEM.

> In templo scientiarum unum est altare veri cultus: altare veritates! Cultus magnorum nominum ad idololatriam adducit in scientiis.

VORWORT.

Die Wahrheiten, die dieses Buch enthält, habe ich zum erstenmal in ihren Grundzügen im zweiten Bande meines *Cursus Brevis Philosophiae*[1] und zwar in der Kosmologie unter dem Titel: Energetica veröffentlicht. Doch habe ich diese Abhandlung über Energetik auf Bitten der Philosophischen Gesellschaft, deren Vorsitzende Professoren der Universität Budapest sind, ausführlich ausgearbeitet und in einer öffentlichen Sitzung derselben Gesellschaft am 16. Oktober 1907 verlesen. Teile dieser Abhandlung erschienen in einer Zeitung, um die neuen Thesen zur Kenntnis der Physiker und Naturwissenschaftler zu bringen und ihnen Gelegenheit zu geben, ihre Schwierigkeiten vorzubringen, die alten Axiome zu verteidigen — wenn sie dazu imstande sind — und die neuen Wahrheiten zu widerlegen.

Beim ersten Ansturm herrschte grosse Bestürzung und grosses Staunen im Lager der Physiker. Man hielt es von vornherein für unmöglich, dass die Welt über die Gesetze Newtons drei Jahrhunderte lang, über die Konstanz der

---

[1] Erschien am 1. September 1907.

Energie und das Entropiegesetz seit fünfzig Jahren im Irrtum befunden hätte, (obwohl sie nicht Hunderte, sondern Tausende von Jahren in Irrtum war über die wichtigsten Wahrheiten der Naturwissenschaft). Die Folge war, dass viele sich anheischig machten, den unerhörten Angriff zurückzuschlagen und die neuen Thesen umzustossen.

Als man aber die genannten Artikel aufmerksamer durchlas, wagten nur zwei in den Zeitungen öffentlich gegen die neuen Wahrheiten anzugehen; einer aber übernahm die Verteitigung der alten Axiome in einer öffentlichen Disputation (18. Dezember 1907 und 18. Januar 1908). Die übrigen hüllten sich in Schweigen oder legten mir in Privatbriefen ihre Zweifel und Schwierigkeiten vor.

Die hauptsächlichsten Einwendungen, ob öffentlich oder privatim erhoben, habe ich teils den betreffenden Paragrafen beigefügt, teils im letzten Artikel gesammelt und eine Broschüre unter dem Titel: „Krisis der Axiome der modernen Physik" in der Landessprache herausgegeben. Interessant ist, dass viele, welche die Kraft der Argumente dieses Werkes nicht hinreichend abzuwägen vermochten, aus der vollständigen Ohnmacht meiner Gegner die feste Überzeugung gewannen, dass die alten Axiome falsch und die neuen Thesen sicher wahr seien. Ich schlug nämlich meinen Gegnern drei Wege vor: sie sollten entweder a) die Argumente verteidigen, mit welchen die Fundamentalgesetze der Physik bis heute bewiesen worden sind, oder b) die genannten Gesetze durch neue Argumente stützen, oder c) mein Buch Seite für Seite widerlegen. Während ich aber bisher auch nicht eine einzige Behauptung meines Buches zurückzunehmen brauchte, konnten meine Gegner bei der Verteidigung der genannten Gesetze oder in der Polemik gegen mein Buch kaum ein Wort vorbringen, ohne sicheren Prinzipien der Physik selbst (und noch mehr der Logik) zu widersprechen.

So kann ich also ruhigen Herzens meine Arbeit dem Richterstuhl der gesamten wissenschaftlichen Welt übergeben; zwar bin ich dabei auf heftige Einwendungen gefasst, doch vertraue ich sicher auf den endgültigen Sieg. Denn grosse Wahrheiten von grundlegender Bedeutung, so lehrt die Geschichte, vermögen nicht gleich beim ersten Ansturm die Welt zu erobern; sie brauchen oft Jahre, um im Wettstreit mit alten Vorurteilen und der Verehrung, die man einem Namen von Klang zollt, sich den gebührenden Platz im Tempel der Wissenschaft zu erobern. Im Tempel der Wissenschaft aber gibt es für den rechtmässigen Kult nur einen Altar, den Altar der Wahrheit. Wollte man hier grossen Namen Weihrauch streuen, so hiesse das Götzenbilder verehren; denn hier gilt nur die Autorität Gottes und der menschlichen Vernunft, rein menschliche Autorität gilt nur soviel, als sie beweist.

Zwei grosse Vorteile wird hoffentlich dieses Werk den Naturwissenschaften bringen: *a)* durch die Widerlegung der alten Axiome werden diese Wissenschaften frei von Jahrhunderte alten Fesseln, welche bis heute die Lösung zahlreicher Probleme hinderten und einen harmonischen und systematischen Einblick in den gesamten Weltprozess nicht gestatteten. *b)* die neuen, wahren Fundamentalgesetze der Bewegung aber werden der Physik und Mechanik mit Leichtigkeit neue Wege eröffnen, um genauere Gesetze aufzustellen.

Schliesslich ergibt sich für die christliche Apologetik ein grosser Vorteil daraus, dass das wissenschaftliche Fundament[1] des ganzen Materialismus von Grund aus zerstört wird und der kosmologische Gottesbeweis seine altbewährte Kraft wiederbekommt. Von jetzt an wird man ihn nicht mehr auf dem sandigen Untergrund des Entropiegesetzes, sondern auf einen festen Felsen gründen.

Es gilt die Fäden der Naturwissenschaften, die den Händen eines Kopernikus, Galilei und Kepler entfallen sind, wieder aufzunehmen und weiterzuspinnen, es gilt die grossen Hindernisse, welche sich in den Fundamentalgesetzten Newtons dem Fortschritt der Wissenschaft hindernd in

---

[1] Das Prinzip von der Konstanz der Energie.

den Weg stellten, zu beseitigen; dann erst können die Wissenschaften wieder frei aufatmen.

Bis zu Newton dachten die Physiker kaum im Traum an die „Trägheit der Bewegung" und an die immerwährende Gleichheit von Wirkung und Gegenwirkung. Newton führte diese seine „fixen Ideen" im 17. Jahrhundert in die Wissenschaft ein, und aus ihnen erblühte dann im 19. Jahrhundert die „fixe Idee" von der Konstanz der Energie. Allerdings sind diese Ideen sehr sinnreich ausgedacht, was schon daraus hervorgeht, dass sie drei Jahrhunderte hindurch die ganze Naturwissenschaft im Bann gehalten haben, nichtsdestoweniger aber sind es fixe Ideen und nichts anderes. Sollte sich aber jemand in seiner Verehrung gegen jene grossen Namen durch diesen Ausdruck verletzt fühlen, so möge er bedenken, 1. dass alle Gebildeten das perpetuum mobile für eine fixe Idee, d. h. für ein absurdum halten; nun sind aber die „Trägheit der Bewegung" (d. h. eine Bewegung ohne Ende, wie sie durch den zweiten Teil des 1. Newtonschen Gesetzes festgelegt wird, ferner die Konstanz der Energie nichts anderes als ein perpetuum mobile in anderer Ausdrucksweise, wie wir mehrfach im Verlauf der Abhandlung sehen werden. 2. Newton und R. Mayer waren im Mittage ihres Lebens geistesgestört und sind später nie wieder vollkommen geheilt worden, und das legt den Verdacht nahe, dass sie eine Neigung zu wissenschaftlichen fixen Ideen gehabt haben. Ich werde aus diesen ihren Lebensumständen allerdings niemals einen Beweis konstruieren, aber im Interesse der geschichichtlichen Wahrheit ist es gut, einmal darauf hingewiesen zu haben. Gefühlsmenschen pflegen gegen derartige Bemerkungen sehr empfindsam zu sein, die Klügeren aber folgen dem Sprichwort: Amicus Plato, amicus Cicero, magis amica veritas.

Weil das ganze System der modernen Physik auf den Newtonschen Bewegungsgesetzen sich gründet, in diesem Werke aber neue Gesetze über die Bewegung aufgestellt werden, so wird mit Recht im ersten Buche das neue System der Physik dem System Newtons entgegengestellt. Wie wir im § II, III und XIV sehen werden, kann das erste und dritte Gesetz Newtons nicht nur durch Vernunftgründe, sondern auch experimentell (auf der Atwoodschen Fallmaschine) widerlegt werden, ebenso können die neuen Bewegungsgesetze auf derselben Fallmaschine und in jedem konkreten Fall illustriert werden. Also kann das System Newtons nach allen Regeln der Physik widerlegt, das neue System aber als richtig bewiesen betrachtet werden.

Esztergom (Ungarn) 1. Juli 1908.

Der Verfasser.

§ I.
Die Axiome der theoretischen Physik.

Führerin aller Naturwissenschaften ist die Physik, denn sie erhellt den Weg für alle übrigen, sie regiert auch die Astronomie, die man Königin der Naturwissenschaft zu nennen pflegt. Besonders in unseren Tagen hat die Physik das höchste Ansehen gewonnen, sie hat Naturkräfte, die unbekannt oder sicher nicht genügend ausgenützt waren, in ihren Dienst genommen und der Menschheit untertan gemacht, durch die Erfindungen der modernen Technik hat sie den Gang des öffentlichen Lebens bedeutend umgestaltet.

Durch die glücklichen Ergebnisse ermuntert, verlegten sich die Physiker des 18. und 19. Jahrhunderts mit grossem Eifer auf den Ausbau und die Vervollkommnung der Physik. Ihre Untersuchungen beschränkten sie nicht bloss auf das empirische Gebiet, (wo man aus Versuchen sichere Schlussfolgerungen zu ziehen sucht) wobei sie die Kräfte und Eigenschaften der Körper aufzeigten, die Gesetze der Naturkräfte bestimmten und praktisch anwandten, sondern sie gingen auch über auf das Gebiet der Theorien. So entwickelte sich neben der experimentellen Physik, besonders im vergangenen Jahrhundert, *die theoretische.*

Jeder Mensch ist ja von Natur aus Philosoph, d. h. er sucht den Zusammenhang der Erscheinungen, will ihre tiefsten Ursachen erkennen, obwohl diese keineswegs mit den Sinnen mehr wahrnehmbar sind, noch auch dem Experiment unterliegen. So konnten sich auch unsere Physiker nicht enthalten, ein wenig den Philosophen zu spielen, wenn sie die Konstanz der Energie, das Entropiegesetz und ähnliche Axiome, die schon das Gebiet der Methaphysik berühren, aufzustellen suchten. Physiker ersten Ranges (wie Helm, Heymanns, Mach) gestanden, dass die theoretische Physik, wie schon der Name andeutet, dort betrieben wird, wo die Naturerfahrung aufhört; denn wo schon die Sinne versagen, wo weder Rechnung noch Experiment angewandt werden kann, sondern nur der Vernunftschluss (Spekulation), dort hört das Feld der Physik auf und *es beginnt die Metaphysik.*

Die Philosophie könnte also getrost Streifzüge unternehmen und einen grossen Teil des Feldes für sich in Anspruch nehmen, welches jetzt die theoretische Physik in Besitz hat. Höchstens dürfte dieses Gebiet durch ein Kompromiss für neutrales oder gemeinsames Gebiet erklärt werden, zu welchem den beiden benach-

barten Mächten (Physik und Mathematik) der
freie Zugang offen stände, und auf welchem also
auch die Metaphysik Besatzungen aufstellen und
Einfluss ausüben müsste, etwa wie die euro-
päischen Mächte in Kreta oder Mazedonien. Da
diese Wachsamkeit bisher vernachlässigt wurde,
da durch das glänzende Aussenwerk der modernen Physik auch christliche Philosophen sich
blenden liessen und inzwischen der Materialismus
in schimpflicher Weise die Axiome der Physik
missbrauchte, so ergibt sich die Notwendigkeit
in der Philosophie (besonders in der christlichen)
neue Wege zu eröffnen; ein *neuer Zweig* muss
dem Baume der Kosmologie eingepfropft werden,
der die Aufgabe hat, zu wachen über die Axiome
der theoretischen Physik und sie zu prüfen.
Dieser neue Teil der Kosmologie kann mit Recht
Energetik genannt werden, da ja alle Gesetze der
theoretischen Physik über die Natur und die
obersten Gesetze der Kräfte ($\varepsilon\nu\varepsilon\rho\gamma\varepsilon\tilde{\iota}\alpha$) handeln.

Die erste Aufgabe der Energetik wird sein,
die bisher aufgestellten Axiome, die von einem
Weltpol zum anderen widerhallen, einer strengen
Kritik zu unterziehen. Nicht von jenen Hypothesen zweiten Ranges ist hier die Rede, durch
welche die Physik die unsichtbare Natur der
Erscheinungen zu erklären sich bemüht (z. B.
die Natur der ausgestrahlten Wärme, der Joni-
sation, der Becquerel-Strahlen), denn das sind
infrakosmologische Fragen, die wir den Eintags-

hypothesen überlassen. Hier ist vielmehr die Rede von einigen allgemeinen Schlussfolgerungen, die man aus den Theorien der modernen Physik hergeleitet hat und als Fundamentalgesetze der Physik in der ganzen Welt feiert. Diese sind: Das Prinzip von der Konstanz der Energie, das Entropiegesetz und die drei Fundamentalgesetze Newtons, aus denen die beiden ersten sich entwickeln, wie der Baum aus der Wurzel. Diese Axiome wurden bisher von der christlichen Philosophie ohne Kritik weitergegeben, in der falschen Meinung, als seien sie durch gediegene physikalische Beweise (durch die Rechnung und das Experiment) bewiesen worden, und als gehörten sie unbedingt in den Bereich der Physik. Ja viele christliche Gelehrte verkünden wetteifernd mit den Materialisten diese Gesetze als „unfehlbar" oder wenigstens als „ziemlich sicher", so auch unser verehrter P. Dressel.[1] Mittelpunkt aller physikalischen Axiome ist das Prinzip von der Konstanz der Energie, das man überall als das Diadem der modernen Physik feiert, so dass es als ein Attentat auf die Wissenschaft gilt, es auch nur anzurühren. Und doch verschwinden diese Prinzipien wie Rauch, wenn sie dem scharfen Luftzug der Logik ausgesetzt werden und zerbrechen wie Glas, wenn man sie mit den Eisenhänden der Dialektik anfasst.

---

[1] Elementares Lehrbuch der Physik. III. Auflage 1905.

Der Hauptzweck dieses Werkes ist also das Prinzip von der Konstanz der Energie zu widerlegen, weil dieses die wissenschaftliche *Grundlage des ganzen Materialismus* ist. Weil aber mit diesem Prinzip die Bewegungsgesetze Newtons und das Entropiegesetz organisch zusammenhängen (die Gesetze Newtons sind gleichsam die Wurzel, das Konstanzgesetz der Stamm und das Entropiegesetz die Krone des Baumes) so werde ich auch über diese Gesetze sprechen müssen. So auf das 3. wie auch auf das 1. Gesetz Newtons stützen sich viele falsche Schlussfolgerungen der modernen Energetik. Fünf falsche *Axiome* werden also in diesem Buche widerlegt. Unterwirft man diese Axiome der logischen Spektralanalyse, so erscheinen in ihnen sofort die schwarzen Linien der Trugschlüsse und Sophismen. Die Beweise, welche man für diese Axiome bisher vorgebracht hat, strotzen in der Tat von Sophismen.

Doch möge niemand glauben, dass wir unsere Argumente aus der Phylosophie nehmen oder durch Rückschlüsse aus philosophischen Prinzipien auf die Falschheit der physikalischen Axiome schliessen werden. Allerdings argumentieren wir *im Namen der Logik* gegen die genannten Axiome, denn keine wahre Wissenschaft — also auch die Physik nicht — kann sich von den Gesetzen der Logik dispensieren, weil keine Wissenschaft durch Sophismen ihre Thesen beweisen darf. Vielmehr werden wir *im Namen der Physik* selbst gegen die physikalischen Axiome argumentieren, weil sie eben im Widerspruch stehen mit sicheren Gesetzen der Physik. Den christlichen Phylosophen pflegen ihre Gegner Dogmatismus vorzuwerfen, obwohl diese in der Philosophie keine menschliche Autorität anerkennen, sondern nur die natürliche Vernunft und die Autorität Gottes. Wir hingegen müssen unseren Gegnern in der vorliegenden Frage in Wahrheit Dogmatismus vorwerfen, denn sie schwören auf die Worte eines Robert Mayer, Clausius und Newton und erachten ihre Ansichten für unfehlbar und keiner Verbesserung fähig.

Auch möge keiner glauben, die genannten Axiome seien physikalisch, d. h. durch Experiment oder Rechnung bewiesen worden. Wer diese Meinung hegt, zeigt damit seine Unkenntnis in theoretischen Fragen der modernen Physik. Die Schlussfolgerungen der experimentellen Physik (z. B. die Gesetze der Gravitation, der Elektrizität, die Keplerschen Gesetze) werden allerdings physikalisch bewiesen und darum ist ein Disputieren über sie kaum möglich. Anders jedoch die Lehrsätze der theoretischen Physik, als da sind: Konstanz der Energie, Entropiegesetz etc. Diese werden weder durch die Rechnung noch durch das Experiment bewiesen, sondern auf rein spekulativem Wege, und — wie es bei Spekulationen häufig geschieht — nichts ist da leichter, als dass Trugschlüsse und Sophismen mit unterlaufen. Der Beweis dieser Axiome *geht zwar aus* von einigen Experimenten (Pendelbewegung, Spiralfeder, Werfen eines Steines, Dampfmaschine, Umwandlung der Energie in Wärme etc.), aber diese Experimente werden falsch interpretiert und aus ihnen Folgerungen gezogen, die weiter gehen, als die Prämissen. Um theoretische Grundgesetze aufzustellen, genügt keineswegs die empirische Wissenschaft, es wird auch *wissenschaftlich ausgebaute Logik* erfordert, sonst wird die ganze Welt durch die Physik verführt, weil sie denn in der Tat in den genannten Fragen verführt worden ist. Und der Grund hiervon? Von dem Glanze grosser Namen liessen sich die Menschen blenden und gaben so die Axiome von Hand zu Hand weiter, ohne jemals kritisch zu untersuchen, ob die Argumente, welche die besagten Axiome stützen sollen, in Wirklichkeit Argumente sind oder nur Trugschlüsse. Doch schon ist es Zeit, vom Schlafe aufzustehen.

Wenn die Materialisten das Prinzip von der Konstanz der Energie und die damit verbundenen Axiome für heilige und unantastbare Wahrheiten halten, so begreife ich das vollkommen, denn mit diesem Prinzip steht und fällt das ganze wissenschaftliche Gebäude des Monismus (Materialismus). Aber *die Physik als Wissenschaft,* die frei ist von materialistischen

Vorurteilen *kann sich nicht verschliessen* vor *dem Gedanken einer Revision* der genannten Axiome; sie darf keine Abneigung zeigen gegen einen solchen kritischen und folglich echt wissenschaftlichen Versuch.

Mit welch *unparteiischer Gerechtigkeit* die folgenden Seiten geschrieben sind und wie sehr sie frei sind von jeder Art Voreingenommenheit, geht daraus hervor, dass ich, ein christlicher Philosoph, im Verlaufe dieser Abhandlung dem Entropiegesetz, welches seit 50 Jahren die letzte Zuflucht der christlichen Apologeten beim kosmologischen Gottesbeweis war, vollständig den Garaus mache. Es ist nämlich meine Überzeugung, dass die Wissenschaft dieses Hauptargument der Theodicea auf einen festen Felsen erbauen kann und nicht mehr das luftige Fundament des Entropiegesetzes nötig hat.

Und hier sei es mir — obwohl die ganze Untersuchung vor allem eine physische und kosmologische ist — gestattet, mit einer kleinen Abschweifung auf das apologetische Moment der ganzen Abhandlung hinzuweisen. Wenn jemand die monistische (materialistische oder pantheistische) Literatur durchliest, z. B. das berühmte Werk Häckels,[1] so wird er erkennen, welch grosse Bedeutung bei fast jeder monistischen These das Prinzip von der Konstanz der

---

[1] Die Welträtsel. Strauss. Bonn.

Energie hat. Handelt es sich um die Existenz
Gottes, so wird das Prinzip von der Konstanz
der Energie angerufen: Denn wenn die Energie
der Welt konstant bleibt, so hat der Weltprozess
weder Anfang noch Ende. Also ist die Welt
ewig; eine ewige Welt aber bedarf keiner ersten
Ursache, keines ersten Bewegers. Aber auch
abgesehen von dieser Kardinalfrage hat die
dualistische Philosophie kaum eine These, der
gegenüber die Monisten sich nicht auf das Prinzip
von der Konstanz der Energie berufen. Handelt
es sich um das Lebensprinzip in den Pflanzen,
so heisst es: Ein solches kann nicht existieren,
denn die Menge der Pflanzen in der Welt ist
veränderlich, die Energiemenge aber ist konstant. Handelt es sich um die Seele des Menschen,
die hundertmal kostbarer ist, so heisst es wiederum: Die Zahl der menschlichen Seelen ist
veränderlich, die Energiemenge aber ist konstant.
Also ist die menschliche Seele nichts als physikalische Energie. Ist die Rede von der Willensfreiheit, so gilt: Ein freier Wille würde eine un-
bestimmte Energiemenge bedeuten; nun ist aber
die Energiemenge konstant, also gibt es keine
Willensfreiheit. Mit einem Worte: Die Materialisten haben dieses Axiom der modernen
Physik ganz für sich in Anspruch genommen,
es dient ihnen als Grundlage und Hauptstütze
ihres Systems. Wie könnte das auch Wunder
nehmen, wenn dieses Prinzip den Naturwissen-

schaften für unfehlbar gilt, und auch christliche Philosophen nicht den Mut haben, es anzutasten oder in Zweifel zu ziehen? Während andere Waffen der Monisten, z. B. der Darwinismus, die Urzeugung, von den ungläubigen Biologen selbst für inhaltlose Hypothesen gehalten werden, suchen die Materialisten in dem genannten Prinzip sozusagen den Punkt des Archimedes, auf den gestützt sie die ganze dualistische Philosophie und mit ihr die christliche Religion aus den ₋Angeln heben zu können glauben.

Was die metaphysischen Fragen über das Lebensprinzip, die menschliche Seele, die Willensfreiheit usw. angeht, so ist kein Zweifel, dass man hier die Beweisführung der Materialisten mit leichter Mühe zurückweisen kann. Zeigt doch die gesamte Biologie, Physiologie und besonders die Psychologie in einer ganzen Reihe von Argumenten, dass die Lebenstätigkeiten, angefangen vom vegetativen Leben, *metaphysische Tätigkeiten* sind, die nichts gemeinsam haben mit der physischen Energie des Weltalls. In der Tat gestehen auch selbst objektive und ernst denkende Physiker, dass derjenige das Prinzip von der Konstanz der Energie missbrauche, der es auf die Lebewesen ausdehnen wolle, die nicht nur physische und chemische Energien darstellen, sondern Erscheinungen, die einer höheren Ordnung angehören.

Weniger glücklich geht aus dem Kampfe

der *kosmologische Gottesbeweis* hervor. Sicher ist dieses Argument für die Existenz Gottes nicht das einzige, sondern ausser ihm haben wir noch eine lange Reihe von Beweisen. Aber kein christlicher Philosoph wird doch ohne Kampf den kosmologischen Beweis preisgeben. Doch leider! Das kosmologische Argument ist mit der Konstanz der Energie unvereinbar. Also muss man entweder das eine oder das andere preisgeben. Beweis: Das kosmologische Argument schliesst wenigstens in seiner klaren und populären Form aus dem Anfang und Ende der Welt. Was nämlich einen Anfang und ein Ende hat, das kann nicht aus sich selbst sein. Nun hat aber die Bewegung in der Welt einen Anfang und ein Ende. Also kann die Welt nicht aus sich selbst sein, sondern bedarf eines Schöpfers. Das kann jeder, auch der ungebildete Mann verstehen. Aber das Prinzip von der Konstanz der Energie nimmt hinterlistigerweise Anfang und Ende vom Weltprozess hinweg; also wenn die Konstanz der Energie zu Recht besteht, so kann die Welt ewig sein und bedarf folglich keiner ersten Ursache.

Wahr ist allerdings, dass das Entropiegesetz, welches vor 50 Jahren entdeckt wurde, zeitweise dem kosmologischen Beweis noch eine Zuflucht geboten hat. Clausius und Lord Kelvin brachten nämlich auf anderem Wege[1] wieder ein, was Robert Mayer

---

[1] D. h. durch die Umwandlung der Energie in Wärme und eine gleichmässige Zerstreuung dieser Wärme,

fortgenommen hatte: Anfang und Ende der Welt. Das Entropiegesetz ist sicher eine überaus schöne Theorie, aber leider Gottes nichts anderes als eine Theorie oder vielmehr eine geometrische Träumerei von Clausius und Kelvin.[1] Es wird die Zeit kommen und vielleicht steht sie schon nahe bevor, wo alle Physiker das Entropiegesetz aufgeben und zu den Altertümern der wissenschaftlichen Physik zählen werden. Und was werden dann die Verehrer der Konstanz der Energie mit dem kosmologischen Gottesbeweis machen?[2] Wozu soll also noch fernerhin das Prinzip von der Konstanz der Energie, wie ein anderer „Götze Dagon" Verehrung geniessen, wozu soll diese Chimäre, die niemals durch ein gediegenes Argument bewiesen worden ist, unangetastet bleiben? Die ganze Physik und die übrigen Naturwissenschaften helfen uns bei der Widerlegung dieses Prinzips. Und der Vorteil, der aus der Vernichtung dieses Prinzips für die Philosophie sich ergeben wird, ist ein gewaltiger. Denn ist einmal dieses Prinzip widerlegt, so *wird der kosmologische Gottesbeweis seine altbewährte und ursprüngliche Kraft wieder er-*

---

welche zur Folge hat, dass überall die gleiche Wärme herrscht und so alle Bewegung aufhört.

[1] Wie ich in § VI beweisen werde.

[2] Mit der „Kontingenz" der Welt werden sie den kosmologischen Beweis kaum retten; denn die Kontingenz erhellt uns nur aus Anfang und Ende der Welt!

halten. Wird nämlich die Energie des Weltalls beständig vermindert, so is noch viel mehr gewiss, dass einmal die Bewegung in der Welt ein Ende haben wird; alle übrigen metaphysischen Fragen werden von der Anfeindung durch dieses Prinzip ein für allemal frei sein. Die Explosion dieses Prinzips würde nichts weniger bedeuten, als *den Tod des wissenschaftlichen Materialismus,* dessen einziges wissenschaftliches Fundament eben dieses Prinzip war.

Anmerkung. Während ich an diesem grösseren Werke arbeitete, erschien am 1. Juli eine Gegenschrift (von einem Gymnasiallehrer der Physik) auf die ich ebenfalls in einer Broschüre („Das Absterben des Newtonschen Systems") antworte. Der neue Gegner konnte keinen einzigen Einwurf bringen, welcher in diesem Werke nicht schon beantwortet wäre. So wird es allen künftigen Gegnern ergehen. Denn das Newtonsche System bewegt sich in einem ziemlich engen „circulus vitiosus".

§ II.
Revision des I. und II. Newtonschen Gesetzes.

Die Wurzeln der modernen Energetik (Kräftelehre) erstrecken sich bis zu den Fundamentalgesetzen, die Newton über die Bewegung feststellte. Denn die Begriffe von Arbeit und Kraft, ebenso die Lehre der heutigen Physik über die gleichmässige Bewegung und der Beschleunigung wurden nach dem ersten Newtonschen Gesetze gebildet. Das dritte Newtonsche Gesetz aber enthält in sich das Prinzip von der Konstanz der Kräfte[1]. Bevor wir also das „Diadem" der modernen Physik behandeln, müssen wir diese Grundgesetze einer Prüfung unterziehen. Und wir werden sehen, dass der Irrtum, der im Prinzip von der Konstanz (Erhaltung) der Kräfte einen so hohen Grad erreicht, schon in den Wurzeln seinen Ursprung hat.

Die Fundamentalgesetze, die Newton über die Bewegung aufstellte, sind drei. Sie müssen

---

[1] Vgl. Dressel „El. Lehrbuch der Physik" S. 39.

im lateinischen Originaltexte angeführt werden, wie sie in seinem Werke[1] zu finden sind:

I. Corpus omne perseverat in statu suo quiescendi vel movendi uniformiter in directum, nisi quatenus illud a viribus impressis cogatur statum suum mutare. (Jeder Körper verharrt in seinem Zustande der Ruhe oder gleichmässigen Bewegung in gerader Linie, wenn er nicht durch Kräfte, die man auf ihm einwirken lässt, zur Änderung seines Zustandes angetrieben wird.)

II. Omnis mutatio motus proportionatur vi motrici impressae et fit secundum lineam rectam qua vis imprimitur (seu fit in directione vis motricis). (Jede Bewegungsveränderung ist proportioniert zur einwirkenden bewegenden Kraft und vollzieht sich in gerader Linie zur Einwirkung der Kraft, d. h. in der Richtung der bewegenden Kraft.)

III. Omni actioni reactio semper aequalis et contraria est (correspondet); sive: duorum corporum actiones in se mutuo (ad invicem) semper sunt aequales et in partes contrarias diriguntur. (Jeder Einwirkung entspricht immer eine gleiche Gegenwirkung in entgegengesetzter Richtung; oder die gegenseitigen Wirkungen zweier Körper aufeinander sind immer gleich und wirken in entgegengesetzter Richtung).

---

[1] „Principia Philosophiae Naturalis mathematica." Im Artikel: „Axiomata sive leges motus".

A) Prüfung des I. Newtonschen Gesetzes.

Das erste Newtonsche Gesetz hat zwei Teile. Nach dem ersten Teil kann sich der physische (oder anorganische) Körper nicht selbst bewegen und würde, sich selbst überlassen, ewig in Ruhe bleiben, wenn er nicht durch eine äussere Kraft den Anstoss zur Bewegung erhielte. Als Grund dieser Behauptung wird die Trägheit der Körper angegeben, und so heisst dieses erste Gesetz auch das *Gesetz der Trägheit*. Nach dem zweiten Teile dieses Gesetzes verharrt nicht nur der ruhende Körper von sich aus in seinem Zustand, sondern auch der bewegte, und zwar verharrt er nicht allein[1] in der Richtung der Bewegung, sondern im Zustande der Bewegung selber und

---

[1] Jemand hat mir hier entgegengehalten: „Newton will in diesem zweiten Teile *nur* das Verharren *in der Richtung* der Bewegung, nicht im Zustand der Bewegung selbst behaupten". Doch habe ich bisher noch keinen Physiker gefunden, der die Beharrung nur auf die Richtung bezogen hätte. Seit Newton lehrt die gesamte Naturwissenschaft, der bewegte Körper beharre von sich aus in der Bewegung (und in der Gleichmässigkeit derselben), wenn er nicht von einer äusseren Kraft gezwungen werde, seinen Zustand zu ändern. Daher lehren die Physiker, dass der einmal bewegte Körper sich ohne Ende bewegen würde, wenn er nicht durch äussere Kräfte (Hindernisse) gehemmt würde. Wenn also die Physik auch die Worte Newtons missverstanden hätte, so bliebe doch die Notwendigkeit bestehen, dieses Gesetz zu prüfen. Doch sind die Worte Newtons zu klar, als dass sie einer

Begriff der Trägheit.

in deren Gleichmässigkeit. Als Grund dieser Aufstellung führt die Physik wieder die Trägheit der Körper an.

Am ersten Teil des ersten Newtonschen Gesetzes haben wir nichts auszusetzen! Er enthält volle Wahrheit. Ein physischer Körper kann sich in der Tat nicht selbst bewegen und zwar wegen der ihm natürlichen Trägheit; und wenn er bewegt wird, wird er nur bewegt in Kraft einer äusseren Einwirkung.

Hier möge es mir gestattet sein, nur weniges zur *Erklärung der Trägheit* zu sagen; ihr Begriff ist nicht schwierig, wird aber von manchen ohne Not verdunkelt;[1] ja sogar falsch ausgelegt. Die Trägheit ist ein natürliches Unvermögen bezüglich der mechanischen Bewegung. Während nämlich die Lebewesen sich spontaner Bewegung erfreuen, gehorchen die anorganischen Körper nur äusserer Gewalt. Die Trägheit ist also *etwas*

---

falschen Interpretation Raum geben könnten; er selbst sagt die Beharrung von drei Dingen aus: von der Richtung, von der Gleichmässigkeit und vor allem von der Bewegung selbst.

[1] Man kann durchaus nicht manchen Physikern beistimmen, welche die Trägheit für ein Geheimnis halten, das die Fassungskraft unseres Verstandes übersteigt. Vgl. Chwolson „Lehrbuch der Physik" I. 75. Nur das ist wahr, dass man eine klare Erklärung der „Trägheit" bei keinem Physiker findet, weil sie eben in Newtonschen System wirklich ein Mysterium, besser gesagt eine contradictio in terminis ist.

Negatives, das Fehlen spontaner Bewegung. Um dies klarer zu verstehen, muss man unterscheiden zwischen physischem und idealem Körper. Der physische Körper, der unseren Beobachtungen zugänglich ist, unterliegt der Gravitation des Universums, die Körper unserer Erde speziell unterliegen der Anziehung der Erde. Zur natürlichen Trägheit des physischen Körpers kommt die Anziehung der Erde und setzt der Bewegung und Beweglichkeit des Körpers *positiven Widerstand* entgegen. Daher kommt es, dass manche Physiker die Trägheit für positiven Widerstand halten. Aber in der Frage nach den Bewegungsgesetzen muss man vor allem *den idealen Körper* (d. h. der keiner äusseren Kraft unterliegt) vor Augen haben, nicht aber den physischen, der der Gravitation unterliegt, wie auch Newton selbst einen solchen idealen Körper sich dachte und in den drei Gesetzen den Effekt nur einer Kraft (oder Einwirkung) betrachtete.

Übrigens kann man apodiktisch nachweisen[1], dass die Trägheit etwas Negatives ist.

Wenn die Trägheit ein positiver Widerstand gegen die Bewegung wäre, so wäre sie nicht Trägheit oder Indifferenz gegen die Bewegung, sondern eine positive Kraft. Dann aber wären zur Beendigung der Bewegung nicht äussere Kräfte und Hindernisse erforderlich

---

[1] Vergleiche hierüber die Einwürfe 14—19 im § X.

— wie alle modernen Physiker lehren — sondern gerade die Trägheit würde die Bewegung hemmen. Wenn die Physiker den zweiten Teil dieses Gesetzes beweisen, dass nämlich der bewegte Körper im Zustand der Bewegung verharre, *sagen sie ja ausdrücklich, der Körper habe keine positive Kraft zur Hemmung* der Bewegung und so verharre er in der Bewegung. Also ist die Trägheit keine positive Kraft. Aber später vergessen sie diese Wahrheit wieder.

Einwand: Aber eine grössere Masse (auch beim idealen Körper, wird sicherlich nicht so leicht bewegt als eine geringere Masse. Also setzt der Körper im Verhältnis zu seiner Masse der Bewegung Widerstand entgegen. **Antwort:** Die grössere Masse des idealen Körpers wird nicht wegen eines Widerstandes nicht so leicht bewegt (das ist nur bei einem der Gravitation oder einer anderen positiven Kraft unterliegenden Körper der Fall). Eine grössere Masse wird deshalb nicht so leicht (oder mit geringerer Geschwindigkeit) bewegt, weil die bewegende Kraft sich verteilt gemäss der Quantität des Körpers. Wie die übrigen Kräfte, so wird auch die dynamische in die Quantität des Körpers geteilt. Daher drückt man gewöhnlich die Qualität der Bewegung nicht durch v, sondern richtig durch mv aus.

Während der erste Teil dieses Gesetzes also richtig ist, so ist *der zweite ganz falsch, ja er widerspricht geradezu dem ersten Teile.* Nach diesem Teile verharrt der einmal bewegte Körper, auch wenn die bewegende Kraft aufhört, ihn zu bewegen, vermöge des erhaltenen Anstoßes in der Bewegung (ebenso in der Gleichförmigkeit und Richtung derselben) und im leeren Raum, wo er keine Hindernisse fände, *würde er sich ewig bewegen.* So lehren seit Newton alle Physiker.

Wie beweisen sie diese Behauptung? *Folgendes ist der Beweis* Newtons und der Physiker: Der Körper ist träge, d. h. er hat keine der Bewegung entgegengesetzte Kraft. Also bleibt ein bewegter Körper von sich aus ewig in Bewegung.

Aber dieser Beweis ist nicht zutreffend. *In der Tat verhält es sich so:* Wenn die bewegende Kraft zu bewegen aufhört, so bedarf der bewegte Körper keiner entgegengesetzten Kraft, damit die Bewegung aufhöre, sondern *nach einer gewissen Zeit* (ihre Dauer hängt ab vom Anstoss, der die Bewegung hervorrief) *wird er aufhören, sich zu bewegen.* Die entgegengesetzten Kräfte, die Schwere des Körpers, Hindernisse, Reibung usw. beschleunigen nur das Ende der Bewegung; aber die von einem endlichen Anstoss ausgehende Bewegung würde auch ohne sie aufhören. Folgende Beweise erhärten dies:

1. Beweis: *(aus der Trägheit des Körpers).* Die physischen Körper sind träge, d. h. sie können sich nicht selbst bewegen, noch setzen sie der Bewegung eine positive Kraft entgegen (wie die Physiker nach obigem Argument selbst zugeben). Doch daraus folgt nicht, dass der Körper durch einen einmaligen Anstoss ohne Ende bewegt wird. *Das Gegenteil folgt daraus;*[1] nämlich: gerade weil der Körper sich die Bewegungsenergie nicht selbst geben kann, so ist im physischen Körper der einzige Grund der Bewegung der äussere Anstoss. Der äussere Anstoss aber hat nur endliche Wirksamkeit; also wird auch sein Effekt, die Bewegung, immer endlich sein, so gross, als dem Anstoss entspricht, nicht grösser und nicht geringer, doch niemals unendlich.[2]

Derselbe Beweis kann auch so formuliert werden:

2. Beweis: *(aus dem Causalitätsprinzip).* Nach der Lehre von der Trägheit ist *der Grund* der Bewegung eine äussere Kraft. Nach dem Prinzip der Causalität aber kann *der Effekt* (die Bewegung nämlich) nicht grösser sein als seine Ursache. Also kann die Bewegung, die von einem einfachen und endlichen Anstoss kommt,

---

[1] Dieser zweite Teil widerspricht also dem ersten.

[2] Wäre das nicht eine wunderbare „Trägheit", die den anorganischen Körper durch einen einfachen und momentanen Anstoss zum Grade eines „perpetuum mobile" erhebt? Wie kann man solches wissenschaftlich halten und verteidigen?

niemals dauern ohne Ende, sondern sie ist in sich und wesentlich endlich. Daher bedarf es auch keiner entgegenstehender Hindernisse, sondern sie hört von selbst auf.

3. Beweis: *(aus der Natur des Anstosses).* Was ist denn zuletzt der dynamische Impuls (Anstoss) zur Bewegung? Nichts anderes als *kondensierte Bewegungsenergie* oder die Endgeschwindigkeit einer beschleunigten Bewegung[1]. Wie nun aber weder die Ausdehnung einer zusammengedrückten Metallspirale noch die Ausdehnung gepressten Dampfes unendlich ist, sondern bald ein Ende hat, so kann sich auch die Ausdehnung (oder Entwicklung) akkumulierter Bewegungsenergie, welche Entwicklung sich gerade in der Bewegung offenbart — nicht ins Unendliche erstrecken.

Der Beweis kann auch durch eine Rechnung erläutert werden! Der Anstoss (Impuls) wird in der Physik gewöhnlich mit ft bezeichnet, die Bewegung aber oder die Quantität der Bewegung mit mv. Nach dem Causalitätsprinzip, das die

---

[1] Das ist besonders anschaulich, z. B. bei einer Schleuder (mit der man Steine wirft) oder bei der gymnastischen Sprungübung. Oder wird der Sprung nicht hervorgebracht kraft jener Endgeschwindigkeit, die jemand in beschleunigtem Laufe gewinnt? Oder auch bei der Bewegung, die durch kondensierten Dampf hervorgebracht wird.

Revision des I. Bewegungsgesetzes.

Physik sehr hoch schätzt,[1] ist $ft = mv$, oder die bewirkte Bewegung ist gleich dem bewirkenden Anstoss. Wenn also der Anstoss endlich ist, so muss auch die dadurch bewirkte Bewegung *allseits endlich* sein (in Stärke und Dauer).

Der Irrtumm stammt daher, weil man in der Formel der Bewegungsquantität ($ft = mv$) *den Weg und die Dauer* der Bewegung gar *nicht berücksichtigt*. Wenn man, wie es sein müsste, den Weg oder *die Dauer in Rechnung* ziehen würde,[2] dann wäre unsere Schlussfolgerung auch den Newtonisten evident.

Sei z. B. $ft = F$, d. h. gleich einer gewissen *Quantität von Kräften* (z. B. mit jener Kraftmenge, welche aus einem Zentner Kohlen entwickelt werden kann). Diese *Quantität* ist gewiss *eine endliche*; nach dem Prinzip der Kausalität *muss auch ihr Effekt* endlich sein. Nehmen wir an, die Kraftmenge F bringe in der Masse m die Geschwindigkeit v hervor.

Da $v = \frac{s}{t}$, wird die der Zeiteinheit *entsprechende Bewegungsquantität*[3] $\frac{ms}{t}$ sein. Die

---

[1] Denn alle Naturgesetze beruhen darauf.

[2] Vgl, den II. Teil dieses §, ferner § IV (II. Gesetz), § VIII (Bewegungsmenge) und den 1. Einwurf des § X.

[3] Die auch „Qualität" der Bewegung genannt werden kann. In der Tat hängt die Beschaffenheit einer Bewegung von der Menge und von der Geschwindigkeit des Körpers ab.

ganze Bewegungsquantität also, welche als Effekt der bewegenden Kraftmenge entspricht, ist *die Summe* von so viel *Bewegungsquantität-Einheiten,* wie viel Zeiteinheiten die Dauer der Bewegung in sich schliesst.

Wenn also der Effekt einer Kraftmenge (oder Kraftimpulsen) eine endlose Bewegung sein könnte, dann müsste diese energetisch ausgedrückt werden durch die Serie:

$$\frac{ms}{t} + \frac{ms}{t} + \frac{ms}{t} + \cdots \frac{ms}{t\infty}$$

d. h. durch eine unendliche Reihe. Aber in diesem Falle würde der Effekt offenkundig seine Ursache übertreffen[1], weil dann eine endliche Kraftmenge einen unendlichen Effekt hervorbringen würde.

Die Bewegungsquantität also (mv) — welche nämlich bisher von den Physikern als solche betrachtet wurde — ist nicht die ganze Bewegungsquantität, welche einer angewandten Kraftmenge entspricht, sondern blos *die Einheit der Bewegungsquantität*. Wie auch in der Tat im praktischen Leben die von einer Lokomotive oder einem laufenden Mann verbrauchte Kraftmenge nicht blos durch das Produkt der bewegten Masse und der Geschwindigkeit bemessen wird, sondern ausserdem (ja hauptsächlich) durch

---

[1] Übrigens kann F schon deshalb nicht gleich sein einer solchen unendlichen Reihe, weil s und t (nach denen v geschätzt wird) immer endliche Zahlen sind.

Revision des I. Bewegungsgesetzes. 35

die Dauer der Bewegung, oder wenn wir wollen *durch den ganzen Weg der Bewegung.*[1]

4. Beweis: *(aus den absurden Folgerungen).* Wir brauchen diesen zweiten Teil des ersten Newtonschen Gesetzes nicht ad absurdum zu führen. Die moderne Energetik tut dies selber, wenn sie aus demselben als (einer) Prämisse folgende und ähnliche Schlüsse zieht, die man fast bei allen Autoren physikalischer Werke lesen kann: „Die gleichförmige Bewegung eines Körpers verbraucht keine Kraft oder Energie, auch wenn sie ewig dauerte." „Arbeit ist nur dort vorhanden, wo äusserer Widerstand überwunden wird; deshalb leistet der ideale Körper keine Arbeit, wenn er von keiner entgegengesetzten Kraft in seiner Bewegung gehemmt wird, auch wenn diese ewig dauerte." „Eine gleichförmig bewegte Lokomotive verbraucht ihre ganze Dampfkraft zur Überwindung der Hemmnisse auf dem Wege, nicht aber zur Bewirkung der Bewegung; ihre Bewegung wird nur durch den ersten Anstoss hervorgebracht." Die Absurdität solcher Behauptungen wird am Ende von § IV des näheren an konkreten Beispielen gezeigt werden. Wenn die Physiker mit dem „täglichen"

---

[1] In der Tat ist $F = \frac{ms}{t} + \frac{ms}{t} + \frac{ms}{t} \cdots \frac{ms}{t} = \frac{t}{t} ms = ms$,

d. h. die verbrauchte Kraft kann gemessen werden durch das Produkt der Masse und des ganzen Weges. (Vgl. hierüber § IV, das II. Bewegungsgesetz.)

36 Revision des I. Bewegungsgesetzes.

Verstande denken wollten, würden sie sich nie zu solchen Folgerungen bekennen; doch wer auf das erste Newtonsche Gesetz schwört, der muss mit geschlossenen Augen diese Ungereimtheiten annehmen.

Einwurf: Allgemein bekannt ist die Atwoodsche Maschine, die ursprünglich zur Erläuterung der Gesetze für beschleunigte Bewegung erfunden wurde. Sie besteht wesentlich aus einem Rad, von welchem an den beiden Enden eines sehr dünnen Fadens zwei gleiche Gewichte $c + c_1$ herabhängen.[1] Die beiden Gewichte halten einander das Gleichgewicht und bleiben in jeder Höhe unbewegt stehen. Legen wir aber zu dem einen Gewicht (z. B. zu c) noch ein drittes Gewicht r hinzu (Übergewicht), so kommt eine Bewegung zustande. Die Tätigkeit der Schwerkraft kommt bezüglich der Gewichte $c + c_1$ hier nicht in betracht, weil diese sich das Gleichgewicht halten; sie übt also nur auf das Übergewicht r einen Einfluss aus. Auch die Reibung des Fadens und der Widerstand der Luft kann durch ein weiteres Gewicht q aufgewogen werden. So haben wir an dieser Maschine in der Tat ein wahres Beispiel des idealen Körpers. Doch *jetzt entsteht die Schwierigkeit*. Denn diese Maschine bestätigt nicht nur die Gesetze für den beschleunigten Fall, sondern erläutert auch experimentell das

---

[1] Siehe die Figur im § XIV.

erste Newtonsche Gesetz. „Denn wenn das Übergewicht r im Falle durch eine geeignete Vorrichtung aufgehalten und so der Körper c von der Ursache der Beschleunigung befreit wird, so *fährt* der Körper c *fort, sich* mit der Endgeschwindigkeit *gleichförmig weiterzubewegen* und würde sich *ohne Ende* bewegen, wenn die Länge der Maschine dies zuliesse." Cf. Dressel S. 8.

Antwort: Die gebräuchliche Atwoodsche Maschine ist viel zu kurz (blos 2 m), als dass sie eine „Bewegung ohne Ende" zeigen könnte. Man errichte eine solche Maschine *von grösserer Länge* und man wird sehen, dass nach der Entfernung des Gewichtes r die Bewegung nur im Anfange gleichförmig ist, aber bald in beschleunigte oder verlangsamte Bewegung übergeht. Im Anfang (einige Augenblicke) ist die Bewegung allerdings gleichförmig, weil, wie im § VIII (wo von der Entstehung der beschleunigten Bewegung die Rede ist) graphisch gezeigt wird, die vom Gewichte r erhaltene Endgeschwindigkeit nichts anderes ist, als die durch mehrere aufeinanderfolgende Anstösse entstandene Anhäufung der Bewegungsenergien, welche also mit gleichförmiger Bewegung beginnt und mit *Verlangsamung* endigt (Cf. § VIII, Gesetz I und Corollarium), wenn nicht ein Übergewicht unrechtmässige *Beschleunigung* verursacht. *In beiden Fällen* zeugt die Atwoodsche Maschine *gegen* das erste Newtonsche Gesetz, weil nach ihm die

Bewegung ohne Ende gleichförmig sein müsste. Ja auch in der gebräuchlichen Atwoodschen Maschine (2 m) geht die gleichförmige Bewegung, wenn wir das Experiment mit ganz kleinen Übergewichten (1—5 gr) ausführen und das Übergewicht ziemlich schnell entfernt wird, bald in Verlangsamung über (wenn das Gewicht q nicht zu gross ist) oder in Beschleunigung (wenn q zu gross ist). Ich machte diese Experimente selbst mit mehreren Physikprofessoren. Mit der Atwoodschen Maschine[1] kann man das erste Newtonsche Gesetz *experimentell*[2] *widerlegen!*

4. Beweis ist der experimentelle Beweis aus der Bewegung der Pendel (Siehe im § V B.)

5. Beweis ist der experimentelle Beweis, wovon im § XIV ausführlich die Rede sein wird.

---

[1] Die Versuche an der Atwoodschen Maschine müssen mit den nötigen Vorsichtsmassregeln gemacht werden. Besonders muss die Maschine ziemlich lang sein (mehr als 2 m); ist sie aber nur 2 m lang, so müssen die Versuche mit ganz kleinen Gewichten gemacht werden und darf dieses Gewicht nur kurz wirken. Das Übergewicht q sei richtig, d. h. so gross, als gerade erfordert wird, um die Hemmnisse zu überwinden; wenn es z. B. auch nur $1/10$ gr zu schwer oder zu leicht, so wird schon ein unrechtmässiger Einfluss auf die Bewegung ausgeübt und entweder unrechtmässige Beschleunigung oder unrechtmässige Verlangsamung herbeigeführt. Gewöhnlich nimmt man als Übergewicht 1 gr; es genügt aber vollauf 0·3—0·6 gr, je nach der Feinheit des Instrumentes.

[2] Von der experimentellen Widerlegung dieser wie auch der übrigen Axiome wird im § XIV ausführlich die Rede sein.

B) Prüfung des II. Newtonschen Gesetzes.

Das II. Gesetz Newtons lautet also: „Die Bewegungsänderung ist der bewegenden Kraft proportioniert und vollzieht sich in ihrer Richtung"

1. Der Kern dieses Gesetzes enthält etwas wahres. Im gewöhnlichen Sinne versteht man unter Bewegungsänderung immer eine positive Änderung, mit anderen Worten den Übergang von der Ruhe zur Bewegung oder von der langsameren Bewegung zur schnelleren. Jeder Laie also gibt diesem Gesetze, wenn er davon hört, folgenden Sinn: *die Geschwindigkeit* der Bewegung ist der (wirklich angewandten) bewegenden Kraft direkt proportioniert.

2. Die moderne Physik versteht jedoch unter „Bewegungsänderung" auch die negativen Änderungen[1]. Somit bedeutet das Gesetz in diesem Fall: dass das Verlangsamen und das Aufhören der Bewegung *auch proportional* sind *den entgegengesetzten Kräften* (den Hindernissen). Dieser Sinn des Gesetzes wurde auch wirklich im Newtonschen System gelehrt, schon wegen des Zusammenhanges des zweiten Gesetzes mit dem ersten; in diesem Sinne widerspricht aber das Gesetz den Tatsachen. Wie nämlich im § XIV durch Experimente an der Fallmaschine gezeigt werden wird: die Hemmnisse *verkürzen*

---

[1] Siehe § XIII (Definition der Kraft) und im § X den 6. Einwurf.

blos den Weg der Bewegung, sie wird aber von selbst langsamer und hört von selbst auf. Das Verlangsamen also und Aufhören der Bewegung als „Effekt" betrachtet *übersteigt* immer die Kraft der Hemmnisse. Insofern also das zweite Gesetz in diesem Sinne gefasst implicite dasselbe aussagt, wie das erste Gesetz (d. h. die „Trägheit der Bewegung"): muss es — durch das, was bereits gegen das erste Gesetz gesagt wurde, oder noch ferner an mehreren Stellen dieses Werkes gesagt werden wird — widerlegt betrachtet werden.

3. Aber das zweite Gesetz Newtons bedarf einer Revision, besonders wegen des negativen Sinnes, der ihm infolge seines Zusammenhanges mit dem ersten Gesetze innewohnt! Nach den Newtonisten ist nämlich blos die Geschwindigkeit der bewegenden Kraft proportional, *der Weg aber keineswegs;* der Weg eben wäre — wie gross immer die bewegende Kraft sein mag — in gleicher Weise unendlich. Hier liegt vielleicht die tiefste Wunde der Newtonschen Gesetze und ihr schroffster Gegensatz zur praktischen Mechanik verborgen: denn bei der Formulierung der Bewegungsgesetze liess er den Hauptfaktor[1] der Bewegung, nämlich der Weg oder die Dauer[2] der Bewegung unberücksichtigt.

---

[1] Siehe § IV (II. Gesetz) und § XIII (Bewegungsquantität).

[2] Der Weg ist (eine gewisse Geschwindigkeit v

Revision des II. Bewegungsgesetzes. 41

In der praktischen Mechanik muss z. B. die Quantität der nötigen Steinkohlen nicht blos der zu bewegenden Masse und iher Geschwindigkeit proportional sein, sondern auch der Länge des Weges, der zurükgelegt werden muss, und noch eher der letzteren, als der Geschwindigkeit. Denn, wie wir im § XIV sehen werden, und wie jeder Maschinist zu gut weiss: so ist es für die nötige Quantität der Steinkohlen nicht besonders massgebend, ob die Lokomotive *eine gewisse Strecke* mit grösserer oder kleinerer Geschwindigkeit zurücklegt. Und als finge schon die moderne Energetik sich zur Wahrheit zu bekehehren, da sie in die Formel der Arbeit (W = fs) *den Weg* aufnahm.[1]

Die Newtonisten werden hier gewiss bereit sein mit der Ausrede, „dass der Weg blos wegen der Hindernisse der Bewegung in Rechnung gezogen werden muss". Aber an mehreren Stellen dieses Werkes wird die enorme Absurdität jener Behauptung, als ob die bewegende Kraft während der Bewegung nur zur Bezwingung der Hemmnisse verbraucht würde — handgreiflich gezeigt werden.

---

oder eine gewisse Beschleunigung g vorausgesetzt) der Dauer (bei gleichmässig beschleunigter Bewegung aber dem Quadrat der Dauer) direkt proportioniert. $s = ct$; $s = \frac{gt^2}{2}$.

[1] Siehe § IV (II. Gesetz).

Wir werden also in der Formulierung der Bewegungsgesetze (Siehe § IV) die gehörige Rücksicht auf den Weg nehmen. Daselbst wie auch im § XIII wird noch mehreres über diese Frage gesagt. Die Berücksichtigung also oder die Vernachlässigung des Weges ist ein anderer *Hauptunterschied*[1] zwischen Newtons System und der neuen Physik. Auf welcher Seite hinsichtlich dieses Punktes die Wahrheit stehe, hängt natürlich von der Widerlegung des ersten Newtonschen Gesetzes ab. Deshalb sind der Widerlegung „der endlosen Bewegung" mehrere Paragraphe dieses Werkes (nämlich der erste Teil dieses §-es, der letzte Teil des IV. §-es, § X, § XIV und der § I des zweiten Buches) gewidmet.

Korollar 1. Jede mechanische Bewegung, die unserer Beobachtung unterliegt, resultiert aus mehreren Einwirkungen. Im besonderen: jeder physische Körper unterliegt der Gravitation des Universums. So unterstehen die irdischen Körper der Anziehung der Erde oder der Gravitation. Die bewegende Kraft hat hauptsächlich mit der Anziehungskraft der Erde zu kämpfen, wenn sie einen physischen

---

[1] Drei *Hauptunterschiede* finden sich in der Dynamik zwischen dem Newtonsehen System und dem neuen physischen System: a) die endliche Natur der Bewegung, b) der Weg als Hauptfaktor der Bewegung. c) und die Ungleichheit der Aktion und Reaktion im Falle der Bewegung (hierüber im § III).

Körper bewegen will; wie auch diese Figur erläutert.

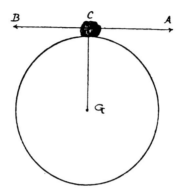

CA und CB bezeichnen die Grenzen, innerhalb deren die Schwerkraft die Bewegung fördert. Über diese Grenzen hinaus hindert die Gravitation in jeder Richtung mehr oder weniger die Bewegung. In der Horizontalrichtung selbst (CB und CA) hat die Schwere direkt keinen Einfluss auf die Bewegung, weil das ganze Gewicht des Körpers von der Erde gehalten wird. Indirekt jedoch hat sie auch in dieser Richtung Einfluss, da sie die Reibung erhöht.

Doch neben der Gravitation modifizieren noch andere Hemmnisse die Bewegung des Körpers, (z. B. der Widerstand des Mittels, die Reibung, entgegengesetzte Bewegungen) und beschleunigen das Ende der Bewegung, die aber auch von sich aus aufhören würde. Und, wie wir bei der Zurückweisung des dritten Newtonschen Gesetzes sehen werden, hängt der Erfolg (Effekt) mechanischer Kräfte wesentlich ab von Beziehung zwischen Wirkung und Gegenwirkung.

Korollar 2. Hier[1] will ich im Vorübergehen kurz die Beziehung beleuchten und bestimmen, welche zwischen der oben erläuterten natürlichen Trägheit und der Schwerkraft der Körper herrscht. Das Gleichgewicht und die Ordnung des Universums fordern, dass jedem Körper durch die universelle Gravitation ein fester Platz oder wenigstens eine bestimmte Bahn bestimmt sei, damit nicht alles durcheinanderstürze. So bewegen sich die Planeten durch die Gravitation in bestimmten Bahnen, die Körper der Erde aber haben immer ein verhältnismässig vollkommenes Gleichgewicht bezüglich der Anziehung der Erde. Die Erde bindet gleichsam die Körper, besonders die schwereren durch ihre Anziehung. Und — wie die Erfahrung lehrt — vermehrt die Schwere des Körpers sein Unvermögen bezüglich der Bewegung. Denn wie ein Mensch in Fesseln sich nicht so leicht bewegt, so bewegt auch jede physische Kraft einen der Schwerkraft unterworfenen Körper schwieriger. Die Schwerkraft kann also schon als po-

---

[1] Weil manche geneigt sind, den Widerstand, den die Schwerkraft der Bewegung entgegensetzt, manchmal der Trägheit zuzuschreiben oder die Trägheit nach Art eines positiven Widerstandes sich vorzustellen, ob diese auch nur eine rein negative Indifferenz ist.

sitive Gegenwirkung gegen jede Bewegung betrachtet werden, die zwischen 90^0 und 180^0 zum Erdradius sich vollzieht. Das wird besonders klar, wenn wir einen schweren Körper aufheben oder fortwerfen sollen. Aber auch die horizontale Bewegung der Körper wird erschwert durch die Schwerkraft, wenn hier auch nicht direkt, sondern nur insoweit sie die Reibung vermehrt. Wenn man ferner die Schwere des Körpers mit der natürlichen Trägheit vergleicht, so könnte man diese mit Recht physische Trägheit nennen, da sie eine physische Ursache hat, während man erstere metaphysische Trägkeit nennen müsste, da sie mit dem gradus metaphisicus (der metaphysischen Stufe) des unbelebten Körpers zusammenhängt.

§ III.
Revision des dritten Newtonschen Gesetzes.

Nun beginnt ein rauher Weg, nun beginnt zu wanken „das Diadem" der modernen Physik; denn das dritte Newtonsche Gesetz[1] enthält — wie Dressel I, 39 bemerkt — implicite schon das Prinzip von der Erhaltung der Kräfte, obwohl Newton selbst nicht einmal davon geträumt hat. Hiermit verhält es sich genau so wie mit dem Kantianismus. Kant selbst war kein Skeptiker, im Gegenteil, er betonte die Existenz Gottes und der menschlichen Seele. Doch seine Lehre führt *logisch* zum Subjektivismus und Skepticismus, und so hat denn der Kantianismus auch *historisch* zum Subjektivizmus und Skepticismus geführt.

Bevor wir die Widerlegung obigen Axioms in Angriff nehmen, müssen wir den Begriff der Wirkung und Rückwirkung in seinem natürlichen und objektiven Sinne, wie *im Sinne Newtons* erläutern. Bislang haben nämlich die Physiker,

---

[1] Das erste Gesetz aber enthält nicht minder im Keime diese letzte Konklusion des Newtonschen Systems.

da dieses Gesetz ja noch nicht in Zweifel gezogen wurde, davon abgesehen, eine genaue und sichere Begriffserklärung der Wirkung und Rückwirkung zu geben.

a) Rückwirkung ist vor allem eine *positive Wirkung* und unterscheidet sich nicht im Wesen, sondern nur in der Richtung von der Wirkung; denn sie hat — wie Newton häufig bemerkt — eine der Wirkung entgegengesetzte Richtung.

b) Also ist die Rückwirkung *nicht* dasselbe wie *die Trägheit* der Körper. Die Trägheit ist nämlich wie oben bewiesen, keineswegs eine Wirkung oder eine positive Kraft, sondern reine Indifferenz der Bewegung gegenüber, zu der sie weder pro noch contra etwas beiträgt. Dies erhellt übrigens aus Newtons Worten selbst. Newton hat nämlich an einer anderen Stelle (Z. U. 2. 173) sein drittes Gesetz so gefasst (und in dieser Fassung ist das Gesetz bei mehreren Physikern, z. B. bei Dressel zu finden): „Wenn ein Körper A auf einen Körper B mit einer gewissen Kraft wirkt, so wirkt der Körper B mit einer gleichen Kraft in entgegengesetzter Richtung zurück." Also kann nach dem Urheber des Gesetzes die Rückwirkung nur von Seite anderer Körper kommen, darf aber durchaus nicht in demselben Körper gesucht werden. Mit anderen Worten, Rückwirkung ist nicht Trägheit.

c) Rückwirkung ist also das *Korrelativum* zur Wirkung. Dann hat aber das Axiom keinen Wert!

Rückwirkung kann sicherlich weder sein noch gedacht werden ohne Wirkung. Wirkung dagegen sehr wohl gedacht werden, ja sogar sein ohne jede Rückwirkung. So haben z. B. Körper, die in einem ganz leeren Raum fallen, keine Rückwirkung. Ihre natürliche Trägheit ist nämlich keine positive Wirkung und kann demnach nicht als Rückwirkung betrachtet werden.

d) Wirkung und Rückwirkung müssen, um verglichen werden zu können, *derselben Art* sein. Gegen eine mechanische Kraft *wirkt* direkt nur eine andere mechanische Kraft *zurück* (nicht Wärme oder Elektrizität), gegen die Wärme nur Wärme usw. Und darin unterscheidet sich die Rückwirkung von dem Ergebnis der Einwirkung. Das Ergebnis der Einwirkung nämlich, z. B. einer mechanischen Einwirkung[1] kann ausser der mechanischen Bewegung auch die Wärme, Elektrizität etc. sein.

e) Doch muss man sich besonders vor der falschen Auffassung hüten, als sei die Rückwirkung das *Ergebnis*[1] der Einwirkung.[2] Gegen eine solche Interpretation spricht:

---

[1] Wir betrachten hier von vornherein nur die mechanischen Ein- und Rückwirkungen, wie auch Newton bei der Aufstellung seiner Gesetze nur diese vor Augen hatte.

[2] Daher wird volkstümlicherweise dieses Axiom Newtons gewöhnlich so zitiert: Die Einwirkung *erzeugt* eine gleiche Rückwirkung. Aber keinen Physiker traf ich bis jetzt an, der Newtons Gesetz so verzerrt hätte.

Begriff der Rückwirkung.

1. Das dritte Gesetz Newtons selbst, das sich nicht des Ausdrucks „erzeugt" oder eines anderen Synonymons bedient, sondern klar besagt: die Rückwirkung *sei* gleich der Einwirkung.

2. Das zweite Gesetz Newtons, das festlegt, dass das *Ergebnis* der Einwirkung sich immer in der Richtung der Einwirkung selbst vollziehe. Nun aber behauptet Newton selbst inbetreff der Rückwirkung, dass sie der Einwirkung in der Richtung entgegengesetzt sei.

3. Endlich schliesst das Kausalitätsprinzip die Möglichkeit aus, dass das Ergebnis einer Einwirkung entgegengesetzt sei der Einwirkung selbst, da es ähnlich (von derselben Richtung) sein muss.

Es ist demnach vielmehr zu behaupten, dass die Einwirkung gewöhnlich[1] in der Natur eine ihr entgegengesetzte Rückwirkung, ja sogar mehrere Rückwirkungen *findet*. Eine Hand z. B., die einen Stein erhebt, erzeugt nicht (sondern findet) seine Schwere, die der Bewegung nach oben entgegenwirkt; ja sie erregt nicht einmal jene, da die Erdanziehung ununterbrochen wirkt. Eine Hand, die gegen eine Mauer stösst, erzeugt nicht deren Härte (sondern findet sie) noch er-

---

[1] Ich sagte gewöhnlich (in der Regel). Es könnte nämlich nicht bewiesen werden, dass jede Wirkung *immer* eine Rückwirkung findet, wie wir bereits in dem Beispiel „des freien Falles" gesehen. Ebenso verhält es sich, wenn z. B. die Wärme in das Gebiet der absoluten Temperatur übergeht etc.

regt sie sie, weil die Molekularkohäsion ohne Unterlass wirkt etc.

Der folgende Einwurf ist also von vornherein abzulehnen: „Das dritte Newtonsche Gesetz ist nichts anderes als die physische Form des *Kausalitätsprinzips,* demzufolge die Wirkung gleich ist der Ursache."

Antwort: 1. Vor allem kann nach dem Kausalitätsprinzip die Wirkung ihre Ursache nicht übertreffen, sie braucht ihr durchaus nicht gleichzukommen, sie kann *kleiner* sein. 2. Das dritte Newtonsche Gesetz hat nichts gemein mit dem Kausalitätsprinzip. Es besteht nämlich kein Kausalnexus zwischen Ein- und Rückwirkung, wie soeben zur Genüge bewiesen[1]. Entgegengesetzte Kräfte verhalten sich in der Natur wie zwei Heere, die gegen einander kämpfen. Mag nun eine Seite nur defensiv oder mögen sich beide Seiten offensiv verhalten, der Angriff der einen

---

[1] Angenommen übrigens, wenn auch nicht zugegeben, dass ein Kausalnexus zwischen ihnen bestehe, so würde dennoch keine *ewige Gleichheit* zwischen Wirkung und Rückwirkung sich ergeben; denn es gibt — wie wir im Verlaufe dieses Traktates noch häufiger sehen werden — *negative Wirkungen* in der Natur, ja in jedem kosmischen Prozess findet man die messbare Wirkung mit einem Minus vor. Das wissen die Techniker im praktischen Leben nur allzu gut und träumen daher von einem „perpetuum mobile", das eine der Ursache gleiche Wirkung hervorbringen könnte.

erzeugt nicht, sondern findet die entgegengesetste Rückwirkung.

Der folgende Einwurf ist ebenfalls schon vorweggenommen: „Newtons Rückwirkung bezeichnet nicht eine Kraft oder eine positive Wirkung, sondern *die Trägheit* der Körper, die der Anstoss überwinden muss."

Antwort: Die Rückwirkung bezeichnet gerade im Sinne Newtons und der Physiker eine positive Wirkung und nicht die Trägheit a) Daher sagt Newton, die Rückwirkung komme von einem anderen Körper, sie verbleibe nicht in demselben Körper rücksichtlich ihrer eigenen Bewegung (wie die Trägheit). b) Daher sagt Newton in seinem ersten Gesetze, dass ein träger Körper, selbst wenn er nur von einem augenblicklichen Anstoss in Bewegung gesetzt würde, ohne Ende sich weiter bewegen würde, wenn nicht eine entgegengesetzte Wirkung seine Bewegung hemmen würde. Also hat nach dem ersten Newtonschen Gesetz *die Trägheit* der Bewegung *keinen Widerstand* geleistet, der zu überwinden wäre, sondern alle zu überwindenden Rückwirkungen kommen von aussen. c) Endlich lehrt die Physik dies ganz klar in dem Beispiel der translatorischen Bewegung, die in horizontaler Richtung auf der Erde sich vollzieht. Hier setzt nach den Physikern nur die Reibung und der Widerstand des Mittels Hindernisse (eine Gegenwirkung) der Bewegung entgegen und „die ganze

Begriff der Rückwirkung.

Kraft wird aufgewandt zur Überwindung dieser Hindernisse." Mithin kommt die Trägheit bei der Rückwirkung nicht in Betracht!

Wenn also jemand eine genaue Begriffserklärung der Rückwirkung wünscht, so wird vielleicht die beste Definition jene sein, die aus Newtons Worten selbst hergeleitet und aufgestellt werden kann. Nach Newton also ist *Rückwirkung jede entgegengesetzte Wirkung, die der Bewegung und ihrer Richtung entgegentritt.* Diese Rückwirkung kann vom Mittel oder von anderen Körpern kommen. Und wenn es sich um einen Körper handelt, der der Schwerkraft unterworfen ist, so widersteht die Schwerkraft selbst vor allen anderen jeder Bewegung, die sich nicht in der Richtung der Schwerkraft selbst vollzieht. (Diese Richtung erstreckt sich vom Erdradius bis zu 90^0 nach rechts und nach links.)

Die ganze Disputation wird sich drehen um die Gleichheit der Ein- und Rückwirkung; dies ist gleichsam die Achse des dritten Newtonschen Gesetzes. Nun kann aber dies hochberühmte Axiom *durch mehrere apodiktische Argumente* gestürzt[1] werden, wie folgt:

---

[1] Einige haben versucht, den Sinn des dritten Newtonschen Gesetzes zu ändern und besonders den Begriff der „Rückwirkung" umzumodeln. Aber schon von vornherein kann ich bemerken: wie auch immer man dieses Gesetz umgestalten mag, welche Auslegung immer

Widerlegung des III. Bewegungsgesetzes.

Argument 1. *(aus der Bewegung).* Ein grosser Teil der kosmischen Prozesse besteht aus mechanischer Bewegung. Nun ist aber Bewegung nur dann möglich, wenn *Ein- und Rückwirkung ungleich sind.* Mithin ist die Rückwirkung nicht immer gleich der Einwirkung.

Beweis des Untersatzes: Nach den Gesetzen der Mechanik heben zwei gleiche und entgegengesetzte Bewegungen sich auf, zwei gleiche und entgegengesetzte Kräfte aber halten sich das Gleichgewicht. Also ist bei einer gleichen und entgegengesetzten Wirkung eine Bewegung unmöglich. Mithin wird das dritte Newtonsche Gesetz zu dem Absurdum geführt, dass keine Bewegung in der Welt herrschen würde, wenn jenes Gesetz wahr wäre.

In der Tat kann das Verhältnis zwischen Ein- und Rückwirkung dreifach sein (immer Ein- und Rückwirkung in entgegengesetzter Richtung vorausgesetzt) a) die Einwirkung ist entweder grösser als die Rückwirkung und dann wird ein Teil der Einwirkung zur Überwindung der Rückwirkung verwendet,[1] der übrige Teil erzeugt die Bewegung.

---

man der Rückwirkung geben mag, *niemals wird sich eine immerwährende Gleichheit zwischen Ein- und Rückwirkung ergeben*; so unvollkommen ist Newtons drittes Gesetz.

[1] Nur dieser Teil der Einwirkung ist gleich der Rückwirkung.

b) Oder die Einwirkung ist gleich der Rückwirkung; und dann heben sich Bewegungen gegenseitig auf, Kräfte hingegen leisten sich das Gleichgewicht.

c) Oder die Rückwirkung ist grösser als die Einwirkung; und dann erfolgt der Zurückprall oder Bewegung in entgegengesetzter Richtung.

Also bewahrheitet sich das Newtonsche Gesetz *nur im Falle des Gleichgewichtes!*

Einwurf: Aber es wendet Newton oder an seinerstatt der ganze Chor der Physiker ein: „Wenn im Zustande der Bewegung die Rückwirkung nicht gleich wäre der Einwirkung, würde eine Beschleunigung eintreten. Nun aber tritt im Zustande einer gleichmässigen Bewegung keine Beschleunigung ein. Also ist bei jeder gleichmässigen Bewegung die Rückwirkung gleich der Einwirkung." (Dressel, Lehrbuch der Physik, 1905, I. 32).

Antwort: Aus diesem Einwurf tritt die Absurdität des dritten Newtonschen Gesetzes nur noch mehr zutage. Die Physiker vermengen hier nämlich zwei grundverschiedene Dinge, ein logischer Fehler, der gewöhnlich sophisma aequivocationis genannt wird. Ich erwidere in der streng wissenschaftlichen Form: „Eine Beschleunigung würde eintreten, wenn nicht das *Verhältnis* zwischen Ein- und Rückwirkung in den folgenden Augenblicken *gleich* wäre, concedo, wenn nicht *die Rückwirkung selbst* immer gleich wäre der

Einwirkung, nego. Das Verhältnis zwischen Ein- und Rückwirkung ist fürwahr nicht dasselbe wie die Rückwirkung selbst. Zur gleichmässigen Bewegung wird keineswegs erfordert, dass die Rückwirkung immer gleich sei der Einwirkung, sondern lediglich, dass das Verhältnis zwischen der bewegenden Kraft und der zu leistenden Arbeit beständig sei. Dies wird auch an dem Beispiel einer Dampflokomotive klar. Wann nämlich tritt eine Veränderung der Geschwindigkeit der Lokomotive ein? Nicht wahr, wenn entweder der Maschinist eine grössere Menge Dampf in das Rohr leitet (also, wenn die bewegende Kraft wächst) oder wenn die Beschaffenheit des Weges sich ändert (z. B. Anstieg, Abstieg), weil in beiden Fällen das *Verhältnis* zwischen Ein- und Rückwirkung sich geändert hat.

„Ein Gleichgewicht der Bewegung", wie sich die Physiker in Newtons Sinne ausdrücken, gibt's also nicht; es ist eine *contradictio in terminis*.[1] Übrigens wird es sich empfehlen, zu

---

[1] Wenn jemand bezüglich der Bewegung sagte: „Einwirkung=Rückwirkung (oder besser, jener Bruchteil der Einwirkung, die der Rückwirkung entspricht und sie überwindet) + *Bewegung,* würde die Wahrheit sagen und würde in der Tat nur das Kausalprinzip anwenden. Aber Newton will, dass die Rückwirkung allein — auch im Falle der Bewegung — gleich sei der Einwirkung. Nun aber kann die Bewegung der Rückwirkung gar nicht beigezählt werden, schon deshalb nicht, weil sie keine der Einwirkung entgegengesetzte Richtung hat.

56 Widerlegung des III. Bewegungsgesetzes.

bemerken, dass bezüglich der beschleunigten Bewegung die Physiker selbst das dritte Newtonsche Gesetz aufgeben.

Einwurf: Mag auch im ersten Augenblick der Bewegung die Einwirkung grösser sein als die Rückwirkung, so wird doch vielleicht die *ganze Rückwirkung,* die während der ganzen Bewegung zutage tritt, gleich sein der Einwirkung.

Antwort: Die Bewegung unterliegt nicht nur im ersten Augenblick, sondern während ihrer ganzen Dauer den Gesetzen der Mechanik. Daher gilt unser erstes Argument für jeden Augenblick und mithin auch für die ganze Bewegung, dass nämlich Bewegung nur dann eintritt, wenn die Einwirkung *grösser* ist als die Rückwirkung. Wie auch immer man also das dritte Newtonsche Gesetz wende, niemand wird es je aus der Grube, die ihm die Bewegung gegraben, herausziehen.[1]

---

[1] Nach Newton pflegen die Physikprofessoren das dritte Newtonsche Gesetz an folgendem Beispiel zu erläutern: „Mit derselben Kraft, mit der das Pferd den Wagen zieht, zieht der Wagen das Pferd zurück." Aber sicherlich ist vielen Jünglingen in der Schule der Zweifel aufgestiegen: „Wie kommt es denn also, dass der Wagen sich gleichwohl bewegt?" Und mit einem Versuch (zwei Kameraden ziehen einander mit gleicher und entgegengesetzter Kraft) widerlegen sie praktisch diese gewichtige Theorie. Ohne Zweifel: zwei gleiche und entgegengesetzte Kräfte können gemäss der gesunden Vernunft und der Mechanik nur Gleichgewicht erzeugen; gleiche und entgegengesetzte Bewegungen aber heben sich auf, erzeugen jedoch niemals eine Bewegung.

Widerlegung des III. Bewegungsgesetzes. 57

Argument 2: *(aus der Erfahrung).* Das Beispiel des Barometers beweist gleichsam handgreiflich die Falschheit des dritten Newtonschen Gesetzes. Dieses Beispiel wurde mir von einem Gegner als eine Schwierigkeit vorgelegt; sie kann aber sehr gut zurückgewiesen werden. Daher will ich sie in der polemischen Form anführen.

„Das Quecksilber — sagte mein Gegner — steigt, wenn der Luftdtuck *wächst*. Ist nun aber vielleicht der Druck der Quecksilbersäule nicht gewachsen? *Ganz gewiss;* denn eine grössere Säule hat ein grösseres Gewicht. Oder könnte vielleicht in irgend einem Augenblick der Druck der Quecksilbersäule geringer sein als der aerostatische Druck? Also ist Ein- und Rückwirkung auch bei der Bewegung gleich."

Antwort: Wenn das Gewicht der Quecksilbersäule gleich ist dem Druck (Gewicht) der Luft, so bleibt der Barometer ruhig. In diesem Falle sind Ein- and Rückwirkung gleich, es ist nämlich der Fall des Gleichgewichtes. Aber wann beginnt das Barometer sich zu bewegen, wann steigt und fällt die Quecksilbersäule? Nicht etwa dann, wenn der aerostatische Druck (d. h. die Einwirkung) wächst oder abnimmt? Die *Bewegung beginnt also nur dann,* wenn die Gleichheit zwischen Ein- und Rückwirkung gestört wird, d. h. wenn eine Ungleichheit zwischen Ein- und Rückwirkung eintritt. Und wie lange steigt oder fällt das Barometer? *Solange die Ungleichheit fortdauert,* bis das Gewicht der Quecksilbersäule wieder das Gleichgewicht hält dem veränderten (neuen) aerostatischen Druck. Mithin ist nicht nur in *irgend einem Augenblicke,* sondern in jedem Augenblicke der Bewegung die Einwirkung ungleich der Rückwirkung. Die Quecksilbersäule *ist auf dem Wege zum Gleichgewicht* mit dem veränderten Luftdruck, aber während der Bewegung ist sie nicht mit ihm im Gleichgewicht. Bei beiden Endpunkten (am Anfang wie am Schlusse der Bewegung) sind Ein- und Rückwirkung gleich, aber während der Bewegung sind sie ungleich.

Argument 3: *(aus der aufsteigenden Bewegung).* Wenn jemand ein Gewicht oder einen Stein mit der Hand in der Luft in Schwebe hält, so überwindet er durch seine Kraft die Schwerkraft, *er leistet ihr das Gleichgewicht.* In diesem Falle ist die Ein- und Rückwirkung (die Schwere des Gewichtes oder die Erdanziehung) gleich; aber in diesem Fall der Gleichheit wird nur das Gleichgewicht erzielt. Wenn ich den Stein heben oder nach oben bewegen will, muss ich die Einwirkung verstärken.[1] Dies

---

[1] Auch im luftleeren Raum, wo die Schwerkraft die einzige Rückwirkung gegen die aufsteigende Bewegung ist. Würde etwa vielleicht der Stein sich erheben, wenn die Schwere aufhörte, während ich ihn in der Hand halte? Durchaus nicht. Also wird eine be-

Widerlegung des III. Bewegungsgesetzes.

erhellt aus der täglichen Erfahrung der Arbeiter und wird von niemand in Zweifel gezogen. Also ist bei der Bewegung die Einwirkung grösser als die Rückwirkung.

Aber der Gegner drängt: *Es nimmt* aber doch auch die *Rückwirkung oder das Gewicht des Körpers* während der Bewegung und im Verhältnis zu ihrer Geschwindigkeit *zu*. Demnach wird also doch die Rückwirkung gleich sein der Einwirkung.

Antwort: Das *Gewicht* des Körpers nimmt sicherlich bei der aufsteigenden Bewegung nicht zu;[1] denn die Schwere wird bei einer kleinen Entfernung von den Physikern für ganz dieselbe gehalten; „das Gewicht ist in verschiedener Höhe, die in der Physik in Betracht kommt, dasselbe", Dressel n. 97; und wenn sie sich änderte, dann müsste sie bei einer aufsteigenden Bewegung eher kleiner genannt werden. Wenn das Gewicht des Körpers im Verhältnis zur bewegenden Kraft wüchse, so könnte die bewegende Kraft wiederum nur das Gewicht im Gleichgewicht halten und die erzeugte Bewegung wäre eine *Wirkung*

---

sondere, vom Hindernis unabhängige Kraft zur Hervorbringung der Bewegung erheischt.

[1] Im luftleeren Raum nämlich. Denn in der Atmosphäre wächst aus einem anderen akzidentellen Umstand, nämlich wegen des Widerstandes der Luft, der mit der Geschwindigkeit des Aufstieges natürlich zunimmt, auch etwas das Gewicht. Aber dieser Umstand steht jetzt ausserhalb unserer Frage.

ohne Ursache, was gegen alle Physik ist. Dass also die Rückwirkung des Körpers selbst beim Aufheben nicht wächst, das ist physisch und apodiktisch evident. Wenn aber die zur Erzeugung der Bewegung notwendige Arbeit, die ja die Hand sicherlich fühlen muss, zum Gewicht geschlagen oder mit diesem verwechselt wird, so ist dies eine *Sinnestäuschung*,[1] die durch die Wissenschaft richtiggestellt werden muss.[2] Übrigens kann auf der Poggendorfschen Wage experimentell bewiesen werden, dass beim Steigen des Körpers weder sein Gewicht, noch irgendwelche Reaktion wächst.[3] (Siehe Seite 65.)

Argument 4. *(Aus der Atwoodschen Maschine.)* Die Atwoodsche Maschine wird in jedem Elementarbuche der Physik beschrieben und jenes Instrument genannt, mit dem man *experimentell* die drei Newtonschen Fundamental-

---

[1] Der Sinn (die Hand) kann nämlich nicht unterscheiden, ob der wachsende Aufwand von Kraft zur Überwindung des Gewichtes oder zur Erzeugung der Bewegung verwandt wird. Und der Laie schreibt, weil die Bewegung im Körper erzeugt wird, dem Körper, d. h. seiner Schwere den wachsenden Aufwand an Kraft zu.

[2] Es folgt auch ganz sicher aus der Analyse der aufsteigenden Bewegung die Wahrheit, dass, während Gewicht oder Hindernis beim Aufstieg immer unveränderlich bleibt, die Intensität der Bewegung unabhängig von dem Widerstande gemäss der bewegenden Kraft verschieden sein kann.

[3] Wie wir schon oben bemerkt haben, ist die Einwirkung bei der Bewegung allerdings gleich der *Rück-*

Widerlegung des III. Bewegungsgesetzes. 61

gesetze beweise. Und in der Tat versuchen die Physiker das erste und zweite Gesetz an diesem Instrumente zu erläutern. Dass das erste Gesetz auf keine Weise durch dieses Experiment bewiesen, sondern vielmehr gestürzt wird, haben wir schon oben gesehen. Die Atwoodsche Fallmaschine ist eher das Grab des ersten Newtonschen Gesetzes denn ein Argument dafür.

Aber merkwürdig ist, dass die Physiker von einer Erläuterung des dritten Newtonschen Gesetzes durch diese Maschine schweigen. Was ist der Grund dieses Stillschweigens? Wenn wir die Sache näher betrachten, werden wir sehen, dass die Atwoodsche Fallmaschine das dritte Newtonsche Gesetz *nicht nur nicht bestättigt, sondern direkt stürzt.* Wenn nämlich zwei Gewichte, die gegenseitig der mechanischen Analyse gemäss *entgegengesetzte Kräfte* oder *Ein- und Rück-*

wirkung + der Bewegung. Und daher muss das Agens sowohl die Rückwirkung als auch die Bewegung spüren. Aber die Bewegung gehört nicht mehr zur Rückwirkung, denn sie vollzieht sich nicht in einer dieser entgegengesetzten Richtung. Also wächst nicht die Rückwirkung, sondern der Gesamteffekt und das muss das Agens sicherlich fühlen. Und wohlgemerkt, die Erzeugung der Bewegung macht denselben Eindruck auf unsere Hand wie der Druck des Gewichtes. Denn wie wir die Bewegung nur durch die Entfaltung unserer Kräfte hervorbringen, so kann auch das Gewicht nur durch die Entfaltung unserer Kräfte in Schwebe gehalten werden. Sobald wir dem Gewichte nachgeben, übt es keinen Druck mehr aus.

wirkung darstellen, gleich sind, ist keine Bewegung möglich; *Ein- und Rückwirkung* sind gleich, also erzeugen sie nur ein Gleichgewicht. Damit aber eine Bewegung hervorgebracht werde, ist die Zugabe eines dritten Gewichtes zu der einen oder der anderen Seite erfordert, wodurch die Gleichheit der Ein- und Rückwirkung gestört wird. Also ist Bewegung nur im Fall der Ungleichheit zwischen Ein- ünd Rückwirkung möglich.

Einwurf: Zur Erläuterung des dritten Newtonschen Gesetzes gibt es eine andere von Poggendorf erfundene Maschine. (Bei Dressel I, S. 30.)

Dies ist eine eigenartige Wage, die von der gewöhnlichen sich dadurch unterscheidet, dass sie

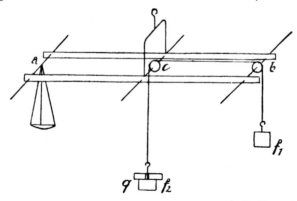

nicht aus einem, sondern aus zwei Balken besteht, die an den Enden und in der Mitte durch Metallfäden verbunden sind. Am rechten Ende

Widerlegung des III. Bewegungsgesetzes. 63

und in der Mitte werden die Räder c und b angebracht, die vermittelst eines Fadens zwei gleiche Gewichte f_1 und f_2 tragen. Am linken Ende aber wird das Gewicht f_1 durch ein gleiches Gewicht in der Gleichgewichtslage gehalten. So befindet sich die Wage in vollkommenem Gleichgewichte. Wenn aber dem Gewichte f_2 ein Übergewicht q zugegeben wird, so fällt das Gewicht f_2 und das Gewicht f_1 hebt sich. Das ist die Einwirkung. „Aber in derselben Zeit, sagt Dressel, in derselben Vertikallinie und in entgegengesetzter Richtung, erhebt sich eine gewisse Rückwirkung, wegen der die Wage selbst auf der rechten Seite *sich neigt*."

Dasselbe Experiment kann umgekehrt werden. Legt man nämlich das Übergewicht q auf das Gewicht f_1, dann sinkt f_1, aber in gleichem Masse *steigt* der rechte Arm der Wage.

Antwort: Die Newtonisten sind — wie wir öfters im Verlaufe des ganzen Traktates sehen werden — in der Analyse der Bewegungserscheinungen ziemlich oberflächlich. Die „Erbsünde" des ganzen Systems liegt eben in den falschen Bewegungsgesetzen. Hier handelt es sich auch blos um eine regelrechte Funktion der Wage — die vielleicht wegen der speziellen Konstruktion der Poggendorffschen Wage etwas kompliziert aussieht — in welcher aber *gar keine Reaktion* stattfindet, sondern nur eine Einwirkung und ihr direkter Erfolg. Es kann also nicht die

Widerlegung des III. Bewegungsgesetzes.

Rede sein von einer Bestätigung des dritten Gesetzes.

Beginne wir mit dem zweiten Experiment! Jedes sinkende Gewicht zieht den haltenden Arm nicht wahr weniger an? Durch das Sinken also des Gewichtes f_1, *wird der rechte Arm der Wage erleichtert.* Und würde f_1, mit der Beschleunigung 9.8 m fallen, das wäre ebensoviel als hinge am rechten Arm gar kein Gewicht. Nun besteht aber die Funktion der Wage — die ein einfacher Hebel ist — gerade darin, dass der schwerere Arm sich neigt und infolge dessen der andere Arm sich erhebt. Während des ganzen Vorganges also findet keine „Rückwirkung in der Richtung b f_1" statt, sondern der linke Arm übt einfach seine natürliche Wirkung aus.

Etwas komplizierter ist das erste Experiment. Wenn nämlich durch das Sinken des Gewichtes der Arm der Wage erleichtert wird, so schiene *aus dem Gegensatze* zu folgen, dass durch das Steigen des Gewichtes der Arm schwerer werde und dass deshalb der Arm sich neige. Es ist aber gar kein Grund vorhanden, weshalb das steigende Gewicht[1] schwerer werden und den

---

[1] Es ist hier nicht von einem durch den Arm der Wage in die Höhe zu ziehenden Gewichte die Rede (zum Heben des Gewichtes gebraucht es allerdings mehr Kraft als zum blosen Halten, wie im dritten Beweis erleutert wurde); das Gewicht f_1 wird ja nicht durch die Wage in die Höhe gezogen, sondern durch eine äussere Kraft, nämlich durch das Übergewicht q.

Widerlegung des III. Bewegungsgesetzes.

Arm der Wage stärker ziehen sollte[1]. Lehrt denn doch die Mechanik selbst „dass die Gewichter der Wage *in jeder beliebigen Höhe* hängend denselben Zug (Druck) auf den Arm der Wage ausüben". Hier handelt es sich also um ein ganz anderes Phänomen. Die Bewegung nämlich des Gewichtes f_2+q wird durch das Rad b und somit *durch den rechten Arm der Wage vermittelt*. Da der Arm der Wage leicht beweglich ist, so *gibt er dem Zuge der Bewegung nach*, gerade so, wie die Spiralfeder, welche im Wagen angewendet wird. (Siehe § XI, 3. Einwurf.)

Da das erste und dritte Gesetz Newtons so sehr „geheimnisvoll" ist, so ist es kein Wunder, wenn auch Physiker von gutem Namen ganz einfache oder einigermassen komplizierte Erscheinungen so sehr zu mystifizieren gedrungen waren, damit die Newtonschen Gesetze einigermassen „plausibel" erscheinen. Doch wahrhaftig, wenn sich blos derlei „Experimente" in der Vor-

---

[1] Obwohl auch eine solche Erscheinung nichts mit dem dritten Newtonschen Gesetz zu tun hätte! Ein drittes Experiment zeigt aber klar, dass das steigende Gewicht nicht schwerer wird! Hängen nämlich die Gewichte f_1 und f_2 unmittelbar von den beiden Seiten der Rolle b herab und fügt man so zu dem Gewichte f_1 das Übergewicht q hinzu, dann steigt der rechte Arm wieder in die Höhe. Wenn das steigende Gewicht f_2 wirklich schwerer würde, so müssten diese Veränderungen (da die Bewegungen der beiden Gewichte einander gleich sind) sich gegenseitig aufheben und der rechte Arm unbewegt bleiben!

ratskammer der Newtonisten finden, dann ist es kaum der Mühe wert, ein so leeres System auch ferner aufrecht erhalten zu wollen.

Argument 5. *(Aus der Mechanik.)* Bei jeder einfachen Maschine wirken entgegengesetzte Kräfte, die „Kraft" und „Last" genannt zu werden pflegen und von den Physikern selbst gewöhnlich als Ein- und Rückwirkung bezeichnet werden. Und die Mechanik hat die Gesetze der einfachen Maschinen in *Gleichungen* ausgedrückt. Nun aber drücken jene *Gleichungen* immer nur den Zustand des Gleichgewichtes aus, den Zustand der Bewegung aber nie! Denn zur Erzeugung von Bewegung wird eine *einseitige Zugabe* (d. h. an nur einer Seite) oder Ungleichheit zwischen Ein- und Gegenwirkung erfordert. Die strenge Mathematik gestattet demnach nicht, das dritte Gesetz Newtons auf den Zustand der Bewegung auszudehnen.

* * *

Da jeder Irrtum mit einer teilweisen Wahrheit beginnt, sonst hätte er nicht einmal den Anschein der Wahrheit und könnte sich kaum Eingang in die Wissenschaft verschaffen: so wird es von Interesse sein, zu untersuchen, welchen Sinn die Reaktion beim Ursprung des dritten Gesetzes hatte.

Der Ausgangspunkt Newtons zu diesem Gesetze war die magnetische Anziehung. Sein Experiment mit den zwei Magneten von verschiedener Stärke ist bekannt. Die Magneten nämlich näherten sich auf dem Wasser gegenseitig mit einer Geschwindigkeit, die ihrer Masse umgekehrt proportional war, also mit derselben Bewegungsenergie.

Da Newton die Natur der magnetischen Erscheinungen kaum näher kannte, so schloss er, gleich die gegenseitige Anziehung — welche allerdings miteinander gleich ist — sei eine gegenseitige *Reaktion*. Die neuere Physik dagegen erklärt die Gleichheit dieser gegenseitigen Anziehung aus der Gleichheit der in beiden Magneten vorhandenen positiven und negativen Elektrizität, also aus zwei gleichen *Aktionen*.

Wie immer es aber mit der Natur der magnetischen[1] oder elektrischen Anziehung stehen mag, so bliebe dieses dritte Gesetz im besten Falle ein Gesetz der elektromagnetischen (und gravitationellen) Anziehung. Der grössere Fehler wurde mit der Verallgemeinerung dieses Gesetzes begangen! Newton war zu solchen Generalisationen[2] sehr geneigt, wie er selbst an einer Stelle gesteht. Die Wirkungen in der Natur sind weit entfernt, sämtlich nichts anderes, als elektromagnetische oder gravitationelle Anziehungen zu

---

[1] Zu der die Gravitationskraft der Himmelskörper eine analoge Ähnlichkeit zeigt.

[2] Wenn der Mangel an Generalisation in der mittelalterlichen Physik gewiss zu tadeln ist, so kann die zu schnelle Verallgemeinerung ebenso zu Irrtümern führen.

sein. Das Ziehen, Schieben, Heben, der Zusammenstoss in der Dynamik sind ganz andere Erscheinungen.

1. Gesetzt, aber nicht zugegeben, dass bei der mechanischen Anziehung (z. B. ein Pferd zieht den Wagen) oder bei dem mechanischen Schieben (z. B. der bewegte Körper verschiebt die Luft aus seinem Wege) auch ohne jede positive Gegenkraft eine Gegenwirkung aufträte, so wäre das keine wirkliche Gegenwirkung, sondern eine *Teilung* der wirkenden Kraft. Dann wäre nämlich die Art der Wirkung der mechanischen Kräfte von Natur aus so bestimmt, dass eine Kraft zwischen zwei Körpern nur durch gleiche und entgegengesetzte Bewegung der beiden Körper (die zwei Anhaltspunkte) wirken könnte.[1]

2. Wenn wir aber die mechanischen Wirkungen in der Natur untersuchen, so finden wir nicht einmal von dieser in uneigentlichem Sinne genommenen Gegenwirkung irgend eine Spur. Als klassischer Beweis dienen uns dafür die Experimente und die daraus abgeleiteten[2] Gesetze der zusammenstossenden Kugeln.

---

[1] Wahrscheinlich wirkt die elektromagnetische Kraft (und die Schwerkraft) auf diese Weise.

[2] Bei der Ableitung dieser Gesetze wird zwar schon das dritte Gesetz Newtons angerufen. Aber Bewegungsenergie, welche die eine Kugel verliert und die andere gewinnt, ist auch ohne das Newtonsche Gesetz dasselbe, da eben jede Quantität *mit sich selbst gleich* ist.

Sind die Kugeln nicht elastisch, dann teilt die bewegte Kugel der ruhenden einen Teil ihrer Bewegungsenergie mit, welcher der Masse der ruhenden Kugel proportional ist, um dann mit gemeinsamer Geschwindigkeit die Bewegung fortzusetzen.

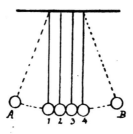

Sind die Kugeln elastisch, dann überträgt die bewegte Kugel ihre ganze Bewegungsenergie auf die ruhende und bleibt selbst stehen, während die andere die erhaltene Energie entwickelt. Erführe die Kugel 1 von seiten der Kugel 2 eine gleiche Rückwirkung, dann müsste sie entweder bis A zurückprallen, oder sie könnte nur die Hälfte ihrer Energie der Kugel 2 übergeben, um mit der anderen Hälfte die Gegenwirkung zu bezwingen. Nun aber bleibt die Kugel 1 stehen, die Kugel 4 aber entwickelt dieselbe Bewegung, welche die Kugel 1 ohne Hindernissen entwickelt hätte. Wegen der Elastizität geschieht zwar die Übertragung der Energie im zweiten Falle etwas anders[1] wie im ersten Falle, es handelt

---
[1] Der Grund des Unterschiedes ist in der Elastizität zu suchen. *Im ersten Augenblick* wird auch bei den

sich aber in beiden Fällen wesentlich um nichts anderes, als um eine einfache *Mitteilung-, Übergabe-,* oder *Übertragung* der Bewegungsenergie Von einer Rückwirkung ist bei den mechanischen Vorgängen — wenn nicht positive Gegenkräfte wirken — keine Spur.

Und damit ist auch die wichtige Behauptung des § II: die Trägheit sei kein positiver Widerstand — experimentell bewiesen.

Weil die Übertragung der Bewegungsenergie *Zeit* braucht, stürzen die Molekularkräfte der beiden Körper an der Stelle der Berührung unterdessen gegen einander und drücken sich gegenseitig ein. (Der Eindruck ist bei unelastischen Körpern bleibend.) Das gibt dem Vorgange den *Schein* irgend einer Reaktion im Newtonschen Sinne. Die Molekularkräfte (Kohäsien) jedoch sind schon *positive Kräfte,* gerade so wie die Schwerkraft der Körper. Positive Kräfte leisten natürlich positive Reaktion. Dennoch bleibt unanfechtbar fest unsere These: dass weder die Trägheit als solche eine Reaktion repräsentiert, noch die Wirkung als solche notwendigerweise

---

elastischen Körpern nur ein Teil der Bewegungsenergie mitgeteilt. Durch die Elastizität gewinnt aber der eingedrückte Körper seine Form *schneller* zurück als sich die mitgeteilte Bewegungsenergie auf den ganzen Körper fortpflanzt. Deshalb folgt im nächsten Augenblick ein zweiter (und vielleicht noch mehrere Stösse) bevor die gestossene Kugel sich in Bewegung setzt.

eine Gegenwirkung hat. Fände der Zusammenstoss nur zwischen zwei Molekeln statt oder könnte der stossende Körper seine Bewegungsenergie auf einmal übergeben, dann wäre der Stoss ohne Eindruck.

3. Beim mechanischen Ziehen, Heben und Schieben muss schon deshalb die Aktion der bewegenden Kraft grösser sein, weil sonst keine voranschreitende Bewegung zustandekommen könnte. Denn nehmen wir an, dass beim Heben eines Steines nicht nur die Erdanziehung zu übrwinden wäre, sondern noch eine Gegenbewegung der hebenden Hand, welche aus dem Trägheitswiderstand des Körpers entspränge; dann ist noch ein positiver Kraftaufwand nötig zur Erzeugung der Eigenbewegung der Hand. Ebenso ist es beim Fortschieben der Hindernisse. Der bewegte Körper darf nicht seine ganze Bewegungsenergie auf die Hindernisse vergeuden, sonst bleibt ihm keine Energie zu seiner eigenen Bewegung. Es ist also ein *Postulat* der mechanischen Bewegungen, das in der Aktion ein plus von Kraft gegenüber der Reaktion[1] (oder umge-

---

[1] Bei der elektromagnetischen oder gravitationellen Anziehung zweier Körper ist nur deshalb trotz Gleichheit der Anziehungen Bewegung möglich, weil die zwei Körper nicht den Fall der Aktion und Reaktion darstellen, sondern den Fall zweier Aktionen. (Siehe §. XI.)

kehrt) enthalten sei, sonst kommt keine Bewegung zustande.

Anmerkung. Niemand möge meinen, im Buche Newtons seien die Axiome (d. h. seine Bewegungsgesetze) „wissenschaftlich" bewiesen. Sein Werk („Principia etc.") enthält über die „Axiomata sive leges motus" nicht viel mehr, als wir darüber in den Handbüchern der Physik finden. Bei der heutigen strengen Beweisführung der exakten Wissenschaften könten solche „Grundprinzipien" nicht mehr durch die Retorte passieren.

§ IV.
Neue, wahre Fundamentalgesetze der Bewegung.

Um nicht den Anschein zu erwecken als wollten wir nur niederreissen, ohne aufzubauen, geben wir nach Widerlegung der Gesetze Newtons wahre Fundamentalgesetze der Bewegung.

Parallel mit den drei Fundamentalgesetzen Newtons stehen hier drei neue Fundamentalgesetze der Bewegung. Jedes einzelne der neuen Gesetze handelt über dasselbe Moment der Bewegung, jedoch fast ganz und gar im entgegengesetzten Sinne. Nur die erste Hälfte des ersten Gesetzes und der thetische Teil des zweiten Gesetzes wurde in die neuen Gesetze inkorporiert. Da das erste neue Gesetz über die Trägheit, das zweite über die Bewegungsquantität, das dritte endlich über Aktion und Reaktion handelt, kann das erste Gesetz mit Recht *Gesetz der Trägheit, das zweite Gesetz der Bewegungsquantität, das dritte Gesetz der Ein- und Rückwirkung* genannt werden.

I. Jeder physische Körper beharrt im Zustande der Ruhe, wenn er nicht von einer äusseren Kraft zur Bewegung angetrieben wird. Ein von äusserer Kraft angetriebener Körper aber ist gezwungen eine gewisse Bewegung zu entwickeln und zwar in der Richtung der bewegenden Kraft.

Jenes erste Gesetz kann man Gesetz der Trägheit nennen, wie das erste Gesetz Newtons hiess. In der vorgelegten Formulation des Gesetzes herrscht logischer, vernunftgemässer Zusammenhang zwischen dem ersten und zweiten Teile. Denn, wenn ein physischer Körper sich keine Bewegung geben kann, sondern seine ganze Bewegung von aussen kommt, ist leicht einzusehen, dass er nur so viel Bewegung entwickeln kann als ihm vom äusseren Impuls mitgeteilt wird." Die beiden Behauptungen ergeben sich von selbst logisch aus dem Begriffe der Trägheit. Dagegen widerspricht der zweite Teil des ersten Newtonschen Gesetzes dem ersten Teile und folgt keineswegs aus dem Begriffe der Trägheit; ein träger Körper kann nämlich aus einem endlichen Impuls keine Bewegung ohne Ende entwickeln. Dies behaupten hiesse das Kausalitätsprinzip stürzen und so viel „perpetuum mobile" einführen, als es in der Natur Bewegungen gibt.

Die Erläuterung dieses ersten Gesetzes also führt nicht zur Theorie einer unendlichen Bewegung, sondern zeigt im Gegenteil, dass ein durch einen endlichen Impuls bewegter Körper auch ohne allen Widerstand, ohne entgegenge-

I. Fundamentalgesetz der Bewegung.

setzte Kräfte zur Ruhe kommt, dass seine Bewegung aufhört; die Bewegung ist nämlich schon in sich oder vielmehr in der Ursache begrenzt, d. h. sie ist von demselben Masse wie der Impuls, welcher die Bewegung hervorbringt. Es ist wahr, in der physischen Welt führen verschiedene Hindernisse früher das Ende der Bewegung herbei (Schwere, Reibung, der Widerstand des Mediums, entgegengesetzte Kräfte), aber ein bewegter Körper würde nach einer bestimmten, wenn auch etwas längeren Zeit auch ohne diese Hindernisse zur Ruhe kommen.

Aus dem wahren Begriff der Trägheit folgt, dass der physische Körper so viel Bewegung wie viel ihm durch die äussere Kraft mitgeteilt wird, *nicht nur* entwickeln *kann,* sondern *muss!* Es gibt also eine *Trägheit der Bewegung* (inertia motus) in beschränkterem Sinne, d. h. dem Masse der angewandten Kraft entsprechend. Wie nämlich der physische Köper nicht imstande ist, sich selbst zu bewegen, so ist er auch nicht imstande der Bewegung zu widerstehen (das ist die wahre und ganze Natur der Trägheit: eine *vollständige Indifferenz* der Bewegung gegenüber). Wenn nicht also dem Körper eine der bewegenden Kraft entgegengesetzte Kraft „zu Hilfe kommt", muss er die Bewegung unverzüglich vollziehen.

Diese „Trägheit der Bewegung"[1] in be-

---
[1] Welche aber *nichts anderes,* als die Trägheit der Ruhe ist, von einer anderen Seite betrachtet.

schränkterem Sinne gab jedenfalls die Anregung zum Newtonschen Irrtum, der bis heuzutage unrechtmässig in der Wissenschaft herrschte. Ungemein gross ist nämlich der Unterschied zwischen einer solchen Bewegungsträgheit (welche z. B. auch in den Schwungrädern der Maschinen sichtbar ist) und der *unbeschränkten Newtonschen Bewegungsträgheit,* welche auch Bewegung ohne Ende heisst. Die Newtonsche endlose Bewegungsträgheit macht aus jedem bewegten Körper ein wahres *perpetuum mobile.* Denn — obwohl man zu unterscheiden pflegt zwischen einer solchen Art von perpetuum mobile und jener Art, bei welcher Umwandlungen von Energien (also mechanische Arbeit) stattfinden — dennoch ist gar kein wesentlicher Unterschied zwischen den zwei Arten. In beiden Fällen würde *dieselbe Kraftquantität ohne jede Verminderung ohne Ende Bewegung erzeugen.*

II. Die Quantität der Bewegung ist direkt proportional der Quantität der bewegenden Kraft.

Bereits im § II wurde gezeigt, dass **mv** blos die *Einheit der Bewegungsgrösse* ist, dass die vollständige Grösse der Bewegung aber aus so vielen solchen Einheiten besteht, als Sekunden (oder Zeiteinheiten) die Bewegung dauert.

Bewegende Kraft bezeichnet hier die Kraft, die wirklich angewendet ist. Im Kessel einer Lokomotive z. B. befindet sich eine grosse Menge

II. Fundamentalgesetz der Bewegung. 77

von Dampf, folglich von bewegender Kraft, aber in Wirklichkeit wird nicht diese ganze Menge z. B. in einer Viertelstunde angewendet. Nun lehrt die Phyisik selbst, dass eine geringere Kraft, die längere Zeit arbeitet, dieselbe Wirkung hervorbringen kann, als eine grössere Kraft bei kürzerer Arbeitszeit; und wir können hinzufügen: dieselbe Kraftstärke kann angewandt werden kurze Zeit und mit schneller Arbeitsleistung und lange Zeit aber mit langsamerer Tätigkeit.

Das Wirken der Kräfte (Impuls) wird in der Physik gewöhnlich durch ft ausgedrückt, das eine Zeit lang tätige Kraft bezeichnet. In der Formel ft wird getrennt sowohl die Grösse der bewegenden Kraft für die einzelnen Sekunden, als auch die Zeit, in der die Kraft wirkt, ausgedrückt. Weil die mathematische und phyisikalische Natur dieses Produktes zwischen dem relativen Wert von f und t ein grosses Schwanken zulässt, kann ft auch durch einen gewissen absoluten Wert F (die Gesamtgrösse der angewandten Kraft) ausgedrückt werden.

Man muss unterscheiden zwischen der Dauer der Tätigkeit der bewegenden Kraft und der Dauer der erzeugten Bewegung. Wenn nämlich die Tätigkeit ziemlich stark ist im Vergleich zur Masse des Körpers, so kann sich infolge der Trägheit des Körpers die Bewegung nicht mit derselben Schnelligkeit entwickeln, wie die Tätig-

II. Fundamentalgesetz der Bewegung.

keit der bewegenden Kraft; vielmehr häuft sich die Bewegungsenergie im Körper an und entwickelt sich dann nach den im § VIII aufgestellten Gesetzen. Die Dauer des Wirkens der bewegenden Kraft wird demnach mit dem Buchstaben t, die Dauer der Bewegung aber mit T bezeichnet. Da $ft = F$, und $mv = \frac{mS}{T}$, so kann das zweite Gesetz der Bewegung mathematisch und folglich auch wörtlich auf zweifache Weise formuliert werden:

a) $ft = mv + mv + mv \ldots + mv_T = Tmv$.

Oder: *Das Produkt aus der bewegenden Kraft und der Zeit, in der sie wirkt, ist gleich dem Produkte, gebildet aus der Masse des bewegten Körpers, aus der Schnelligkeit und aus der Dauer der Bewegung.*

b) $F = \frac{mS}{T} + \frac{mS}{T} + \frac{mS}{T} \cdots \frac{mS}{T_T} = \frac{T}{T} mS = mS$.

Oder: *Die Grösse der angewandten Kraft ist gleich dem Produkte der Masse und des ganzen Weges.*

Und wenn man noch tiefer diese doppelte Form des zweiten Gesetzes betrachtet und sie mit den Experimenten vergleicht[1], die im § XIV angeführt werden sollen, wird klar, dass das

---

[1] Wir wollen die Glieder, die dort auf den Tabellen nebeneinanderstehen „Reihen", die untereinander stehen „Spalten" nennen.

II. Fundamentalgesetz der Bewegung. 79

zweite Gesetz „implicite" vier Gesetze enthält, nämlich:

a) Die ganze Bahn der Bewegung steht im geraden Verhältnis zum Produkte der bewegenden Kraft und ihrer Wirkungszeit oder zur ganzen Grösse der bewegenden Kraft.

Und in der Tat würden an der Atwoodschen Maschine[1] verschiedene Übergewichte (1—4 gr.) bis zur nämlichen Tiefe (z. B. 5 bis 10 Zoll) zur selben Zeit fallen, wenn sie frei fielen.[2] Also dauert energetisch die bewegende Kraft derselben gleich lang (oder t für die Spalte, z. B. 10, 20, 30, 40 usw. bleibt gleich). Das bewegende Gewicht aber ꜰ wächst wie die natürliche Zahlenreihe 1, 2, 3, 4; also wächst auch das Produkt ꜰt wie 1, 2, 3, 4. Und in Wirklichkeit ist, wie die Spalten zeigen (10, 20, 30, 40), der ganze Weg im geraden Verhltänis zu diesem Produkte oder mit der ganzen Grösse der angewandten Kraft.

b) Die Geschwindigkeit des bewegten Körpers steht in geradem Verhältnis zur jeweiligen Grösse der bewegenden Kraft.

Von der ganzen Grösse der angewandten Kraft, die nur nach Beendigung der Wirkung

---
[1] Cf. § XIV.
[2] In Wirklichkeit ist jetzt die Zeit, in welcher die verschiedenen Übergewichte dieselbe Höhe erreichen, verschieden, weil sie fremde Körper (C+C₁) mit sich ziehen.

II. Fundamentalgesetz der Bewegung.

gemessen werden kann, muss ihre aktuelle Grösse oder die Grösseneinheit der bewegenden Kraft unterschieden werden, die nichts anderes ist als die den einzelnen Zeiteinheiten entsprechende Grösse. In den Dampfmaschinen z. B. zeigt eine gewisse Uhr diese aktuelle Grösse an.

Da es in der natürlichen Entwicklung der Bewegung[1] mehrere Arten von Geschwindigkeit gibt (beschleunigte, verzögerte und gleichförmige Bewegung), so kann man fragen: Welche Geschwindigkeit entspricht von diesen der aktuellen Grösse der bewegenden Kraft. Ich antworte darauf: Auch dieses Gesetz ist von universellem Werte, d. h. der aktuellen Grösse der bewegenden Kraft ist direkt proportional sowohl die Geschwindigkeit[2] jener gleichförmigen Bewegung, welche auf die Anfangsbeschleunigung folgt, als auch die Geschwindigkeit der Anfangsbeschleunigung (oder g), sowie die mittlere Geschwindigkeit, die aus den verschiedenen Geschwindigkeitsarten für eine jede bereits berechnet werden kann.

Und in der Tat sehen wir in den im § XIV sich vorfindenden Versuchen in den *isochronen* Rechnungsspalten (z. B. $8^1/_2$, 17, $25^1/_2$, 34 oder

---

[1] Cf. § VIII.

[2] Wie wir nämlich im § VIII bewiesen haben, ist jenes Axiom der Physiker, das vom I. Gesetze Newtons abgeleitet ist und nach welchem „die beständige Wirkung der bewegenden Kraft eine Beschleunigung ohne Ende hervorbringt", falsch.

II. Fundamentalgesetz der Bewegung.

10, 20, 30, 40) dass der Weg[1] immer wächst entspreshend den bewegenden Gewichten (1, 2, 3, 4 gr). Also wächst auch die Geschwindigkeit in geradem Verhältnis zur Grösse der jeweiligen Kraft.

c) Die Bewegungsdauer wächst in arithmetischer Progression mit der Zeit der Einwirkung der bewegenden Kraft.

Um dieses Gesetz auf experimentellem Wege darzutun, können wir auf doppelte Weise vorgehen. Wir könnten die verschiedene *Zeit* berechnen, die nötig ist, damit ein beliebiges Übergewicht 5 Zoll, dann nacheinander 6, 7, 8, 9, 10 Zoll tief frei fällt; wenn wir dann in ähnlicher Weise die Dauer berechnen[2], die die einzelnen Bewegungen z. B. beim ersten oder zweiten Fall erfordern, so würden wir sehen, dass die Bewegungsdauer in arithmetischer Proportion mit der Zeit der bewegenden Kraftwirkung wächst. Aber an Stelle dieser langen Berechnung können wir einfach die *Wegstrecken* vergleichen, die der Zeit der Wirkung der Kraft und der

---

[1] Siehe die erste Tabelle. Und das gleiche Verhältnis gilt für die zweite Tabelle, die zwar wegen der Kürze der Maschine inkomplet ist.

[2] Die theoretische Berechnung kann jedoch leicht irreführen; es fehlen nämlich die Formeln, um die Zeit der dreifachen Bewegung (Beschleunigung, Gleichförmigkeit, Verzögerung) zu berechnen. Man beobachte daher die Fallmaschine selbst *und glaube den eigenen Augen mehr als der Berechnung!*

Dauer der Bewegung entsprechen, welche Wege in den Tabellen schon bezeichnet sind. Wenn nämlich diese beiden Wegstrecken eine arithmetische Proportion aufweisen, dann sind auch die Wegzeiten in derselben Proportion zu einander. Nun zeigen aber alle Fälle übereinstimmend: Wenn der Weg, den das Gewicht braucht (beim Fallen von 5, 6, 7, 8, 9, 10 Zoll), gleichförmig wächst, so wächst die ganze Wegstrecke eines Gewichtes C gleichförmig. (Beim ersten Fall wächst er immer um $1^1/_2$ Zoll, beim 2. wächst er gleichförmig um 3, beim 3. um $4^1/_2$ usw.)

Dasselbe Resultat ergibt sich aus Figur I. des VIII. §. Wenn dort die Wirkung der bewegenden Kraft 6 Sekunden dauert so dauert die Bewegung 12 Sekunden; wenn die Wirkung 12 Sekunden dauert, so wird die Bewegung 18 Sekunden dauern; wenn die Wirkung 18 Sekunden dauert, so wird die Bewegung 24 Sekunden dauern usw.

Also besteht zwischen den Wegstrecken der bewegenden Kraft und des bewegten Körpers, ebenso zwischen den Zeiten der Wirkung und der Bewegung eine arithmetische Proportion.[1]

---

[1] Alle übrigen Proportionen waren geometrische; diese allein ist eine arithmetische Progression. Die Ursache dieser Abweichung ist die Anfangsbeschleunigung und die Schlussverzögerung der natürlichen Bewegung. Denn beide machen *nur den halben Weg* aus, den eine gleichförmige Bewegung von derselben Dauer zwischen dem 1. und dem 2. Knotenpunkt ausmacht (vgl. § VIII). Wenn wir in Gedanken von der Anfangs-

II. Fundamentalgesetz der Bewegung.

Umgekehrt besteht zwischen der Zeit der Wirkung der bewegenden Kraft und der gesamten Wegstrecke der hervorgerufenen Bewegung eine geometrische Proportion.

d) Der ganze Weg einer Bewegung steht mit der wirklichen Quantität der bewegenden Kraft und mit der Zeit ihrer Einwirkung auch getrennt genommen in geometrischer Proportion.

Dieser Satz ergibt sich von selbst aus den soeben dargelegten. Und wenn einer an seiner Richtigkeit zweifelt, so traue er seinen eigenen Augen und mache die entsprechenden Experimente.

Wie wir schon bei der Prüfung des zweiten Newtonschen Gesetzes sagten: Die absolute Norm für das Mass der Kräfte ist der ganze zurückgelegte Weg; die Geschwindigkeit dagegen ist ein sehr relativer Masstab; denn dieselbe Kraft kann denselben Weg bei jeder Art von Geschwindigkeit durchlaufen: a) sei es bei gleichförmiger Geschwindigkeit, b) sei es bei beschleunigter oder c) bei retardierender, d) sogar bei gleichförmiger Geschwindigkeit, die mit Beschleunigung beginnt und mit Verzögerung endet (wie wir im § XIV sehen werden). Doch ist die *mittlere Geschwindigkeit,* wenn es sich um die-

---

beschleunigung oder der Schlussverzögerung absehen, dann ist auch zwischen der Zeit der Kraftwirkung und der Bewegungszeit eine geometrische Proportion.

selbe Quantität der Kraft handelt, bei allen diesen Fällen dieselbe.

Die Quantität der Bewegung ist also das Mass fü die bewegende Kraft, wenn vom idealen Körper[1] die Rede ist. Die Anwendung dieses Gesetzes für den reellen Körper, d. h. den, der die Hindernisse zu überwinden hat, ist dann leicht. Die Hindernisse der Bewegung (Anziehung der Erde, Reibung, Widerstand) absorbieren einen Teil der bewegenden Kraft.[2] Bei der Bewegung des physischen Körpers ist also die wirklich bewegende Kraft nicht die ganze aufgewendete Kraft, sondern die Kraft, die, wie wir beim 3. Gesetze noch näher sehen werden, resultiert aus der Differenz der Bewegungsenergie und der Hindernisse $F = A - R$.

III. Die wirkliche Bewegung des physischen, d. h. Hindernissen unterworfenen Körpers, ist das Resultat des Unterschiedes zwischen der Aktion und der Reaktion, d. h. sie steht in geradem mathematischem Verhältnisse zur Bewegungsenergie und in umgekehrtem mathematischen Verhältnisse zum Widerstand.

---

[1] Und allgemein stellt man die Gesetze der Bewegung für den idealen Körper auf.

[2] Und zwar einen ziemlich beträchtlichen Teil. Wie wir im § XIV sehen werden, absorbieren bei der Atwoodschen Maschine (wo doch die Reibung so unbedeutend ist) die Reibung allein und der Widerstand der Luft $2/3$ der Energie der Bewegung.

III. Fundamentalgesetz der Bewegung.

Dieses dritte Gesetz handelt ebenso wie das dritte Newtonsche Gesetz von der Aktion und Reaktion, doch ist es himmelweit von diesem verschieden. Nach dem Newtonschen Gesetz nämlich ist bei der Bewegung die Aktion gleich der Reaktion, während nach dem neuen Gesetz die Aktion und Reaktion bei der Bewegung immer ungleich sind. Die Gleichheit von Aktion und Reaktion ist ausschliessliches Zeichen des Gleichgewichtzustandes.

Wenn die Aktion der bewegenden Kraft überaus langsam und die Masse des zu bewegenden Körpers ziemlich gross ist, dann stellt die bewegende Kraft selbst die Aktion dar, d. h. der Beweger ist beinahe beständig mit dem Körper verbunden, und sobald die Aktion aufhört, hört auch die Bewegung auf; wie wir es selbst erfahren, wenn wir schwere Massen fortbewegen müssen. Ist aber die Aktion ziemlich gross und die Masse nicht allzuschwer, dann geht der Körper wegen der Trägheit nicht gleich von der Schnelligkeit 0 zur Schnelligkeit über, die der Kraft entspricht, sondern nur successiv.[1] Da also im Anfang die empfangene Energie grösser ist, als die Wirkung (oder die Bewegung), so wird *die Bewegungsenergie in dem Körper gesammelt,* und so kommt es, dass, wenn die Handlung der bewegenden Kraft bereits aufgehört hat, der

---

[1] Daher das Sprichwort: Die Natur macht keine Sprünge.

III. Fundamentalgesetz der Bewegung.

Körper noch eine Zeit lang sich fortbewegt. Daher ist es gewöhnlich so, dass die Bewegung länger dauert als die Handlung der bewegenden Kraft. In diesen Fällen stellt also die Bewegungsenergie die Aktion dar, denn sie ist es, welche direkt den Körper bewegt. Von der Bewegungsenergie (der „lebendigen Kraft") und von der regelmässigen Entwicklung derselben wird im § VIII. weiter die Rede sein.

Das dritte Gesetz kann mathematisch[1] so ausgedrückt werden:

$$F = A - R.$$

Das heisst die tatsächliche Bewegung ist gleich dem Unterschiede zwischen der Aktion und der Reaktion. Eines bleibt nur noch zu beweisen übrig: Dass die Reaktion als einfacher Unterschied ihren Einfluss auf die Wirkung der bewegenden Kraft ausübt.

Es gibt drei Bewegungshindernisse: die Gravitation, die Reibung und der Widerstand des Mediums. Hier ist es einerlei in welchem Verhältnisse zur Schnelligkeit die Hindernisse wachsen.[2] Das eine ist sicher, dass jener Teil

---

[1] $A =$ Aktion (Bewegungsenergie). $R =$ Reaktion (Hindernis); F ist die Kraft, welche tatsächlich zur Erzeugung der Bewegung angewandt wird und ist gleich der Bewegung, die erzeugt wird. In dem dritten Gesetz ist die Rede von einer mathematischen Proportion; die geometrische wäre so: $F = \frac{A}{R}.$

[2] Davon wird im § XIV die Rede sein.

III. Fundamentalgesetz der Bewegung.

der Energie, welcher die Überwindung der Hindernisse verlangt, *für die Bewegung* einfach *verloren ist* und muss also von der ganzen Energie einfach *abgezogen* werden.

Die Richtigkeit des Gesetzes geht klar hervor aus dem Experimente in § XIV. Die erste Tabelle gibt nämlich die unter dem Hindernisse der Reibung und des Widerstandes des Mittels, die zweite aber, die ohne diese Hindernisse zurückgelegten Wege an. Wenn wir die entsprechenden Wege zwei und zwei miteinander vergleichen, so finden wir, dass sie sich verhalten wie 1 : 3. Es ist also bei diesen Bewegungen die
Bewegung = 1; die Aktion = 3,
die Reaktion aber = 2.

Nach der obigen Formel $F = mS$.
Also $S = \frac{F}{m}$: da aber $F = A - R$.
Also $S = \frac{A-R}{m}$.

Mit anderen Worten:

Der ganze Weg (die absolute Norm der Bewegung und der Kraft) ist direkt proportioniert der Differenz aus der Aktion und Reaktion, indirekt[1] der zu bewegenden Masse.

Die Formel des dritten Gesetzes $F = A - R$ enthält:

---

[1] Es ist etwas ganz natürliches, dass die doppelte Masse, um denselben Weg zu durchlaufen, auch die doppelte bewegende Kraft verlangt.

a) Den Fall des idealen Körpers, wann R = 0; dann ist F = A, d. h. die ganze Bewegungsenergie geht tatsächlich in Bewegung über.

b) Noch viel mehr enthält sie die verschiedenen Fälle des physischen Körpers. Entweder nämlich ist A > R, dann erfolgt die Bewegung in der Richtung der bewegenden Kraft, oder es ist A < R, dann erfolgt eine rückschreitende Bewegung in entgegengesetzter Richtung.

c) Ja die Formel enthält auch den Zustand des Gleichgewichtes. Denn wenn A = R, dann F = 0, d. h. es ist gar keine Bewegung vorhanden.

Das soeben erklärte dritte Gesetz eröffnet uns die Bedingung der Bewegung des physischen Körpers, das zweite Gesetz aber misst die Dauer, den Weg und die Schnelligkeit der Bewegung.

Die drei Bewegungsgesetze lassen sich mit entsprechender Analogie *auf alle Energieveränderungen anwenden.* Und wie leicht man nach Annahme jener Gesetze *die schwersten Probleme,* die bis jetzt noch in tiefes Dunkel gehüllt sind, enthüllen und ans Licht setzen kann, will ich an einigen ganz kurzen Beispielen zeigen.

a) Man sehe einmal das tiefe *Problem* der *Bewegung selbst!* Das dritte Gesetz, das wir eben erklärt, zeigt uns die Ursache und die Art und Weise des Ursprunges der Bewegung. Und im allgemeinen geben uns alle drei Gesetze mit

III. Fundamentalgesetz der Bewegung.

der grössten Einfachheit und Natürlichkeit über alle Phasen und Arten der Bewegung Aufschluss. Dagegen war wegen des dritten Gesetzes Newtons die Bewegung bis jetzt ein unerklärliches Geheimnis. Dieses Gesetz lässt nämlich keinen Unterschied zwischen Gleichgewicht und Bewegung zu.

b) Sehen wir das imponierende *Gesetz der Intensität,* das von Helm erfunden wurde, jene natürliche Skala:

$$J_{10}-J_9-J_8-J_7-J_6 \text{ etc.}$$

nach welchem jede Energie nur von einem Körper, der eine grössere Intensität in dieser Energie besitzt, übergehen kann auf einen Körper mit geringerer Intensität. Dieses Gesetz hat uns der Gelehrte Mann vermittelt, ohne jedoch den *inneren Grund* für seine Legalität angeben zu können. Der innere Grund dieses Gesetzes lag nicht ferne[1]: Es ist eben die Ungleichheit der Einwirkung und Gegenwirkung, die für das Entstehen einer Bewegung erforderlich ist. Deshalb können Energien nur auf einen Körper mit geringerer Intensität übergehen, weil die Energie eines Köpers auf den anderen Körper wirkt und umgekehrt; also findet eine gegenseitige Einwirkung und Gegenwirkung statt. Nun aber ist Bewegung (oder Übergang einer Energie) nur

---

[1] Das dritte Gesetz Newtons liess bis jetzt an diese natürliche Erklärung nicht einmal im Traume denken.

III. Fundamentalgesetz der Bewegung.

im Falle der Ungleichheit der Einwirkung und Gegenwirkung möglich.

c) Ferner haben wir das Problem der kommuniziererenden[1] Gefässe oder die Funktion der Pumpe, welche von den Alten mit dem „horror vacui" erklärt wurde, die Funktion des Barometers und vieles ähnliche. Die Ursache jener Erscheinungen ist *jenes tiefe Naturgesetz,* welches den Physikern bis jetzt entging, und das dieses Werkchen einführen will: dass nämlich im Falle der Ungleichheit der Einwirkung und Gegenwirkung Bewegung folgt. Einen ähnlichen Satz pflegte man bis jetzt in dergleichen Fällen anzuführen, nämlich: „Die Natur strebt nach dem Gleichgewichtszustand." Wollte jemand behaupten: die Natur der Dinge befindet sich in einem mehr oder weniger vollkommenen Gleichgewicht, so würde er ein wahrhaft induktives Prinzip aussprechen. Aber von einer besonderen *Tendenz* nach dem Gleichgewichtszustand kann in der anorganischen Welt nur in metaphorischem Sinne die Rede sein! Wohl ist *die Trägheit* die eigentliche Natur der anorganischen Materie; aber Trägheit ist wahrlich nicht identisch mit Gleichgewichtszustand. Aus der Trägheit folgt, dass ein anorganischer Körper die ihm mitgeteilte Bewegung ausführt, wenn

---

[1] d. h. das Niveau (Höhe) des Wassers in kommunizierenden Gefässen ist gleich.

III. Fundamentalgesetz der Bewegung. 91

er nicht von entgegengesetzten Kräften gehindert wird. Auch folgt aus der Trägheit, dass, wenn Ungleichheit zwischen Ein- und Gegenwirkung herrscht, der physische Körper der grösseren Kraft nachgibt, bis die Kräfte wieder in das Gleichgewicht kommen oder ganz verschwinden. Aber ausserdem wohnt der anorganischen Natur keine spezielle Tendenz nach dem Gleichgewichtszustande inne.[1]

d) Sehen wir den zweiten Satz *der Thermodynamik:* Wärme kann nur dann in mechanische Arbeit verwandelt werden, wenn sie von einem höheren Grad auf einen niederen herabgehen kann.[2]

Die Pfleger der Naturwissenschaften fühlen bei Behandlung solcher und ähnlicher Probleme, dass irgend ein Fehler im ganzen System der Naturwissenschaft verborgen sei, und sie gestehen, es fehle noch irgend ein zentrales Prinzip, das in alle physischen Vorgänge Licht bringen solle. „Sicher ist, dass im Zentrum aller physischen und chemischen Erscheinungen irgend ein Gesetz herrscht, vielleicht ein ganz unergründliches, ganz allgemeines, das Menschengeist niemals er-

---

[1] Das Gesetz der Entropie, auf welches man hier anspielen könnte, ist reine Fiktion, wie wir im § VI sehen werden.

[2] Deshalb muss jeder Dampfmaschine ein Kühler oder Kondensator beigefügt werden, in welchem der warme Dampf mit kaltem Wasser oder mit der äusseren Luft in Berührung kommt.

fassen konnte. Man kennt bereits sehr viele spezielle Gesetze, welche deutlich auf dieses grosse zentrale Gesetz hinweisen, aber noch ist in unzugänglichem Dunkel jenes Zentrum verborgen, dessen Strahlen nur einzelne jetzt bekannte Gesetze sind".[1]

Man entferne das dritte Gesetz Newtons und das grosse Rätsel löst sich sofort. Das dritte Bewegungsgesetz, welches in diesem Paragraph vorgelegt wird, bringt volles Licht in den zweiten Satz der Thermodynamik. Ungleichheit im Wärmegrad wird deshalb zur Umbildung von Wärme in mechanische Arbeit erfordert, weil Ungleichheit der Einwirkung und Gegenwirkung im allgemeinen *zu jedem Übergang der Energien* als conditio sine qua non erforderlich ist.

In der Tat, die unendliche Bewegung (erstes Gesetz Newtons) und beständige Gleichheit der Einwirkung und Gegenwirkung (drittes Gesetz Newtons) hat sich wie eine Last aus Blei an die Füsse der Naturwissenschaften geheftet und den tieferen Einblick in die Vorgänge im Weltall gehindert. Je mehr dagegen die neuen Gesetze die verschiedenen Vorgänge im Weltall beleuchten, desto mehr erweisen sie sich als wahre Gesetze der Natur.

***

---

[1] Dr. A. Schütz „Anfang und Ende in den Vorgängen im Weltall". 1907. Mit unwesentlicher Modifikation sind das die Worte Chwolsons (Physik III, 483).

Kehren wir jetzt kurz zum vierten Beweis von §. II zurück, der dort unvollständig blieb. Fast bei allen Physikautoren kann man folgende und ähnliche Sätze lesen: „*Gleichförmige Bewegung* eines Körpers *verbraucht keine Kraft* oder Energie, auch wenn sie ewig fortdauern würde." „Arbeit der Kräfte wird *nur* dann erhalten, *wenn ein äusserer Widerstand* überwunden wird; deshalb leistet ein idealer Körper, von keiner entgegengesetzten Kraft gehemmt bei seiner Bewegung, auch wenn sie ewig sein sollte, keine Arbeit." „Eine gleichförmig bewegte *Lokomotive* verwendet ihre *ganze Dampfkraft zur Überwindung der Hindernisse* des Weges, nicht aber zur Erzeugung von Bewegung; ihre Bewegung wird durch den ersten Impuls erzeugt (oder durch so viele Impulse als zur Erzeugung einer bestimmten Geschwindigkeit hinreichen." Diese Sätze sind sicher dem ersten Gesetze Newtons aufs vollkommenste angepasst, *widersprechen* aber *evidenten Tatsachen.* Gegen ein Faktum aber gilt kein Argument! Wenn also jene Schlussfolgerungen (Propositionen) falsch sind, ist in ähnlicher Weise auch ihr Prinzip falsch, nämlich das erste Gesetz Newtons (von der ewigen Bewegung).

Beweis 1. *(Aus der Aufwärtsbewegung):* Wie wir im § III (Bew. 3) apodiktisch bewiesen haben, muss bei der Aufwärtsbewegung ausser der Überwindung des Gewichtes immer eine be-

94 Irrige Schlüsse der modernen Energetik.

sondere Kraft zur Erzeugung der Aufwärtsbewegung entwickelt und angewendet werden. Jene Kraft muss da sein, auch wenn die Aufwärtsbewegung gleichförmig ist. Und jene Kraft muss ununterbrochen entwickelt und verbraucht werden, solange die Bewegung dauert. Sobald die Aktion der Kräfte aufhört, hört auch die Bewegung auf. Das lehrt alles die Erfahrung. Also ist falsch, dass die gleichförmige Bewegung keinen Kräfteverbrauch nötig hat, ausser bei Beginn der Bewegung.

Beweis 2. *(Aus der Bewegung der Lokomotive.)* Die moderne Energetik gibt also folgende Analyse von der Bewegung der Lokomotive: Die ganze Dampfkraft wird während der Bewegung zur Überwindung der Hindernisse der Strecke verwendet. Und auf die Frage: Was ist also die Ursache jener gleichförmigen Bewegung, mit der sich die Lokomotive zugleich mit den Wägen fortbewegt? ist die Antwort: Jene Bewegung wird durch den ersten Impuls hervorgebracht oder durch mehrere Impulse, die zur Erzeugung einer solchen Geschwindigkeit hinreichen.

Aber jene Analyse birgt einen Widerspruch in sich und vernichtet sich selbst! Setzt man nämlich voraus, dass der Weg eben ist und die Umstände dieselben sind, so sind die Hindernisse der Strecke (die zu ziehende Last, Reibung, Luftwiderstand) die gleichen. Auch die Impulse

Irrige Schlüsse der modernen Energetik. 95

werden als gleich vorausgesetzt. Wenn nun die weiteren Impulse vollständig nur zur Überwindung der Hindernisse verwendet werden, vermögen auch die ersten Impulse nicht mehr zu bewirken. *Also würde die Lokomotive nie in Bewegung kommen.*

Gesunde Vernunft und richtige Analyse lehren also, dass alle Impulse des Dampfes in gleicher Weise zur Leistung von zwei Arbeiten verbraucht werden: Zur Erzeugung der Bewegung und zur Überwindung der Hindernisse. Und wenn wir auch bei der horizontalen Bewegung nicht so genau diese beiden Leistungen, die beiden Funktionen der bewegenden Kraft unterscheiden können, wie bei der Aufwärtsbewegung (siehe § III, Bew. 3), so ist doch auch hier ganz apodiktisch klar, dass diese beiden Leistungen, diese Funktionen real verschieden sind..

Beweis: *a)* Auch die Reibung wird, wenn man sie analysiert selbst von Physikern teilweise auf Aufwärtsbewegung zurückgeführt.[1] *b)* Ferner kann man jeden Körper, der sich gegen Hindernisse bewegt, als einen idealen Körper betrachten (der wohl bewegt werden muss), der mit der Reaktion der Hindernisse kämpft. Deshalb ist der

---

[1] Damit nämlich ein Körper auch nur die geringsten Erhöhungen des Weges überwinden kann, muss er sich beständig ein wenig heben. Deshalb wird die Reibung grösser in direkter Proportion mit der Schwere des Körpers.

Weg zu der folgenden *Ausflucht* versperrt: „Alle Impulse werden zwar zur Überwindung der Hindernisse verwendet, aber eben dadurch (durch Überwindung der Hindernisse) wird schon Bewegung erzeugt." Ziemlich konkret haben wir schon an dem Beispiel mit der Aufwärtsbewegung gesehen, dass die Überwindung des Hindernisses nur die Gleichgewichtsruhe hervorbringt; genügend sind wir überzeugt, dass unter Voraussetzung der Gleichheit von Einwirkung und Widerstand keine Bewegung stattfindet.

Beweis 3. *(Aus der beschleunigten Bewegung.)* Die modernen Physiker gestehen offen, dass zur Hervorbringung der beschleunigten Bewegung die beständige Anwendung einer bewegenden Kraft erforderlich sei. Nun aber kann die beschleunigte Bewegung energetisch auf die gleichförmige Bewegung von mittlerer Geschwindigkeit zurückgeführt werden. Also wenn die beschleunigte Bewegung Kräfte verbraucht, ist das auch bei der gleichförmigen der Fall.[1]

Beweis 4. Bewegung ist eine gewisse Energie, sogar aktuelle Energie, ja Energie „par excellence." Diese Energie entwickelt sich

---

[1] Die ganze moderne Energetik dreht sich — wie wir im § V sehen werden — um die armseligen *Scheinbeweise* der Pendelbewegung und des aufgeworfenen Steines. Diese und ähnliche Trugschlüsse verdienen wirklich nicht, dass mann ihnen auch nur einen Augenblick (geschweige denn 50 Jahre lang) Glauben schenke.

Falscher Arbeitsbegriff. 97

vor unseren Augen in den Körpern. Nun aber entwickelt sich nach der Lehre der modernen Physik jede Energie aus der Umwandlung einer anderen Energie. Also entsteht Bewegung (auch gleichförmige) aus der beständigen Umwandlung des empfangenen Impulses und muss deshalb aufhören.

Übrigens pflegen derartige und ähnliche Behauptungen nicht nur durch das erste Gesetz Newtons gedeckt zu werden, sondern auch mit der *falschen* und willkürlichen *Definition von Arbeit* (Leistung), deren Aufdeckung hier am Platze sein dürfte. Da jedoch der Angriff auf diese Definition vielleicht Aufregung bei den modernen Physikern hervorrufen wird, muss ich zwei Bemerkungen vorausschicken. Vor allem glaube niemand, dass die Energietheorie schon vollkommen entwickelt sei. Diese Theorie ist kaum 25 Jahre alt und befindet sich noch keineswegs im Mannesalter. Kein Physiker also, der es ernst nimmt, mag den Behauptungen dieser Theorie — wie auch Dressel bemerkt — volle Autorität oder Infallibilität zuschreiben.

Auch möge man nicht glauben, jene Fundamentalbegriffe der Energetik seien schon kristallisiert. Wie vielfach ist nicht die Auffassung von Arbeit, Energie, Entropie usw. bei den verschiedenen Physikern. Und was hier für uns von Interesse ist: Der Begriff der Arbeit ist sehr schwankend, wankt und variiert noch bei den verschiedenen Autoren. Deshalb herrscht eine solche Dunkelheit in der modernen Energetik, deshalb werden die angeführten absurden Behauptungen übermittelt. Aber sobald jene Ideen klar werden, wird es um die Gesetze Newtons geschehen sein und die wahren Bewegungsgesetze werden ihre Herrschaft beginnen.

Wir wollen hier ein wenig beitragen zur Erklärung des Begriffes „Arbeit."

Was ist „Arbeit" nach seiner natürlichen Bedeutung? Was anderes als *Betätigung von Kräften während einer gewissen Zeit*. Weil jedoch die Tätigkeit der Kräfte uns nicht bekannt wäre, wenn nicht irgend eine Bewegung folgen würde, pflegen die Physiker seit Beginn der Energietheorie gerade die Bewegung als wesentliches Element der Arbeit zu betrachten. Ferner, weil ein physischer Körper in seiner Bewegung gewöhnlich Hindernisse überwinden muss, halten die Physiker auch die Überwindung von Hindernissen für einen wesentlichen Teil der Arbeit. Daher die zweifache Behauptung in der modernen Energetik: „ein Körper, der sich ohne Hindernis bewegt, leistet keine Arbeit, auch wenn er sich in Ewigkeit bewegt." „Ein Arbeiter aber, der ein Gewicht von 100 Klgr. einen ganzen Tag unbeweglich auf seinen Schultern tragen würde, leistet keine Arbeit".[1] Und so entstand die in der modernen Energetik gebrauchte Definition der Arbeit: „Arbeit ist die Verschiebung einer Masse längs einer bestimmten Wegstrecke, wobei ein Hindernis überwunden wird."

$$W = fs.[2]$$

Aber jene Definition ist nicht wahrhaft wissenschaftlich. Wie könnte nämlich das Wesen der Arbeit von unserer Erkenntnis abhängen? Oder könnten Kräfte nicht tätig sein ohne Bewegung zu erzeugen? Wodurch wird also Gleichgewicht hervorgebracht, wenn nicht durch die Tätigkeit entgegengesetzter Kräfte? Und wer schätzt die ungeheure Arbeit der grossen Kräfte gering, die das Gleichgewicht im Weltall erhalten? Und wie kann man ein auf die Erde sich beziehendes Element (Hindernisse der Bewegung) zum Wesen der Arbeit rechnen, da doch im grossen Universum Kräfte ohne Hindernisse tätig sein können?

Der allgemeine Begriff „Arbeit" sagt also nichts anderes als: Tätigkeit einer bestimmten Kraft während einer bestimmten Zeit.[3] Die Er-

---

[1] Cf. Dressel 32. Fehér J. p. 73. Jeder ehrliche Arbeiter würde gegen eine derartige Theorie Protest erheben.

[2] $W = $ labor, $f = $ vis, $s = $ via.
 = Arbeit, = Kraft = Weg.

[3] Deshalb unterscheidet sich die ganz allgemeine Formel für „Arbeit" nicht wesentlich von der Formel der wahren Bewegungsquantität, die den Weg zum absoluten Masstab hat.

Falscher Arbeitsbegriff.

zeugung von Bewegung oder die Überwindung eines Hindernisses verhalten sich aber wie zwei Arten von Arbeit. In den verchiedenen praktischen Fällen der Bewegung, besonders bei der Aufwärtsbewegung, kann man klar zeigen, dass ein Teil der bewegenden Kraft zur Überwindung des Hindernisses verwendet wird, der andere Teil zur Erzeugung der Bewegung (auch der gleichförmigen!) Für die bewegende Kraft ist es gleichgiltig, ob sie zur Überwindung des Hindernisses oder zur Erzeugung der Bewegung verwendet wird. Und wenn die Physiker anerkennen, dass zur Überwindung eines konstanten (und gleichförmigen) Hindernisses ein konstanter Verbrauch der bewegenden Kraft erforderlich ist, so sind sie im höchsten Grade inkonsequent, wenn sie zur Erzeugung einer konstanten und gleichförmigen Bewegung nicht dasselbe fordern.

Diesem echten Begriff von Arbeit kommt am nächsten O. D. Chwolson, der berühmte Physiker von St. Petersburg, der in seinem Werke[1] jene *zwei Arten* von Arbeit unterscheidet. Die erste Art erzeugt Bewegung mit einem Hindernis. Die zweite Art erzeugt *Bewegung*[2] *ohne Hindernis.*

---

[1] Lehrbuch der Physik I. S. 404 u. ff.

[2] Es tut nichts zur Sache, wenn jener Autor in diesem zweiten Falle (nach dem Sinne Newtons) voraussetzt, es folge notwendig beschleunigte Bewegung. Wesentlich stimmt er doch mit uns überein, daß Arbeit in

Falscher Arbeitsbegriff. 101

Zwar behauptet er, in dieser zweiten Art nehme die Trägheit des Körpers die Stelle des Hindernisses ein, aber schon durch diese Unterscheidung zwischen zwei Arten von Arbeit stürzt er jene Behauptung der modernen Energetik, dass ein ohne Hindernis bewegter Körper keine Arbeit leistet. Übrigens ist die Tätigkeit der Trägheit hier reine Fiktion, denn, wie wir bewiesen haben, ist das natürliche Beharrungsvermögen kein eigentliches Hindernis, sondern etwas rein Negatives.

Doch gibt es auch eine *dritte Art* von Arbeit,[1] wenn sowohl ein Hindernis überwunden als auch Bewegung erzeugt wird. Wie auch Chwolson an derselben Stelle bemerkt: „In praktischen Fällen (d. h. uns nahestehenden) ist Arbeit eine *Kombination* von beiden Arten."

Trotzdem ist die gewöhnliche Formel für Arbeit $W = fs$ wahr und gut. Denn in dieser Formel wird die ganze Tätigkeit der arbeitenden Kraft konfus ausgedrückt, ohne dass Distinkt angedeutet wird, ein wie grosser Teil der arbeitenden Kraft zur Überwindung des Hinder-

---

Betätigung der Kräfte besteht, sei es, dass die Kraft nur zur Überwindung eines Hindernisses verbraucht wird, sei es, nur zur Erzeugung von Bewegung oder zu beiden.

[1] Übrigens wird vom Begriff der Arbeit und ihrer richtigen Definition noch einmal im § XIII (Neue Grundbegriffe) die Rede sein.

nisses, ein wie grosser zur Erzeugung der Bewegung verbraucht wird.[1]

Aber die Definition der Arbeit ist — wie wir gesehen haben — nicht wissenschaftlich und bereitet so irrigen Sentenzen eine Zuflucht.

---

[1] „Verbraucht" wird hier in noch indifferentem Sinne genommen. Er will nicht direkt das völlige Verschwinden der angewandten Kraft ausdrücken. Auch die modernen Physiker gebrauchen diesen Ausdruck und sie anerkennen zudem eine „negative Arbeit", die im Verbrauch von Kräften besteht, wenn auch nach der modernen Physik jeder negativen Arbeit oder jeder weichenden Kraft eine andere entstehende Kraft entspricht.

§ V.
Das Gesetz von der Konstanz der Energie ist eine Hypothese, die jeden Fundamentes entbehrt.

Vor ungefähr 25—30 Jahren pflegten die Physiker und selbst die Erfinder des oben angeführten Axioms von *„der Konstanz der Kraft"* zu sprechen. Doch seitdem die *energetischen Theorien* vorherrschen, reden die Physiker meist nur von der *„Konstanz der Energie"*. Ein wesentlicher Unterschied besteht nicht zwischen den beiden Ausdrucksweisen. Weil jedoch manche Menschen sich ziemlich stark an die Worte anklammern, werden wir in der ganzen Abhandlung uns mit der „Konstanz der Energie" beschäftigen.

Was ist Energie? Energie ist eine Kraft, die fähig ist, eine Arbeit zu leisten (eine nach aussen gerichtete Tätigkeit), denn nicht jede Kraft ist geeignet, eine nach aussen hervortretende Wirkung (Bewegung) hervorzubringen. So vermögen Kräfte, die im Gleichgewichte sich befinden, obschon sie im Innern (gegeneinander) wirken, keine Bewegung hervorzubringen (wie wir im § III gesehen haben); ihre Tätigkeit tritt nicht nach aussen hervor und deswegen leisten sie im Sinne der modernen Physik keine Arbeit. Daher nennt man gewöhnlich nur solche Kräfte, die sich nicht im Gleichgewichte befinden, *Energien im engeren Sinne*[1] oder freie Energien. Nach dem bisher Gesagten misst man also die Energie durch die von ihr geleistete Arbeit:

$$E = fs = \frac{mv^2}{2}$$

Es wird gut sein, gleich von Anfang an klarzustellen, ob die Physiker die Erhaltung und die Fortdauer der Energie lehren oder bloss deren Konstanz. Manche · gebrauchen nämlich unterschiedslos diese beiden Ausdrücke; und doch haben sie eine ganz verschiedene Bedeutung. Die Physik nun lehrt nicht eine *absolute* Erhaltung der Energie, sondern nur eine relative, d. h. die Konstanz der Summe der Energien. Die Physiker wissen nämlich sehr gut, dass die Bewegung — wie auch die Zeit — immer weiter schreitet und nicht mehr zurückkehrt. Sie wissen genau, dass in den grossen Werkstätten der Natur eine unermessliche Energiemenge verbraucht wird.[2]

---

[1] Andere Physiker nennen auch Kräfte, die sich im Gleichgewichte befinden, Energien im weiteren Sinne.

[2] Vgl. Dressel I. 33, wo er von *negativer* Arbeit spricht, d. h. von dem Verbrauche von Energie. *Verbrauch* von Energie bezeichnet aber in der Physik nicht etwa die Vernichtung der Energie, sondern nur das Aufhören einer Energieform, die dann unter einer anderen Form wieder zum Vorschein kommt.

Demnach ist nicht von einer absoluten Erhaltung der Energie die Rede, sondern nur von der Konstanz der Summe der Energien, d. h. infolge der Gleichheit der Wirkung und Gegenwirkung (Aktion und Reaktion), infolge der Umwandlung (Transformation) der aktuellen Energie in potentielle usw. entsteht so viel neue Energie (unter einer neuen Form) als bei der Arbeit verbraucht wurde.

Doch hinsichtlich dieses Axioms teilen sich die Physiker sofort in zwei Lager. Die einen, und zwar die Erfinder des Prinzips, dehnten die Konstanz der Energie *auf das gesamte Weltall* aus, indem sie behaupteten: die Energie des Universums ist konstant. Im Gegensatz zu diesen beschränken die neueren Physiker das Prinzip auf ein kleineres Feld, das nämlich, welches den Experimenten der Physik zugänglich und erreichbar ist. Sicherlich ist aber ein gewaltiger Unterschied zwischen den beiden Behauptungen! Physiker von geringerer Bedeutung und manche Philosophen, namentlich die Materialisten sind für die allgemeinste Form des Axioms.

Wir werden nun nachweisen, dass das Prinzip von der Konstanz der Energie weder in seiner allgemeinsten Fassung noch in seiner irgendwie beschränkten Anwendung jemals bewiesen worden ist; dass es also weiter nichts ist als eine blosse Hypothese, die sich auf kein wissenschaftliches Fundament stützt.

A) Das Prinzip von der Konstanz der Energie, angewandt auf das gesamte Universum, ist eine unbewiesene Behauptung, welche von keinem ernsten Physiker verteidigt wird.

Das Axiom in seiner allgemeinsten Form wurde zuerst von Robert Mayer (gestorben 1878), einem deutschen Arzte im Jahre 1842 ausgesprochen. Nach im versuchten die berühmten Physiker H. Helmholtz (1847) und R. Clausius (1850) das Prinzip in mehr wissenschaftlicher Weise zu erörtern. Gegen das genannte Prinzip nun und für unsere Behauptung bringen wir folgende Beweise:

1. Beweis. Die neueren Physiker erkennen keineswegs diesem Axiom allgemeine Gültigkeit zu. So schreibt z. B. der bekannte St. Petersburger Physiker O. D. Chwolson:[1] „Das Prinzip von der Konstanz der Energie kann in seiner allgemeinen Fassung nicht bewiesen werden. Man darf dieses Axiom nicht auf das gesamte Weltall ausdehnen, indem man behauptet: die Energie des Universums ist konstant. Denn über das Universum wissen wir nichts und darum hat niemand das Recht, ein Prinzip, das in einem Teile des Universums, der unserer Beobachtung zugänglich ist, vorgefunden wurde, auf das Universum auszudehnen." Diese Worte enthalten eine Verur-

---

[1] Lehrbuch der Physik, Braunschweig 1902—1905, I, 129.

teilung der Ansichten Robert Mayers und Clausius'. Übrigens stellte auch Helmholtz dieses Prinzip nicht als durch die Physik bewiesen hin, sondern als ein Axiom, das erst in Zukunft bewiesen werden müsse. Er sagt nämlich:[1] „Dieses Prinzip widerspricht nicht den bisher bekannten Erscheinungen, im Gegenteil, es stimmt mit einer grossen Zahl von Vorgängen zusammen. Aber es zu beweisen, wird die Hauptaufgabe der Physik in der Zukunft sein." Demnach haben also nur Physiker von geringerer Bedeutung und einige Phylosophen diese Hypothese zu einem „apodiktisch bewiesenen, unabänderlichen und unfehlbar sicheren Axiom" gestempelt.[2]

2. Beweis. Das Axiom in seiner allgemeinen Fassung kann auch deswegen nicht angenommen werden, weil man nie beweisen wird,[3] dass das ganze Weltall *ein geschlossenes System* ist. Ein geschlossenes System im physikalischen Sinne ist ein System von Körpern, das so gesondert für sich besteht, dass von ihm *jeder Einfluss* (jede Einwirkung) von aussen ferngehalten wird. Nun genügt es aber zur Konstanz der Energie nicht,

[1] Helmholtz, „Erhaltung der Kraft." S. 53.
[2] Die Worte Helmholtz' mögen auch diejenigen wohl beachten, denen es aus mehr als wissenschaftlichem Interesse darauf ankommt, dieses Axiom nicht ganz kritiklos hinzunehmen, die ihm aber dennoch ausserordentlich günstig gegenüberstehen.
[3] Also bis jetzt ist das Axiom noch nicht bewiesen, aber auch in Zukunft wird es nie bewiesen werden.

dass der Eintritt von Energien von aussen ferngehalten wird, sondern es muss auch der Austritt von Energie, oder besser gesagt, eine *Verminderung* der Energie ausgeschlossen werden. Zum *Austritt* aber oder zur Verminderung der Energie ist es nicht erforderlich, dass das ganze Weltall (der Ozean des Äthers) wieder von einem anderen Mittel umgeben sei.[1] Die Energien können nämlich *nicht nur durch den Übergang* in ein anderes Mittel aufhören, sondern auch, nach der Mechanik, dadurch, dass sie aufeinander einwirken (also innerhalb der Grenzen des Weltalls); die Energien werden nämlich nur dann in Wärme umgewandelt, wenn sie in ihrer Bewegung (oder in ihrer freien Entfaltung) gehemmt werden. Nun finden aber die Energien an den Grenzen des Universums kein Hindernis mehr.[2]

Da könnte nun jemand den Einwand machen: Das Universum ist von keinem anderen Mittel mehr umgeben. Also ist es ein geschlossenes System.

Hierauf erwidern wir: in dem Einwurfe ist die Voraussetzung unrichtig, dass nämlich die Energien nur durch den Übergang in ein anderes Mittel aufhören können. Ausserdem lässt

---

[1] Das umgebende Mittel verhindert sogar nach dem Grade der homogenen Energie (z. B. der Wärme) den Ausfluss (Austritt) von Energie.

[2] Vgl. hierzu St. Székely Bölcseleti F. (Philosophische Monatsblätter) 1897, S. 63.

Konstanz der Energie im engeren Sinne. 109

sich der ganze Einwand gegen den Gegner selbst kehren.

3. Beweis. Hauptsächlich deswegen nehmen wir das Prinzip von der Konstanz der Energie in seiner allgemeinen Fassung nicht an, *weil es nicht einmal in einer auch noch so beschränkten Anwendung bewiesen worden ist.* Die Beweise, die vorgebracht worden sind, sind blosse Sophismen, wie wir jetzt zeigen werden.

B) Das Prinzip von der Konstanz der Energie ist auch nicht für das den Experimenten der Physik zugängliche Feld bewiesen worden.

1. Beweis. (Die Experimente beweisen nichts.) In Lehrbüchern der Physik liesst man allgemein: Das Prinzip von der Konstanz der Energie ist *durch Experimente* bewiesen worden. Wenn dem wirklich so wäre, dann brauchte man freilich nicht mehr weiter zu disputieren!

Aber wie oft ist es in der Physik nicht vorgekommen, dass Experimente oder Naturerscheinungen *falsch ausgelegt* und aus ihnen Folgerungen gezogen wurden, die in ihnen durchaus nicht enthalten waren. Und Unfehlbarkeit und Allwissenheit würde man der modernen Physik zuschreiben, wollte man ihr die Möglichkeit eines solchen Irrtums absprechen. Die Beispiele, die wir anführen werden, beweisen ganz und gar das Gegenteil. Die Experimente nämlich, auf welche die Physiker hinweisen, werden angestellt mit dem Pendel, mit dem Steine, der in die Höhe geworfen wird und mit der Spiralfeder; einige nehmen auch ihre Zuflucht zu den Planeten..

a) **Das Pendelexperiment.** Bei den Physikern gilt dies als ein „klassisches" Beispiel für das Axiom. Wir geben hier eine Figur wieder:

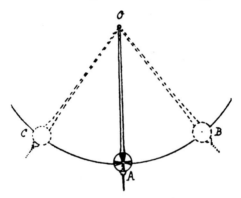

Mit diesem Experiment verbinden die Physiker *folgende Beweisführung:* Wenn das Pendel vom Punkt C aus fällt, bewegt es sich mit beschleunigter Bewegung gegen den Punkt A, wo es die *grösste aktuelle Energie* besitzt *(das Maximum aktueller Energie).* Mit Hilfe dieser Energie geht es über den Punkt A hinaus, aber von A an *vermindert sich* seine aktuelle Energie und verwandelt sich in *Energie der Lage* oder (!) *in potentielle* Energie. Diese Energie der Lage erreicht ihr Maximum in B; mit dieser Energie

Das Pendelexperiment.

kehrt das Pendel wieder zurück und auf dem Wege von B nach A wird seine Energie der Lage wieder in aktuelle umgewandelt. Dieser Prozess, d. h. die Umwandlung von aktueller Energie in Energie der Lage und umgekehrt, würde sich ohne Ende wiederholen und so würde die *Bewegung,* die am Anfang (durch Emporheben) dem Pendel mitgeteilt wurde, für immer *erhalten bleiben,* wenn nicht andere Hindernisse (die Reibung des Fadens im Aufhängepunkte und der Widerstand der Luft) diese Bewegung allmählich aufheben würden. Daher wird das Axiom von der Konstanz der Energie von einigen neueren Physikern auch in folgender Weise formuliert: *Jeder Vorgang im Universum ist weiter nichts als eine Umwandlung von aktueller Energie in potentielle und umgekehrt;* das Universum ist ein *gewaltiges Pendel,* das durch diese beständige, wechselweise Umformung seine Totalenergie bewahrt.[1]

Hierauf antworten wir: In diesem Beweisgang finden sich nicht weniger als drei Sophismen:

a) In dem Beweise wird behauptet, dass die mechanische Energie (lebendige Kraft) des Pendels auf dem Wege von A nach B *in Energie der Lage umgewandelt* wird und dass das Pendel

---

[1] Vgl. Schweitzer: „Die Energie u. Entropie." Székely: „Kraft und Stoff." Dressel, Fehér: „Physik, an mehreren Stellen." Gutberlet: „Der Kosmos." S. 62.

mit Hilfe dieser umgewandelten Energie von B nach A *zurückkehrt*. In Wahrheit aber wird die mechanische Energie (Bewegung) des Pendels auf dem Wege von A nach B verbraucht (sie wird vernichtet durch ihre entgegengesetzte Anziehung der Erde) und das Pendel kehrt nicht in kraft der *früheren* umgewandelten Energie von B nach A zurück, sondern infolge der Gravitation oder *Anziehungskraft der Erde*. Wenn in dem Augenblick, wo das Pendel in B angelangt ist, die Anziehung der Erde aufhörte, würde das Pendel dort *stehen bleiben*. Und selbst wenn das Pendel nicht bis zur Höhe des Punktes B aufstiege, sondern von A aus fallen würde, würde es von der Erde *in derselben Weise* angezogen werden. Es besteht also *kein ursächlicher Zusammenhang* zwischen der ersten (CB) Schwingung des Pendels und der zweiten (BC); die Rückkehr des Pendels ist demnach ein *neuer Prozess*, hervorgerufen durch eine neue Ursache, nicht durch die frühere Bewegung (obschon die frühere Bewegung die unumgänglich notwendige Bedingung hierzu ist), und so sind alle nacheinander folgenden Bewegungen des Pendels neue Prozesse, hervorgerufen durch die *beständige* Anziehung der Erde.

Diese Art von Sophisma, die die *Ursache mit der Bedingung oder mit den Umständen verwechselt,* nennt man: Etwas als Ursache annehmen, was nicht Ursache ist. Die erste Bewegung (das Emporheben) des Pendels ist *nur* die *Bedingung* dafür, dass die Erde eine Bewegung des Pendels hervorrufen kann, ist aber keineswegs die Ursache dieser Bewegung. Ebendies erhellt auch aus der horizontalen Bewegung, bei der der Körper (z. B. ein Wagen) nie „in kraft der früheren Bewegung" zurückkehrt, wie man ihn auch immer bewegen mag.

Einwand. Gegen diesen unseren Beweis erhebt ein Physiker den Einwand: „Die Physiker behaupten gar nicht, dass die aktuelle Energie des Pendels in Energie der Lage oder potentielle umgewandelt wird, sondern dass wegen der Anziehung der Erde *in dem Pendel eine bestimmte potentielle Energiemenge aufgehäuft wird.*"

Antwort. 1. Wer so spricht, der kennt den Beweisgang der Physiker hinsichtlich dieses Experimentes nicht und gibt überdies das Prinzip von der Konstanz der Energie preis. Wenn nämlich die aus der ersten Bewegung des Pendels erhaltene Energie nicht in Energie „der Lage" umgeformt wird, so sind schon die zweite Bewegung sowie alle folgenden *ebensoviele* neue Prozesse und infolge dessen blieb die erste Bewegung (oder ihre Energie) nicht erhalten.

2. *Ausserdem steckt in dieser „Anhäufung von Energie" das zweite Sophisma des ganzen Beweisganges*, wie aus dem Punkte β hervorgehen wird.

Anmerkung. Die Behauptung[1] „ein ideales Pendel (welches sich frei von allen Hindernissen bewegen könnte) würde sich ohne Ende bewegen", ist auch nichts anderes als ein wissenschaftliches Märchen. Man schiebt auch hier — wie überhaupt bei der Bewegung — die Schuld, dass die Bewegung ein Ende nimmt, auf die Hindernisse. Es kann aber apodiktisch erwiesen werden, dass auch die Bewegung des idealen Pendels aus sich selbst aufhören muss, dass somit die Hemmnisse das unausweichbare Ende *nur* beschleunigen. Hier der **Beweis**: Der Effekt kann seine Ursache nicht übertreffen. Die Ursache der zweiten Hälfte der Pendelschwingung (A B) ist die Beschleunigung, welche das Pendel während des Weges C A sich verschafft. Wenn nun der Endepunkt B wirklich in derselben Höhe stände, wie der Ausgangspunkt C, dann wäre die ganze von C bis A angesammelte Bewegungsenergie zur Besiegung des Widerstandes von seiten der Schwerkraft nötig. Denn es ist ganz evident, dass *die Gegenwirkung der Schwerkraft von A bis B vollkommen gleich*[2] *ist mit ihrer Wirkung*

---

[1] Obwohl durch diese Behauptung *direkt* nur das erste Newtonsche Gesetz gestützt wird, nicht aber die Konstanz der Energie, denn — wie gesagt — eine jede Schwingung des Pendels ist ein neuer Prozess, durch die Schwerkraft hervorgebracht.

[2] Dieses wird an der Figur des I. §-es des II. Buches auch geometrisch illustriert. Siehe auch den Punkt C im zweiten Teil des § XIV.

Die wahre Pendeltheorie. 115

von C bis A. So bliebe also gar keine Energie übrig,[1] um das Pendel selbst von A bis B zu bewegen. Schon der Endepunkt der ersten Schwingung muss also etwas unter der Höhe des Ausgangspunktes stehen, und diese Verminderung[2] der Amplitudo der Schwingung fährt weiter fort (ohne jeden Widerstand), bis das Pendel in A still steht. *Das vierte Pendelgesetz Galileis also,* laut dessen die Zahl der Schwingungen „innerhalb eines Zeitraumes" mit der Schwerkraft in direkter, mit der Länge des Pendels aber umgekehrt proportioniert ist, *gilt* ohne Beschränkung *von der ganzen Dauer der Pendelbewegung,* die notwendig beschränkter Natur ist.

So liefert uns also die Pendelbewegung (wie bereits im § II angedeutet wurde) einen ausgezeichneten experimentellen Beweis für unsere These, dass jede Bewegung aus sich selbst ein Ende nehmen muss.

---

[1] Überwindung des Widerstandes ist eben noch nicht eo ipso Bewegung (nicht einmal im Newtonschen System!) Siehe den 3. Beweis des III. §.

[2] Weil zum Wege A B (besser gesagt C B) ein relativ nur kleiner Teil der erworbenen Bewegungsenergie nötig ist, so ist diese Verminderung kaum merkbar und weil noch obendrauf die Schwingungen des Pendels bis zu Ende durch die Schwerkraft unterstützt und genährt werden, so kann ein fein konstruiertes Pendel stundenlang fortschwingen. Daher die bekannte *Illusion* der Physiker, die in dieser Erscheinung einen „klassischen" Beweis für das erste Newtonsche Gesetz finden.

β) Nach dem oben vorgeführten Beweise der Physiker wird die aktuelle Bewegung (Energie) des Pendels in Energie der Lage umgewandelt; diese Energie der Lage wächst von A bis B, bis schliesslich in B soviel Energie der Lage „aufgehäuft" ist, als aktuelle Energie in A war.

In Wahrheit verhält sich aber die Sache folgendermassen: die aktuelle Energie des Pendels wächst von C bis A, dagegen von A bis B *kommt kein Zuwachs mehr von wirklicher Energie,* im Gegenteil, jede wirkliche Energie wird von da an vermindert. Die Energie der Bewegung nimmt ab, weil die ihr entgegengesetzte Anziehung der Erde sie vernichtet. Die Anziehung der Erde (die mit dem Quadrate der Entfernung abnimmt)[1] wird vermindert. In ähnlicher Weise wird die Anziehung des Steines auf die Erde vermindert. Aber wo bleibt denn die Energie der Lage? *Die Energie der Lage ist keine wirkliche (reale) Energie!!* Und nun kommen wir zu dem Missbrauche und zu der Zweideutigkeit, die sich die Physiker durchwegs mit dem Ausdruck „Energie der Lage" gestatten, indem sie dieselbe teils als wirkliche Energie

---

[1] Im allgemeinen wird diese Verminderung für eine kleine Entfernung von den Physikern als ausserordentlich gering angegeben und deswegen gewöhnlich gar nicht berechnet; hier aber darf man sich auch auf sie berufen, damit die Absurdität der „aufgehäuften Energie" noch klarer zutage trete.

ausgeben, teils sie mit der potentiellen Energie verwechseln. Dieses Sophisma, das so grundverschiedene Dinge durcheinanderwirft, nennt man *Sophisma der Zweideutigkeit*. Doch hiermit werden wir uns lieber bei Besprechung der beiden folgenden Experimente beschäftigen.

γ) Ein Sophisma ist endlich die Verallgemeinerung, die sich die Physiker in dieser Sache erlauben. Sie leiten nämlich aus einer sehr geringen Zahl von Einzelfällen (die überdies noch nicht einmal etwas beweisen) sogleich ein allgemein giltiges Gesetz ab. Doch von diesem Sophisma wird in unserem vierten Beweis noch eingehender die Rede sein.

b) *Das Experiment mit dem in die Höhe geworfenen Steine.* „In einem in die Höhe aufsteigenden Steine wird beständig die aktuelle Energie vermindert, *aber im selben Verhältnis steigt* seine Energie der Lage. Auf dem höchsten Punkte wird die aktuelle Energie gleich Null sein, während die Energie der Lage ihren höchsten Grad (ihr Maximum) erreicht, der dem höchsten Grade der aktuellen Energie beim Beginne der Bewegung gleich ist. *Also ist die Summe der aktuellen und potentiellen Energie* für einen in Bewegung sich befindlichen Körper *in jedem Augenblick* die gleiche, und demnach ist die *Energie der Körper* immer konstant."[1]

---

[1] Vgl. Fehér: „Physik." S. 47. Gutberlet „Der Kosmos." S. 67.

Setzen wir E^a = aktuelle Energie und E^s = Energie der Lage, so erhalten wir nach den vorstehenden Ausführungen:

$$E_n^a + E_o^s = E_o^a + E_n^s$$
$$E_{n-1}^a + E_1^s = E_1^a + E_{n-1}^s$$
$$E_{n-2}^a + E_2^s = E_2^a + E_{n-2}^s \text{ usw.}$$

Antwort. Wir fragen: Wodurch wird diese „wachsende" Energie der Lage gemessen? Wird sie nicht etwa durch die Bewegung gemessen, die der Stein *später* ausführen wird?! In dem aufsteigenden (!) Steine findet sich die Energie der zukünftigen Bewegung *weder aktuell noch potentiell;* denn die Kraft, die den Stein nachher bewegen wird, ruht in der Erde! Gegen dieses Experiment (oder besser gegen den mit ihm verknüpften Beweis) stellen wir folgendes *Dilemma* auf: Die sogenannte situelle Energie oder „Energie der Lage" in dem aufsteigenden Steine ist entweder aktuelle Energie oder potentielle. Nun aber ist sie keine aktuelle, weil der aufsteigende Stein sich noch nicht nach unten bewegt, sie ist aber auch keine potentielle, denn die Kraft, die den Stein nach unten bewegen wird, ruht in der Erde (Anziehung der Erde).[1] Die Summen der aktuellen Energien und der Energien „der Lage"

---

[1] Die Kraft, mit welcher der Stein die Erde anzieht, wird wohl bei niemandem als die Kraft gelten, die den Stein zur Erde wieder zurückführt. Übrigens ist diese durch die kleine Entfernung nichts gewachsen.

können wohl auf dem Papier aufgestellt werden, aber diese Energien der „Lage" existieren überhaupt nicht (es sind keine wirklichen Energien), sondern es sind nur *fiktive Zahlen*. Der erste Missbrauch also, der mit dem Worte „Energie der Lage" getrieben wird, besteht darin, dass etwas als wirkliche Energie ausgegeben wird, was *nur anscheinend* eine wirkliche Energie ist. Sie ist nämlich die blosse *Bedingung* dafür, dass eine bestimmte Energie (die Anziehung der Erde, die Elastizität, die chemische Affinität usw.) eine Bewegung hervorrufen kann. Doch da diese unsere Behauptung ganz neu und bisher unerhört in der Physik[1] ist, soll sie hier kurz bewiesen werden.

---

[1] Schon *O. Chwolson,* Professor der Physik an der Universität von St. Petersburg, der nicht in knechtischer Weise alles wiedergibt, was er bei früheren Physikern liesst, sondern alles kritisch zu prüfen, und logisch zu durchdenken gewohnt ist, erhebt *Zweifel* gegen die wirkliche Existenz der „Energie" der Lage! „Es ist sehr wahrscheinlich", schreibt er im ersten Band, S. 127 seines ausgezeichneten Werkes, „dass im Weltall überhaupt keine Energie der Lage (potentielle) existiert und dass es sich in allen den Fällen, in denen eine Energie *von einer speziellen Lage* der Körper *abzuhängen scheint,* nur um eine aktuelle Energie handelt, aber wir kennen bloss nicht den speziellen Charakter dieser Energie." Von jetzt aber werden die Physiker hoffentlich etwas klarer und sicherer von der „Energie" der Lage sprechen, die so viele getäuscht und eine so grosse Verwirrung in der Naturwissenschaft verursacht hat.

1. Beweis. Den ersten Beweis bildet das eben aufgestellte Dilemma.

2. Beweis. Wenn die Lage für sich allein eine wirkliche Energie darstellte, dann würde auch bei der horizontalen Bewegung (auf der Oberfläche der Erde) jede Ortsveränderung eine Energie hervorrufen, kraft deren der Körper in seine frühere Lage zurückkehren könnte.

Aber es ist ja doch jedem klar, dass die Körper, die sich auf der Erde bewegen (ein Wagen, eine Lokomotive) durch eine neue Lage keine neue Energie erhält. Demnach kommt die Lage an und für sich nicht einer wirklichen Energie gleich, sondern sie ist nur ein *äusserer Umstand*, der bisweilen die unumgängliche *Bedingung* dafür sein kann, dass irgend eine Kraft (z. B. die Anziehungskraft) eine Bewegung in einem Körper hervorzurufen vermag.

3. (apodiktischer) Beweis. Die Energie der Lage soll ihr *Maximum* auf dem höchsten Punkt des Aufstieges erreichen. Also müsste die absteigende Bewegung im Anfang am schnellsten sein. Dahingegen ist die absteigende Bewegung des Steines anfangs *am langsamsten*. Demnach ist die ganze Theorie von der „Energie" der Lage gegen eine offenkundige Tatsache.

Das Gesetz von der Konstanz der Energie ist *genau so eine Fiktion* wie die „Energie" der Lage.[1]

---

[1] Also kann man die Widerlegung des zweiten Experimentes als einen für sich getrennt bestehenden Beweis

"Das Maximum der Arbeit und die Summe der lebendigen Kräfte — so sagen die modernen Energetiker — sind zwei Variabile, die zusammen eine *Konstante* ausmachen. Man nennt die erste potentielle Energie, die zweite aktuelle Energie und die Summe beider die Totalenergie. Man kann so den Satz aussprechen: In einem geschlossenen System ist *die Totalenergie konstant*. Man beweist diesen Satz *mit mathematischer Strenge* usw."

Nicht nur das Papier, sondern auch die mathematischen Formeln sind geduldig und bringen prächtige Gleichungen zutage, ob man reelle oder blos fiktive Zahlen benützt. Nun ist aber die Hälfte der Zahlen, welche in diesen „streng mathematischen" Ableitungen fungieren, rein fiktive Zahlen (da die Energie der Lage keine reelle Energie ist), darum ist jene „Konstante" und mit ihr die ganze Konstanz der Energie ein *leerer Wahn* und nichts anderes.

Der zweite Missbrauch, der mit dem Ausdruck „Energie der Lage" getrieben wird, besteht darin, dass bei den Physikern „Energie der Lage" *gleichbedeutend* ist mit potentieller Energie,[1] obgleich die beiden Dinge wesentlich von einander verschieden sind. Denn die po-

---

(hergeleitet *aus der Nichtexistenz* der *Energie der Lage*) betrachten.

[1] In jedem Lehrbuch der Physik wird das eine ohne Unterschied für das andere gebraucht.

tentielle Energie ist eine *wirkliche Energie,* während die Energie der Lage, wie wir gesehen haben) nur die Bedingung für die Tätigkeit einer Energie ist. Dieses nicht gerechtfertigte Durcheinanderwerfen kommt daher, dass, obschon die Energie der Lage auch für sich allein sich vorfindet, sie dennoch bisweilen *in Verbindung* mit einer potentiellen Energie auftritt. Dies werden wir konkret bei der Besprechung des dritten Experimentes sehen. Einstweilen geben wir hier einen unumstösslichen Beweis für die Verschiedenheit der potentiellen Energie und der Energie der Lage.

Beweis: Die potentielle Energie ist nach der Physik „eine in ihrer Tätigkeit gehemmte Kraft", wie aus der gespannten Spiralfeder klar hervorgeht. Wenn nun diese potentielle Energie ihr Maximum erreicht hat, wirkt sie auch mit der grössten Intensität und lässt dann allmählich nach. Dagegen wirkt die „Energie" der Lage, wenn sie ihren höchsten Grad erreicht hat, mit der kleinsten Intensität, weil dann *ihr wirklicher Wert gleich Null ist.* Daraus geht hervor, dass die „Energie" der Lage himmelweit von der potentiellen Energie verschieden ist.[1]

---

[1] Viele können die metaphysische Potenz, d. h. die *blosse Möglichkeit* (die in sich keine Realität hat), nicht von der physischen Potenz (Möglichkeit) unterscheiden, die eine eigentliche und wahre Realität ist. Die „Energie" der Lage ist die blosse Möglichkeit (infolge günstiger

Widerlegung der Konstanz der Energie. 123

c) **Das Experiment mit der Spiralfeder.**
Während manche Physiker in den Experimenten mit dem Pendel und dem in die Höhe geschleuderten Stein einen „durchschlagenden" Beweis für das vorliegende Axiom sehen, beruft sich Dressel auf die gespannte Spiralfeder.

Mit diesem Experiment wird der folgende Beweis verknüpft: Wenn die Spiralfeder mit den Händen oder mittelst eines Gewichtes gewaltsam gespannt wird und dann sich selbst überlassen wird, vollführt sie Schwingungen um ihren Gleichgewichtspunkt (wie das Pendel um den Punkt A), die denen des Pendels vollständig ähnlich sind. Bei diesen Schwingungen würde wiederum die *aktuelle Energie* einer Schwingung ohne Ende wiederkehren, wenn nicht der Widerstand der Luft und die Reibung die Bewegung aufheben würden.

Antwort: Das Experiment ist also nicht wesentlich verschieden von dem Pendelexperiment. Nur ist *a)* die bewegende Kraft eine andere; denn die Schwingungen des Pendels um den Punkt A veranlasst die Anziehung der Erde; dagegen die Schwingungen der Spiralfeder um den Gleichgewichtspunkt (oder um ihre normale

---

Umstände) eine Bewegung hervorzurufen; dagegen ist die potentielle Energie eine eigentliche Kraft, die die Bewegung bewirkt und von der aktuellen Energie unterscheidet sie sich nicht wesentlich, sondern nur dadurch, dass sie in ihrer Tätigkeit gehemmt ist.

124 Widerlegung der Konstanz der Energie.

Spannung) ruft die Elastizität (oder besser die Kohäsionskraft der Moleküle) hervor; *β*) auch darin unterscheidet sich dieses Experiment von dem früheren, dass der Zug meiner Hand oder des Gewichtes nicht blos „Energie" der Lage bewirket, sondern wirklich potentielle Energie hervorruft.[1] Diese bestimmte Lage *vereinigt* sich als Bedingung dafür, dass die Elastizität Bewegung hervorrufen kann, mit der potentiellen Energie der Elastizität, aber sie ist nicht dasselbe wie diese.

Das Hauptmoment aber in unserer Antwort ist folgendes: Die kontinuierlichen Schwingungen *sind nicht Umformungen* der *ersten Bewegung*, die wir der Spirale durch den Zug der Hand oder des Gewichtes mitgeteilt haben, sondern sie sind ebensoviele neue Prozesse, veranlasst durch die Elastizität (Kohäsion). Dies geht hauptsächlich deraus hervor, dass durch wiederholte Experimente die Spiralfeder ihre Spannung verliert!

Von der „Endlosigkeit" der Schwingungen ist dasselbe zu halten, wie von der „Endlosigkeit" der Pendelschwingungen. (Siehe oben S. 114.)

---

[1] Man beachte hier wohl die gebrauchten Ausdrücke! Der Zug meiner Hand wird nicht in Elastizität oder Kohäsion des Metallstückes umgewandelt, sondern — wenn sie etwas bewirkt — so vermindert sie vielmehr die Kohäsion der Feder. Der Rückkehr der gespannten Feder also wird durch die eigene Kraft der Kohäsion bewirkt.

Nun kämen wir eigentlich zur Bewegung der Planeten. Da aber die Bewegung der Planeten ein Problem ist, das eine besondere Beachtung verdient, werden wir uns eigens im zweiten Buche mit ihnen beschäftigen.

2. Beweis. (Die „Drei Wege" haben nicht zu dem vorgesteckten Ziele geführt.) Schon auf einem dreifachen Wege haben die Physiker versucht, das Gesetz von der Konstanz der Energie zu beweisen. a) Durch das dritte Gesetz Newtons; wenn nämlich jeder Aktion eine gleiche Reaktion entspräche, dann könnte vielleicht (obwohl die Aktion nicht die Reaktion bewirkt) das Axiom von der Konstanz der Energie für manche noch den Schein der Wahrheit behalten. b) Ein zweiter Weg würde die beständige Umwandlung von aktueller Energie in potentielle und umgekert sein. Dieser Weg würde sicherlich besser sein als der vorhergehende, weil hier schon ein ursächlicher Zusammenhang zwischen dem einen und dem anderen Prozesse bestände. c) Ein dritter Weg wäre das Gesetz von der Entropie, demgemäss alle Energien in Wärme umgewandelt werden. Dieses würde der beste Weg sein, weil in diesem Falle die Energie (Wärme) bleiben würde, obschon sie wegen ihrer gleichmässigen Verteilung zu einer mechanischen Arbeitsleistung unfähig wäre.

Doch alledem steht entgegen, dass das dritte Gesetz Newtons offenbar falsch ist und deswegen ist in gleicher Weise alles unrichtig, was auf dieses Gesetz aufgebaut wird. Ferner: Zum Beweise dafür, dass aktuelle Energie fortwährend und „allgemein" in potentielle umgewandelt wird und umgekehrt, haben bis jetzt die Physiker noch *kein einziges* Beispiel gebracht, dass aktuelle Energie in potentielle umgewandelt würde. Diese ganze Theorie gründet sich nämlich auf die Voraussetzung, die Energie der Lage sei wirkliche Energie. Dass diese Voraussetzung falsch ist, haben wir klar und unzweifelhaft bewiesen. Endlich werden wir im folgenden Paragraphen nachweisen, dass das Gesetz der Entropie eine blosse Fiktion ist, mehr noch als das Axiom, um das es sich hier handelt. Denn weder das Verbleiben der entropischen Wärme, noch die Umwandlung anderer Energien in Wärme kann bewiesen werden.

Nun gut: Diese drei Wege sind fast die einzig möglichen, um unser Axiom zu beweisen. Oder wenn es nicht die einzig möglichen sind, so haben wenigstens bis jetzt die Physiker keinen anderen eingeschlagen. Also darf man ruhig behaupten, dass bis jetzt für das Gesetz von der Konstanz der Energie auch nicht ein einziger durchschlagender Beweis gebracht worden ist.

3. Beweis. (Die angestellten „Berechnungen" beweisen nichts.) Jemand hat gegen unseren zweiten Beweis den Einwurf gemacht: „Die Physik beweist ja gar nicht auf dem angegebenen

Widerlegung der Konstanz der Energie. 127

dreifachen Wege das in Rede stehende Gesetz, sondern sie beweist es mit Hilfe von Berechnungen. Denn durch angestellte Berechnungen steht fest, dass mechanische Arbeit in eine bestimmte Wärmemenge umgewandelt wird und umgekehrt. In ähnlicher Weise ist die *Äquivalenz* der Elektrizität und des Lichtes mit der Wärme und umgekehrt festgestellt worden. Auf dem Felde der Experimente und der Berechnung aber muss man der Physik Glauben schenken."

Darauf erwidere ich: Ich gebe zu, dass nach den Berechnungen *ebensoviel* Wärme wieder in mechanische Arbeit umgewandelt werden kann, als Arbeit erforderlich war, um diese Wärmemenge hervorzubringen. Dagegen stelle ich in Abrede, dass *ebendiesslbe* Wärme, die vermittelst der Arbeit hervorgebracht wurde, zu mechanischer Arbeitsleistung wiederum in Anwendung gebracht werden kann. Demnach beweisen jene Berechnungen höchstens die *Äquivalenz* der Kräfte, nicht aber die *Konstanz* der Energie. Gewiss vertrauen wir der Physik auf dem Felde des Experimentes und der Berechnungen, keineswegs aber trauen wir ihr, wenn sie dieses Feld verlässt. In dem vorliegenden Falle wurde nun aber aus den Experimenten und den Berechnungen eine Folgerung gezogen, die ihnen durchaus nicht enthalten ist. Die Physik selbst lehrt offen die Unmöglichkeit des „Umkehrungsprozesses" und protestiert gegen die Idee von einem perpetuum mobile.

4. Beweis: Ein Sophisma steckt endlich hinter jener Verallgemeinerung, die sich die Physiker dadurch erlauben, dass sie auf Grund des einen oder anderen Einzelfalles sofort das allgemeine Gesetz aufstellen: „Alle Vorgänge in der Welt bestehen in der Umwandlung von aktueller Energie in potentielle und umgekehrt." Selbst wenn bei den bisher aufgezählten Fällen oder bei denen, die man noch vorführen wird,[1] eine *wirkliche Umwandlung* (und nicht blos eine Aufeinanderfolge) der genannten Energien zu finden wäre, so hätte man immer noch kein Recht, diesen Vorgang als Gesetz aufzustellen. Es würde dies ein *Sophisma der Induktion* sein. Sogar der Materialist G. Le Bon spottet wegen dieses Sophismas über das „Gesetz" von der Konstanz der Energie. „Das Prinzip von der Konstanz der Energie ist eine kühne Verallgemeinerung von Experimenten, die man bei sehr einfachen Einzelfällen angestellt hat."[2] Dazu kommt noch, dass nicht einmal in den schon angegebenen und noch anzugebenden Fällen eine wirkliche Umformung von aktueller Energie in potentielle oder von Energie der Lage in aktuelle zutage tritt. Gewöhnlich wird in der Natur nur potentielle Energie in aktuelle umgewandelt und aktuelle in eine andere aktuelle, niemals aber aktuelle in potentielle. Höchstens verwirklicht die

---

[1] Die Physiker haben kaum mehr als 3—5 Beispiele.
[2] L'évolution de la matière. S. 18. Paris, 1906.

Widerlegung der Konstanz der Energie.

aktuelle Energie die Bedingung dafür, dass irgend eine potentielle Energie ihre Kraft entfalten kann oder sie entfernt ein ihrer Tätigkeit entgegenstehendes Hindernis. Dagegen wird die Energie der Lage, da sie überhaupt keine wirkliche Energie ist, nicht in aktuelle umgewandelt, noch aktuelle in Energie der Lage.

Gegen die zwei oder drei Beispiele, die gewöhnlich von den Physikern angeführt werden — überdies beweisen sie nicht einmal die Umwandlung von aktueller Energie in potentielle — könnten wir 100 Beispiele vorbringen, in denen der Körper durch die aktuelle Bewegung keine „Energie" der Lage erhält. So bekommen z. B. die Körper, die auf der Erdoberfläche bewegt werden (ein Wagen, eine Lokomotive) keine „Energie der Lage". Das aus den Wolken herabfallende oder von den Bergesgipfeln ins Meer rinnende Wasser erhält keine „Energie" der Lage durch seine Bewegung, die doch sicherlich eine gewaltige Energie darstellte! Und wenn die Sonne erlöschen und nicht mit ihren Strahlen die Wassertropfen wiederum emporheben würde, so würden sie für ewig im Meere bleiben. Wo bleibt denn die beständige „Umwandlung" *ein und derselben Energie,* wenn die Natur durch die beständige Tätigkeit und immer neuen Verbrauch von Kräften arbeiten muss?!

Da also alle Beweise, die man für die „Konstanz" der Energie vorbringt, gar nichts beweisen, so hat man kein Recht, das genannte Prinzip den Axiomen der Wissenschaft beizuzählen. „Das Diadem" der modernen Physik ist, wie wir gesehen haben, aus Papier gefertigt; die „wissenschaftliche" Grundlage des gesamten Materialismus ist eitel Dunst und leere Einbildung. Auf einem solchen Fundament darf man den Tempel der Wissenschaft nicht errichten. Wenn die ernste Wissenschaft der Physik die Wahrheit liebt, dann muss sie alle Theorien, die nach der Norm dieses Axioms aufgestellt worden sind, einer gründlichen Revision unterziehen.

§ VI.
Kritik des Entropiegesetzes.

Der Schlusstein des ganzen *Newtonschen* Systems[1] ist das „Entropiegesetz", das geeignet ist, einstweilen die grossen Defekte dieses Systems, hauptsächlich dessen Gegensatz zur evidenten Tatsache momentan zu bemänteln. Als enormes Faktum ist von der tagtäglichen naturwissenschaftlichen Erfahrung voll und ganz erwiesen, dass: „die Welt minderwertiger wird und täglich altert", „die Energien, welche den Gang der Natur bewegen, immer mehr entkräftet werden". Da aber, nach dem gesunden Hausverstande, diese Abnahme der Welt aus der Verminderung der Energien hervorgerufen wird und sich infolge dessen herausstellte, dass das „Gesetz" von der Konstanz der Energie falsch sei, musste *ein geeignetes Expediens* gefunden werden, um das Diadem der modernen Physik zu retten. Dieses Mittel ist nun das Entropiegesetz, nach welchem alle Energien des Weltalls in gleichförmig ausge-

---
[1] So kann das ganze System der modernen theoretischen Physik genannt werden, weil es sich auf den drei Gesetzen von Newton gründet.

gossene Wärme verwandelt werden und so in einen allgemeinen Gleichgewichtszustand versetzt werden, wodurch es geschieht, dass jede Bewegung auf der Welt irgend einmal gewiss aufhört, die Energien aber in ewigem Gleichgewicht verharren werden.

A) Fundamentalbegriffe.

Da der Begiff der *Entropie* in der Wissenschaft ziemlich neu ist (kaum 50 Jahre alt) und nicht in allen Büchern genug klar erklärt wird, so wollen wir hier versuchen, eine klare Auseinandersetzung desselben zu geben:

a) Begriff der Entropie. Nach der Ethymologie bezeichnet *Entropie*[1] oder besser *entropische Wärme* (weil von der Wärme hier die Rede ist) eine Wärme, die enstanden ist durch Umwandlung aus einer anderen Energie. Nach dem Sprachgebrauch der Physiker soll Entropie der Ausdruck sein für *die Wärme, die sich nach innen wendet* oder im Gleichgewicht sich befindet. Gleiche entgegengesetzte Kräfte nämlich, die im Gleichgewicht sich befinden, werden gleichsam nach innen zu (gegeneinander) gewendet, während ungleiche entgegengesetzte Bewegung hervorrufen (also eine Wirkung nach aussen haben). Dem zweiten Gesetz der Thermodynamik[2] gemäss

---

[1] $εντρέπω =$ umwenden, nach innen wenden.

[2] Dasselbe folgt auch aus dem Gesetze der Intensität von Helm.

Kritik des Entropiegesetzes. 183

nun vermag Wärme nur dann mechanische Arbeit zu produzieren, wenn ein Übergang derselben von einem mehr erwärmteren Körper zu einem weniger erwärmteren stattfinden kann. Ein Körpersystem also, das sich in einem gleichmässigen Wärmegrad befindet, besitzt nach innen (in Bezug auf die eigenen Teile) *entropische Wärme*, d. h. zu einer mechanischen Arbeit *unbrauchbare* Wärme. Heutzutage bezeichnen einige[1] mit dem Namen Entropie die abstrakte Beziehung, welche besteht zwischen der ganzen Quantität der Wärme (irgend eines Systems) und zwischen der unwirksamen Wärme (gleichförmig ausgedehnten); andere hingegen nennen die unwirksame Wärme (gleichförmig ausgedehnte) selbst die entropische. Die letztere Annahme ist mehr verbreitet.

Viel leichter zum Verstehen als der Begriff der Entropie ist das Prinzip der Entropie und das Entropiegesetz.

b) Prinzip der Entropie. Das Prinzip der Entropie ist ein physisches Prinzip und ergibt sich unmittelbar aus dem zweiten Gesetz der Thermodynamik. Wenn nämlich für die Wärme zu mechanischer Arbeit ein Temperaturunterschied erfordert wird, gleichsam als eine „Conditio sine qua non", dann ist die Wärme (von beliebiger Intensität) eines geschlossenen Systems, im Falle

---

[1] Vgl. Dressel, I. 380.

einer gleichen Wärmeausdehnung, zu einer mechanischen Arbeit ganz und gar unbrauchbar und unwirksam.[1]

c) **Das Entropiegesetz.** Das entropische Gesetz endlich ist die Übertragung des benannten (entropischen) Prinzips auf das ganze Weltall. Der Autor dieses Gesetzes ist Clausius, der in der Voraussetzung, die Welt sei ein abgeschlossenes System, aufstellte: „Die Entropie des Weltalls strebt zum Maximum!"

Lord Kelvin aber (mit früherem Namen W. Thomson),[2] mit dessen Namen das Entropiegesetz gewöhnlich verknüpft wird, brachte denselben Satz in eine andere Formel: „Die Energie der Welt verteilt sich gleichförmig"; das will heissen: alle Energie der Welt, wie geartet sie auch sein mag, wird nach und nach in Wärme verwandelt, in der Form von Wärme verbreitet sie sich dann über das ganze Weltall; und da ja die entropische Wärme (gleichförmig verteilte) zur Arbeit untauglich ist, so wird der Weltmechanismus einstens zum Stillstand gelangen, die Energien jedoch im Zustande des allgemeinen Gleichgewichtes sich erhalten.

Das ist also in kurzen Zügen das Gesetz der Entropie, welches hier zur Kritik gelangt.

---

[1] So kann zum Beispiel der Dampf einer Lokomotive an und für sich nur durch seine Expensivkraft (nicht aber durch seine Wärme) arbeiten.

[2] Gestorben im Jahre 1908.

B) Das Entropiegesetz in der Apologetik.

Das Entropiegesetz, welches von Physikern die unabhängig von irgend einem religiösen Standpunkt — gefunden wurde, kam den christlichen Apologeten zu rechter Zeit, um einigermassen Gleichgewicht zu bieten dem Gesetze von der Konstanz der Energie. Steht nämlich das Gesetz von der Konstanz der Energie fest, so vermag nur das Entropiegesetz das *kosmologische Argument*[1] von der Existenz Gottes aufrecht zu erhalten. Wenn nämlich die Weltbewegung (wie uns das Entropiegesetz lehrt) einstens ein *Ende* haben wird, dann muss sie auch irgend einmal einen *Anfang* gehabt haben; oder — im physischen Sprachgebrauch — wenn die Entropie des Weltalls einstens das *Maximum* (Weltende) erreicht, so musste sie einstens ein *Minimum* (Bewegungsanfang) gehabt haben. Was aber Anfang und Ende hat und nicht von Ewigkeit her existiert, ist ganz sicher von *einem anderen* hervorgebracht nach dem Prinzip der Kausalität.[2] Mithin ist die Welt erschaffen und folglich existiert Gott ihr Schöpfer!

Der kosmologische Beweis wird also *sehr leicht* aus dem Entropiegesetz abgeleitet. Eben

---

[1] Der kosmologische Beweis ist *keineswegs* der *einzige*, um Gottes Existenz darzutun, wohl aber nimmt er sicherlich die erste Stelle ein.

[2] „Was immer zu existieren anfängt, hat den hinreichenden Grund seiner Existenz in etwas anderem."

deshalb bauen die modernen Apologeten dieses Argument über dem Entropiegesetz auf.[1] Obgleich also für den *ersten Augenblick* das Entropiegesetz der christlichen Apologetik grosse Dienste erwiesen hat, wäre es doch unvorsichtig und gefahrvoll, diese auf ein derartiges Gesetz zu gründen, weil man auf diese Weise „über Sand" und nicht „über festen Felsen" bauen würde.

a) Weil die Physiker solbst anfangen zu zweifeln und dasselbe „für einen mathematischen Traum des Clausius und Thomson" halten. So *Picard* „La science moderne et son état actuel" p. 132. Ja selbst *Helm* „Über Energetik", S. 124. Was wird aber zutreffen, wenn die Theorie über Entropie von der gesamten Wissenschaft aufgegeben würde, wie es schon anderen sehr schönen Theorien ergangen?! Im übrigen verbietet es die exakte Wissenschaft, die Gesetze der Thermodynamik (hauptsächlich das Entropieprinzip) auf das Weltall auszudehnen und schränkt dieselben ein auf die Welt, insofern sie unserer Erfahrung unterworfen ist. (Vgl. Chwolson, Physik III. 515.) Und fürwahr, die Apologetik kann dieses Prinzip der Entropie nicht in Gebrauch ziehen für den

---

[1] Vgl. Dr. Joh. Ude: „Monistische oder teleologische Weltanschauung." 1907. A. Schütz: „Anfang und Ende in den Weltprozessen." 1907. Auch C. Gutberlet macht das Entropiegesetz zum Mittelpunkt seines „Kosmos". 1908. Vgl. auch R. Schweitzer: „Die Energie und Entropie der Naturkräfte".

kosmologischen Beweis, wenn es nicht streng wissenschaftlich feststeht, dass dieses Prinzip Geltung habe für das ganze Weltall. b) Was aber das schlimmste ist: Die Materialisten fürchten nicht das Entropiegesetz. Sie entfliehen ihm, indem sie sich zu[1] „einem ewigen Zirkularprozess" bekenen.

Die Widerlegung dieser letzten Ausflucht der Materialisten setzt tiefe Wissenschaft voraus und zwar auch bei den Zuhörern. So kommt es, dass das kosmologische Argument — trotz des Entropiegesetzes — für den weniger Gebildeten gleichsam als verloren erachtet werden muss, und Häckel sich zu brüsten fortfährt mit dem Prinzip von der Konstanz der Energien, gleichsam als „mit einem unumstossbaren Prinzip" des monistischen Systems[2], „durch welches der Glaube vernichtet und die römische Hierarchie gestürzt wird".

Allein was dann, wenn sich die Falschheit

---

[1] Cf. J. Epping: „Kreislauf im Kosmos." Das Entropiegesetz nämlich hat einen positiven (die Energie bleibt) und einen negativen Teil (die Bewegung hört auf, wegen des positiven Gleichgewichtes der Energien). Ferner erwidern die Materialisten, gestützt auf den positiven Teil dieses Gesetzes: Das Gleichgewicht werde aufgehoben durch Katastrophen und der Weltprozess beginnt immer von neuem.

[2] Dieses Prinzip ist der Mittelpunkt seines sehr bekannten Werkes „Welträtsel", das schon über hunderttausend Exemplare zählt.

des Prinzipes von der Konstanz der Energien offenbart vor der ganzen Welt? Dann wird die christliche Apologetik sicherlich ferner nicht mehr des ätherischen Fundamentes des Entropiegesetzes bedürfen, sondern wird imstande sein, den kosmologischen Beweis auf festen Felsen zu erbauen. Denn das Aufhören der Bewegung, die universelle Ruhelage oder das *Weltsterben* (so von den Physikern selbst genannt) kann eine doppelte Ursache haben: Aus der gleichförmigen Ausbreitung und dem *Gleichgewicht* der Kräfte (Kräfteausgleich), oder aus dem *Verschwinden der Energien*.[1] Ersteres ist nur scheinbare Ruhe, *Scheintod* — Letzteres ist wahre Ruhe und unwiderruflicher Tod.

Wenn daher die wahre Ursache des Weichens: nämlich die Abnahme der Energien vor der wissenschaftlichen Welt dargetan sein wird, so wird sich auch der *Weltanfang* und das *Weltende* und mithin auf diese Weise der kosmologische Beweis durch ein *viel hervorragenderes* und peremtorisches Faktum erweisen lassen; auch wird *keine weitere Ausflucht*[2] für die Materialisten übrig

---

[1] Die Mechanik kennt einen doppelten Zustand der Ruhe: Ruhe, entstanden aus dem Gleichgewicht (Kräfteausgleich) und kommend aus dem Fehlen der Kräfte.

[2] Gegen das Argument, das entspringt aus dem Beginn des organischen Lebens, nehmen sie ihre Zuflucht zum hypothetischen Evolutionismus. Aber gegen das Faktum vom Verschwinden der Energien vermögen sie nichts weiteres zu sagen.

sein. „Dann wird — wie sich der hochberühmte Dr. O. P. über dieses ganze Werk ausdrückt — das kosmologische Argument über die Existenz Gottes in seine *ursprüngliche Kraft* zurückgebracht.[1]"

C) Die Weltbewegung wird ein Ende haben.

Diese These ist schon anerkannt und angenommen von der ganzen ernsten, strengen Naturwissenschaft, die nicht von wegen des Materialismus voreingenommen ist. Diese These ist das kostbarste Resultat der Naturwissenschaft und bringt mit sich das festeste Bollwerk für die Religion gegen die Atheisten aller Zeiten, gegen die Materialisten, gegen die Pantheisten und wie immer die Glaubenshasser genannt werden.

Durch die gegenwärtige Diskussion soll die These nicht nur nicht angegriffen werden, sondern es ist vielmehr Zweck derselben, diese zu erhärten und über festeres Fundament zu bauen, über ein derartiges Fundament, dass sich sicherlich fernerhin der Materialismus von einem Angriff zurückhält.

1. Die Wahrheit und Richtigkeit dieser These ergibt sich schon aus der *Natur der Bewegung!* Jede Bewegung umfasst eine Folge von

---

[1] Thomas v. Aquino selbst gesteht die Existenz Gottes sei nicht genugsam fest in der hypothetischen Annahme einer ewigen Welt, sondern sei nur evident, wenn bewiesen werden Anfang und Ende der Welt. (Contra Gentes, 2. 1. c. 13 geg. Ende.)

Teilen. Diese Teile sind irgendwelche begrenzte Einheiten (Einheiten der Zeit, ganz besonders Einheiten des Ortes und Raumes, weil Bewegung mit Veränderung des Ortes vor sich geht). Da diese Teile oder Masseinheiten endlich und begrenzt sind, so wird auch das Ganze, das aus diesen Einheiten besteht, endlich und begrenzt sein. Aus endlichen Elementen fürwahr kann ein wirklich unendliches Wesen nicht hervorgehen; was nämlich gemessen werden kann ist nicht unermesslich (unendlich).

2. Ebendieselbe Konsequenz ergibt sich aus dem Gesetze der *Intensität* von Helm. Nach diesem Gesetze streben alle Energien mit unwiderstehlicher Kraft von einem höheren Grad der Intensität zu immer niedrigerer Intensität herabzusteigen. Wie die Natur der einzelnen Energien — (dies ist rechtmässige Induktion), so ist auch die Natur der ganzen Weltenergie. Daher wird entweder dieser fortwährende Abstieg im allgemeinen Gleichgewicht beendigt (Entropiegesetz) oder muss wegen des Weichens aller Energien (unser System) der Weltmechanismus von jedweder Bewegung zu irgend einer Zeit einmal ablassen.

3. Ferner haben sich die Physiker bekehrt „zum Anfang und Ende der Welt" wegen des verblüffenden Faktums: Weil es in allen physischen Prozessen keinen umwendbaren Prozess gibt, kein perpetuum mobile im gesamten Weltall! Da aber jeder physische Prozess durch Aufbrauch (oder wenigstens durch Veränderung) der Energie brauchbar wird, muss die Weltenergie auf irgend eine Weise, nach und nach zwar, aber doch sicher zur Arbeit unbrauchbar und unfähig werden, sei es wegen des allgemeinen Ausgleiches, sei es wegen des gänzlichen Weichens der Kräfte.

4. Endlich sind schon *Zeichen* vorhanden im Universum, welche das „nahende" Ende der Welt dartun und anzeigen. Denn nicht nur erloschene Planeten existieren, sondern auch erblichene Sonnen; dazu kommt noch die rasche Zusammenziehung unserer Sonne, der rapide Gang der geologischen Evolution unserer Erde, so dass die Astronomen bereits die Tage der Erde und Sonne „zählen dürfen".

Mithin ist also die Thesis über das Weltende mit unveränderlicher Festigkeit in den Naturwissenschaften selbst begründet. Und da diese Wahrheit von Physikern selbst, die in Bezug auf Religion neutral sind, verteidigt wird (ausgenommen die Atheisten aus Profession), so scheint es überflüssig, hier länger zu verweilen.

Nur das eine möchte ich noch vorbringen: *Dass die Wahrheit vom Aufhören der Weltbewegung nicht das Wesen des Entropiegesetzes ausmacht. Diese Wahrheit ist ganz und gar unabhängig vom Entropiegesetz.*[1] Ferner nimmt

---

[1] Wie nämlich jeder aus den hier vorgebrachten

die These vom Abnehmen der Weltbewegung ihre Beweiskraft und Wahrheit nicht aus dem Entropiegesetz, sondern aus einer viel tiefer begründeten und festeren Wahrheit: nämlich aus der Tatsache vom fortwährenden Aufbrauch der Energien.

Wass für ein Proprium und Specifikum ist nun im Entropiegesetz enthalten? Nichts anderes als: die Umwandlung aller Energien in Wärme, die gleichförmige Ausbreitung und Erhaltung dieser Wärme. Aber diese zwei Behauptungen sind in keiner Weise erwiesen oder jemals erweisbar. Sie sind nämlich evident absurd und gegen offenkundige Tatsachen. Dies darzutun ist Hauptaufgabe des gegenwärtigen Paragraphen.

D) Die Energie der Welt wird nicht in Wärme verwandelt.

Das ganze Entropiegesetz hätte erst dann einen Sinn, wenn die Physiker vor allem erweisen würden, dass *jede Energie* nach und nach, früher oder später, in Wärme verwandelt würde. Aber schon hier bei ihrem Ausgangspunkt bleibt diese ätherische Theorie hängen; die Physiker vermögen dies in keinerlei Weise darzutun, hingegen aber kann das gegenteilige Faktum erwiesen werden.

1. Betrachten wir z. B. *die Experimente,*

Beweisen sehen kann, ist das Aufhören der Bewegung, unabhängig vom Entropiegesetz, apodiktisch beweisbar.

die von Joule-Hirn und Ruwland gemacht wurden, um das mechanische Äquivalent der Wärme festzustellen. Aus diesem wird klar: *Nur jener Teil* der mechanischen Arbeit wird in Wärme verwandelt, der nicht in Bewegung der Masse verwandelt werden kann. Dies ist eine sehr naturgemässe Sache und kommt sogleich aus der Wärmetheorie. Die Wärme nämlich ist der Definition gemäss Molekularbewegung. Die mechanische Arbeit sucht ihrer Natur nach zuerst in einer viel leichteren Bewegung (nämlich in der Bewegung der Masse) sich einen Weg und Evolution, und *nur wenn* sie in dieser leichteren Evolution (durch Reibung, Stoss oder Pressung) gehindert wird, stürzt sie in die Moleküle und wird in Molekularbewegung (oder Wärme) verwandelt. In der Physik steht mithin gleichsam als ein thermodynamisches Axiom fest: „Nur jener Teil der mechanischen Energie wird in Wärme verwandelt, welcher nicht übergehen kann in Bewegung der Masse."

In den in Erwägung gebrachten Experimenten bewirkt dieser Teil einen hinreichend grossen, ja fürwahr den grösseren Anteil der mechanischen Arbeit, weil durch grosse Reibung oder Pressung Wärme hervorgerufen wird. Umgekehrt ist jener Teil der Energie in den rechtmässigen mechanischen Bewegungen der Welt, der aus der Energie der Bewegung in Wärme verwandelt wird — um beziehungsweise zu sprechen — ein unendlich kleines, gleichsam Fünkchen und Tröpfchen der Weltenergien, der übrige Teil aber der Weltenergie verschwindet ohne jegliche Spur. So finden Schiffe, die mit ungeheurer Energie der Bewegung fahren und ungeheure Gewichtsmassen führen, einen übergrossen Wiederstand und doch pflegt die Wärme, die durch Reibung mit dem Wasser hervorgerufen wird, beim Schiffahren ausser acht gelassen zu werden. Die vom Dampf (Lokomotiven) gezogenen Wagen der Eisenbahn repräsentieren eine ungeheure Bewegungsenergie, von welcher ein sehr kleiner Teil nur bei der Reibung der Achsen und Räder in Wärme verwandelt wird.[1] Auch die übrigen Fahrmittel (Transport) werden so auf Räder errichtet, dass dadurch ein geringerer Teil der Bewegungskraft durch Reibung zugrunde gehe. Ein derartiger „Wagen", dessen ganze Bewegungskraft in Wärme verwandelt würde (durch Reibung), würde selbstverständlich sich niemals bewegen können. Und wenn wir so hinaufsteigen zu den Himmelskörpern, die die grösste Bewegungsenergie repräsentieren, so wird der Teil,

---

[1] Die Reibung der Wagen mit der Luft und die Wärme, welche durch diese hervorgerufen wird, pflegen kaum in Erwägung gezogen zu werden. Die Luft hat die grösste Beweglichkeit, so zwar, dass sie auch von der schnellsten Lokomotive nur die Bewegung der Masse annimmt, wodurch es kommt, dass auch der „Wind", den eine sehr schnelle Lokomotive hervorruft, kalt bleibt.

welcher in Wärme übergeht, immer kleiner. Denn die Reibung des Äthers ist sicherlich geringer als die der Luft.

Die Behauptung nun, nach welcher alle schwindenden Energien in Wärme übergehen, ist eine einfache *Mystifikation,* aber keineswegs wahre Wissenschaft.

2. In einem wie hohen Grade eine solche Mystifikation stattfindet, geht schon daraus hervor, dass man die Behauptung, „es werde in Wärme verwandelt, auch von solchen Dingen aufstellt, die evidenterweise nicht in Wärme übergehen können."

So zum Beispiel: Es wird ein sehr harter Stein mittelst einer Walze in Staub verwandelt und man wirft nun die Frage auf: Wohin ist die Kohäsion des Steines entschwunden?

Einige Physiker antworten: Die ungeheure Wärme, die bei der Zerreibung des Steines auftritt, ist aus der Kohäsion umgewandelt worden. Aber in dieser Antwort ist ein handgreifliches Sophisma enthalten, denn die Abspannung oder das Nachlassen der Kohäsion ist nach den Gesetzen der Molekularkräfte (wie auch das Beispiel vom Verdampfen und Flüssigwerden zeigt) ein *endothermischer Prozess*[1] (oder Wärme absorbierender), nicht aber ein *exothermischer*

---

[1] Die Anziehug der Moleküle kann nämlich nur durch die entgegengesetzte Kraft (sei es durch mechanische Kraft, sei es durch Wärme) überwunden werden.

(Wärme entwickelnder). Es steht daher die beim Zerreiben des Steines hervorgerufene Wärme mit der mechanischen Arbeit im Kausalnexus (oder wenn es gefällt, im Zusammenhang einer Äquivalenz), die Kohäsion des Steines aber, welche im Weichen sich befindet, hat kein *Äquivalent*. Mithin wird ein Teil der Arbeit der Walze verwendet, um Wärme hervorzubringen, der übrige und grössere Teil zur Zerstörung der Kohäsion der einzelnen Teilchen.

3. Die *experimentelle* Physik, die sich nicht mit Aufstellung von Hypothesen abgibt, kennt nur drei *mechanische Wärmequellen,* nämlich: Reibung, Stoss und Druck.[1] Und doch haben Reibung, Stoss und Druck — wie wir sehen — einen ziemlich bescheidenen Einfluss auf die mechanischen Weltbewegungen.[2] Und wir haben im § III bewiesen, dass es ein *Postulat* der mechanischen Bewegung sei, dass der edelste Teil der Bewegungsenergie (welcher wirklich in Be-

---

[1] Sehr charakteristisch und lehrreich ist die Reihenfolge der drei Quellen! Desto grösser nämlich ist der Anteil, der aus der mechanischen Arbeit übergeht in Wärme, je mehr die Bewegung der Masse gehindert wird. Etwas Ähnliches wird bei der Verwandlung der Elektrizität in Wärme beobachtet. Die Elektrizität nämlich macht schlechte Konduktoren (welche den Strom der Elektrizität hemmen) erglühen (Glühlampen).

[2] Die Himmelskörper z. B. finden nur auf den Widerstand des Äthers, welcher aus dem Weg geschafft wird, also Massenbewegung bekommt.

wegung übergeht) gar keine Gegenwirkung hat. Die Umwandlung der eigentlichen Massenbewegung in Wärme ist also ausgeschlossen.

Also ist es in der Tat eine grosse Geheimnismacherei, zu behaupten, dass alle weichende Energie in Wärme übergehe.

Einwurf. Verschiedene Energien werden nach und nach *sukzessive* in Wärme verwandelt. Aus der Bewegungsenergie nur jener Teil, welcher der Reibung entspricht; *der übrige Teil wird unterdessen erhalten* in Form von gleicher Reaktion oder potentieller Energie, damit er später in Wärme übergehe.

Antwort: Diese Objektion hat nur insofern Geltung, inwiefern „die beständige Gleichheit der Aktion und Reaktion" ebenso wie „die beständige Umwandlung der potentiellen Energie in aktuelle und umgekehrt". Wir sehen, dass im Falle der Bewegung die Reaktion immer *geringer* ist als die Aktion und dass die Reaktion die Aktion *am allerwenigsten konserviert,* ja dass sie sogar als entgegengesetzte Kraft die Aktion aufhebt. Wir sehen ferner, dass die Physiker nicht einmal einen einzigen Fall anführen können, in dem aktuelle Energie in potentielle verwandelt wurde. Im Beispiel von der Metallfeder *folgt nur* die potentielle Energie der aktuellen, entsteht aber keineswegs aus dieser; im Beispiel vom Pendel aber kann nur von der „Energie" der Lage die Rede sein, die aber keine reale Energie ist.

Weitaus der grösste Teil der Weltenergie also verschwindet spurlos ohne irgend eine Rekompensation vor unseren Augen. Auch vermag die Wärme, die durch Reibung oder Stoss hervorgerufen ist, nicht lange die übrigen Energien zu überdauern.

E) Die aus verschiedenen Energien verwandelte Wärme hält sich nicht.

Wenn doch wenigstens jener sehr kleine Teil der Energien, welcher in der Tat in Wärme übergeht, verharren möchte! Aber nicht einmal die Fortdauer dieser unnützen „Wärme" hat die Physik bewiesen, noch wird sie in der Zukunft imstande sein, den Beweis dafür zu erbringen.

1. Auf mathematischem Wege zwar kann man sehr gut vorgehen und mit „isothermen" Figuren kann die Nivellation der Weltentropie (die gleiche Ausdehnung der Wärme) sehr schön illustriert werden, ebenso wie die von Sadi Carnot geplante „konvertible" Dampfmaschine (Perpetuum mobile). Aber die ganze Theorie hat *ein hypothetisches Fundament*, das niemals bewiesen wurde: dass die ausgedehnte Wärme wirklich auch verbleibe. Denn nach *experimentellen Versuchen* kann die Wärme, die sich ausdehnt, nicht lange fortdauern und sich erhalten.

Wer hat die höchsten Regionen der Atmosphäre erforscht oder die Regionen des Äthers selbst berührt, um dort mit seinem Thermometer die Gegenwart von Wärme zu beweisen!? Um die entropische Evolution zu illustrieren, pflegt man das Beispiel des vom Berge herabkommenden Wassers anzuführen.[1] Aber man bemerkt nicht, dass der Vergleich hinkt! Während nämlich das von der Höhe kommende Wasser ein physischer Körper ist (Substanz), daher auch während der Bewegung und nach der Bewegung ungefähr in seiner ganzen Quantität bestehen bleibt. Die Entropie ist hingegen aber Wärme (daher kein Körper oder Substanz) und es handelt sich hier gerade um die Frage, ob sie während ihrer fortdauernden Nivellation (d. h. während sie gleichmässig sich ausbreitet und ins Gleichgewicht kommt) fortbestet oder nicht?! Wenn also einer die Erhaltung der Wärme, welche gerade zu beweisen ist, in diesen Argumenten supponiert, würde er eine petitio principii begehen. Insofern aber einer glaubte, das Gesetz der Entropie sei durch das Prinzip der Konstanz bewiesen, hier aber sich bemühte, jenes Prinzip zugleich darzutun — wie in der Tat einige Physiker, die der gesunden Logik hier vergessen, es machen — so würde er in einen Circulus vitiosus verfallen. Die Physiker unserer Zeit stürzen daher hier in fast ebendenselben Irrtum, welchen man an einer anderen Stelle Sadi Carnot zur Last legt, der „die Wärme für eine flüssige Substanz hielt."

---

[1] Cf. Schweitzer, Schütz, Uhde: Siehe in den bereits zitierten Werken.

Nach der modernen Physik ist die Wärme keine Substanz, sondern Schwingung der Moleküle. (Chwolson III. 712.) Mithin konnte sie höchstens in Form von gleicher Reaktion oder in Gestalt potentieller Energie erhalten werden. Aber dieses „expediens" liegt schon so sehr ausserhalb der entropischen Theorie, dass es die Physiker bisher nicht angenommen haben. Im allgemeinen ist die Theorie von der Erhaltung der Energien so wenig in sich zusammenhängend, dass die drei Wege, auf welchen die Physiker bisher zu ihr vorzudringen suchten, gleichsam als drei unbrauchbare und desperate Versuche betrachtet werden müssen. Das Entropiegesetz, welches schon manche „einen poetischen Traum des Clausius und Lord Kelwin" genannt haben, ist sicherlich nichts anderes als ein *mathematischer und geometrischer* Traum, der sich fein auf Papier malen lässt, aber zu dessen Realisierung jedes Fundament fehlt.

2. In der entropischen Theorie setzen die Physiker aus Vorsichtsmassregel voraus, dass die Welt ein „geschlossenes System" sei, welches

---

[1] Das Sophisma der „*petitio principii*" begeht jener, der in der Probation schon das voraussetzt, was eigentlich zu beweisen ist. („Idem per idem".) Das Sophisma des „*circulus vitiosus*" begeht der, welcher zwei Wahrheiten, die erst zu beweisen sind, *gegenseitig* eine mit der anderen beweisen will. Klar ist, dass durch eine derartige „Beweisführung" nichts bewiesen wird.

nämlich nicht äusseren Einwirkungen ausgesetzt ist. Aber — wie wir bewiesen — zur Erhaltung der Energieen genügt keineswegs die Immunität vom Einfluss äusserer Energieen, wenn trotzdem die Energien des Systems selbst fortwährend *ausströmen* oder besser gesagt, frei sich entwickeln. Und dies trifft notwendigerweise in den angrenzenden Gebieten der absoluten Kälte zu. Wenn nämlich in der Dampfmaschine eine Temperaturdifferenz von 200 bis 300 Graden schon eine so elementare Umänderung der Wärme in *mechanische Arbeit* hervorruft, wie elementar muss dann die Schwingung der Wärme in den Grenzgebieten der absoluten Kälte und an den Grenzen des Äthers sein?

3. Nach Clausius müsste der Weltprozess *mit dem Maximum* der Entropie beginnen, d. h. mit der grössten Ungleichheit der Wärme. Aber die *Kosmogonie* steht offenbar im Widerspruch mit diesem Postulate des Clausius. Denn nach der kosmogonischen Theorie beginnt der Weltprozess mit der grössten Gleichheit der Energieen, d. h. mit der gleichförmigen Ausbreitung des kosmischen Nebels und folglich der Energieen.

4. Sodann — wie es den Anschein hat — entging der Aufmerksamkeit der Physiker ein sehr bekanntes *Faktum:* Dass der Äther unfähig ist, geleitete Wärme aufzunehmen. Wärme ist Bewegung einer *ponderabilen* Materie und der

Äther durchlässt die Strahlen der Sonne ohne selbst warm zu werden. Auf welche Weise kann nun die Wärme im Äther gleichförmig ausgebreitet werden und verharren?!

5. Man erhebt endlich auch meteorologische (die Temperatur der Atmosphäre) und astronomische (die Temperatur des Universums) Schwierigkeiten gegen das Entropiegesetz. Namentlich zeigt die Temperatur des Weltalls (trotz der Wärmestrahlung so vieler Millionen Jahre) keine Spur von erhaltener Wärme.

Das Entropiegesetz ist also nichts anderes, als die künstlich bemäntelte Form einer viel tiefer liegenden Wahrheit, der fortwährenden Abnahme (Verminderung) der Energieen, wovon im nächsten Paragraph die Rede sein wird.

§ VII.
Ständiger Verbrauch und stete Abnahme der Energie in der Welt.

Wenn einmal das Prinzip von der Konstanz der Energieen als falsch bewiesen ist, fällt damit von selbst das ganze Gebäude des Materialismus zusammen und man braucht sich nicht mehr um die Einwürfe zu kümmern, die auf der ganzen Linie metaphysischer Fragen diesem Prinzip gewöhnlich entnommen wurden. Aber auch die Physik selbst muss alle ihre Schlüsse, die von diesem Prinzip beeinflusst sind, korrigieren. Wenn nämlich dieses Prinzip durch kein Argument je bewiesen ist, so *darf man es* in der Wissenschaft *nicht anwenden*. Streng genommen braucht, wer ein falsches Pinzip widerlegt, nicht den Beweis des Gegenteiles erbringen. Auch ist es nicht nötig, um zur vollen Überzeugung von der Unechtheit „des Diadems" der modernen Physik zu gelangen, dass *experimentell* die Vernichtung von Energieen gezeigt werde, wie jemand unklugerweise verlangt hat. Denn wenn auch von den entwickelten Energieen gewöhnlich nichts Greifbares, nichts sinnlich Wahrnehmbares zurückbleibt, *das nichts selbst ist keinem Experiment zugänglich!* Leicht nämlich könnte da einer antworten — wie es in der Tat mehrere Physiker durch die im Buche angeführten Argumente gedrängt, wirklich getan haben — „vielleicht hat sich die verschwundene Energie in irgend eine *unbekannte, unsichtbare* andere verwandelt."

Doch, nachdem wir das falsche Zentralprinzip der Physik verworfen haben, verlangt der Verstand auch das wahre Zentralprinzip zu sehen. Bereits oben im § IV haben wir gesehen, dass im Schosse zweier Wahrheiten, deren eine die Ungleichheit der Actio und Reactio während der Bewegung, deren zweite aber die begrenzte Dauer der Bewegung ist, eine andere tiefere Wahrheit verborgen liegt.

Diese Wahrheit ist keine andere als *das fortwährende Verbrauchen und Abnehmen von Energie in der Welt,* wie auch immer sich jene dagegen sträuben mögen, die im Newtonschen System aufgewachsen sind. Ferner, wenn auch die Vernichtung von Energieen streng genommen der Sinneswahrnehmung[1] nicht unterliegt, so kann doch die Wahrheit des Verbrauchs von Energieen *durch Vernunftbeweise* apodiktisch nachgewiesen werden.

---

[1] Obwohl auch das Zeugnis der Sinne immer mehr für den Verbrauch der Energien als für deren Erhaltung spricht, ist es doch nicht unsere Absicht, in einer so wissenschaftlichen Frage die Sinne als Zeugen anzurufen.

Und merke wohl: Selbst wenn die Abnahme von Energieen nirgendwo in der Welt beobachtet würde, ja sogar wenn die Konstanz der Summe der *aktuellen* Energieen positiv gemessen werden könnte, so würde das den Gegnern nichts nützen. Höchstens folgte daraus, dass die Energiequelle sehr reichhaltig ist!

Das Wasser z. B. auf der Erde ist in stetem *Kreislaufe* von der Höhe der Wolken zur Tiefe des Meeres; aber trotzdem ist es den Physikern nie eingefallen, in dieser Bewegung ein Beispiel des Perpetuum mobile zu erblicken: weil die Kraft, die das Wasser auf die Schultern der Luft hebt, die *Sonne* ist, die ihre *Wärme beständig* aussendet und *verliert*. Auch das Idealpendel wäre kein Beweis für die Erhaltung der Energieen, weil, wenn auch *die aktuelle Energie* seiner Bewegung *konstant* wäre, diese doch durch das *beständige* Wirken und folglich *Verbrauchen* der Anziehungskraft der Erde hervorgerufen würde. Was die Attraktion anbelangt, die, indem sie das ganze Universum zusammenhält, die *vornehmste Kraft* in der Natur ist: so wird ihre Abnahme[1] am wenigsten unter allen Kräften beobachtet.

---

[1] Wo hingegen die Abnahme der Wärme auf greifbare Weise beobachtet wird. Die Planeten nämlich und die Monde unseres Sonnensystems und der übrigen Systeme haben einst alle eigenes Licht und eigene Wärme gehabt. Unsere Sonne selbst, wenn sie auch auf der Oberfläche noch 8000° C Wärme hat, geht bereits in „Rotglut" über

Das hat wahrscheinlich darin seinen Grund, dass die Himmelskörper in ihrer gewaltigen Bewegung (10—70 km in der Sekunde) sich am Äther reiben und infolge dieser Reibung fortwährend mit magnetischer Kraft geladen werden (welche magnetische Kraft wahrscheinlich das Wesen der Anziehungskraft ausmacht).

Doch nun zu den Argumenten:

1. Beweis. *(Aus der Natur der Bewegung.)* Die Bewegung schliesst in ihrer Natur eine *Aufeinanderfolge* oder ein „früher" und „später" ein. Aus dieser Aufeinanderfolge folgt nun aber, dass die vergangenen Momente der Bewegung niemals mehr zurückkehren. Bewegung sagt also ihrer Natur nach Verbrauch, Verschlechterung, Vernichtung, Tod. Nun aber bestehen nach der modernen Physik alle Energien in Bewegung (nach unserer Ansicht gehen sie wenigstens schliesslich in Bewegung über). Folglich müssen *in den Wellen der Bewegung* alle Energien ihr Grab finden.

In den Wellen der Bewegung also werden die Energien begraben: wenn sie sich *frei* (ohne Hindernis) entwickeln können. Werden sie in der Bewegungsausführung gehindert, so verlängert sich zwar die Tätigkeit und „das Leben" der

---

und ist nicht mehr in Weissglut wie der Sirius. Nach den Astronomen hat sie schon den grössten Teil ihrer Jahre gesehen und ihr jetziges Alter verhält sich zur Zeit, die ihr noch bevorsteht wie 20:5.

Energieen, weil ein Teil von ihnen auf den hindernden Körper übergeht oder unter einer anderen Energieform erscheint, aber ihr schliesslicher Tod wird keineswegs verhindert. Aufgeschoben ist nicht aufgehoben! Eine bewegte Kugel teilt, wenn sie auf eine ruhende stösst, dieser ihre Bewegung mit und zwar um so vollständiger, je vollkommener ihre Elastizität ist. Wenn hingegen zwei Kugeln gegen einander stossen, geht ein Teil der Bewegung in Wärme über.

Man entgegne nicht: „Die Energie geht von dem einen Körper *ohne Rest* auf den anderen Körper über, wie bei den zwei elastischen Kugeln." Denn erstens existiert auf der Welt keine vollkommene Elastizität; zweitens wissen unsere Techniker aus der Praxis sehr wohl, dass ein grosser Teil der Energieen, die den Maschinen zugeführt werden, wegen verschiedener Hindernisse verloren geht. Eine Dampfmaschine verwendet nur 10—12% der Wärmekraft auf die zu leistende Arbeit. Auch die Bewegungskraft der Elektrizität, die man vom „Zentraldynamo" herleitet, wird bedeutend herabgemindert, während sie durch die Drähte zur Arbeitsstelle gelangt. Wo bleibt die übrige Energie? Sie wird durch die Hindernisse absorbiert! Die wirklich erhaltene Wärme stellt nur einen ganz kleinen Bruchteil der verloren gegangenen Energie dar. Und *die mechanische Arbeit selbst,* die durch die angewandten Energien schliesslich geleistet wird, stellt *die Bewegung der Masse* dar; die Bewegung der Masse aber *beginnt und endet* ohne weitere Umwandlung.

2. Beweis. *(Aus der Natur der Energie.)* Bewegung ist Energie,[1] sie ist sogar aktuelle Energie, ja die Energie „par excellence", weil die Physiker das Wesen aller Energieen in Bewegung bestehen lassen. Nach der Energielehre geht nun aber die Entwicklung einer beliebigen Energie immer durch den Verbrauch (oder wenn man will, durch die Umwandlung) einer anderen Energie vor sich. Folglich verbraucht die Bewegung, während sie vor unseren Augen entsteht, den Impuls, der ihr von der bewegenden Kraft mitgeteilt wurde.

Weiter: Die Energie der Bewegung selbst *verwandelt sich nicht mehr* in eine andere Energie. Aus der Widerlegung des dritten Newtonschen Gesetzes ist nämlich klar, dass bei einer Bewegung nur ein Teil des erhaltenen Impulses aufgewandt wird, um die Hindernisse (die Reaktion) zu überwinden. Der Rest aber setzt sich ohne Hemmung in Bewegung. (Eben dadurch, dass er bewegt wird, entwickelt er sich *frei,* sonst würde er sich nicht einmal einen Schritt weit bewegen!) Eine Bewegung jedoch, die auf kein Hindernis stösst, wird, nach der Lehre der Physik selbst, nicht in eine andere Energie um-

---

[1] Die Physiker sprechen oft von der Energie der mechanischen Bewegung.

gewandelt. Aber sie verharrt auch nicht in Form von Bewegung, wie aus der Widerlegung von Newtons erstem Gesetze und aus der tagtäglichen Erfahrung einleuchtet. *Bewegung als Bewegung bleibt nicht erhalten, noch wird sie umgewandelt: folglich wird sie verbraucht, sie verschwindet, sie wird vernichtet.*[1]

Hier kann man die Wahrheit unserer These mit Händen greifen!

3. Beweis. *(Aus den Gesetzen der Mechanik.)* Gemäss der klaren Sprache der Mechanik heben sich zwei gleiche und entgegengesetzte Bewegungen gegenseitig auf, wie man es beim Zusammenstoss zweier unelastischer Körper beobachten kann. Dasselbe ist zu sagen von zwei entgegengesetzten und gleichen Kräften, nur mit dem Unterschiede, dass die Kräfte länger wirken als die Bewegungen.

---

[1] Siehe ein Beispiel: Wenn ein elastischer Körper zusammengedrückt in einen luftleeren Raum gelegt wird und sich dann ausdehnt, so ist *die Bewegung,* durch die er seinen natürlichen Zustand wiederzuerlangen strebt, sicherlich eine *begrenzte;* auch wird diese Bewegung, da die Reibung fehlt, nicht in Wärme oder eine andere „unbekannte" Energie verwandelt. Was geschieht also? Die Bewegung nimmt ein Ende und sie ist *das letzte Glied* in diesem energetischen Prozesse. Ähnlich entwickelt sich und nimmt ein Ende in jeder Bewegung der Bewegungsteil, der die Reaktion übertrifft, auch geht er nicht in eine andere Energie über. Folglich verschwindet er, er wird verbraucht.

Allerdings betrachtet die Mechanik die Bewegung nur als Bewegung und kümmert sich nicht um die weitere Frage, ob nämlich die vernichtete Bewegung eine andere Energieform annimmt oder nicht. Aber auch wenn wir physikalisch die einzelnen Fälle von entgegenwirkenden Kräften untersuchen, sehen wir, dass an und für sich Bewegungen oder entgegengesetzte Kräfte nicht in eine andere umgewandelt werden, sondern dass dazu *ganz besondere Umstände erforderlich sind*. So folgt, wenn die Körper elastisch sind, dem Zusammenstoss die Reperkussion oder eine Bewegung in entgegengesetzter Richtung. Wirkt aber gegen die Bewegung eine Kraft ohne Zusammenstoss mit einem fremden Körper (wirkt also nicht die Elastizität), dann bleiben die zwei entgegengesetzten Kräfte weder in Form von Bewegung noch als Reperkussion erhalten, noch endlich verwandeln sie sich in Wärme oder eine andere Energie. Z. B. wenn Körper emporgehoben werden, kämpft ihre Bewegung mit der entgegenwirkenden Gravitation. Von Wärmeerzeugung kann hier nicht einmal die Rede sein: Jene berühmte Positions„energie" aber ist — wie wir gesehen haben — keine wirkliche Energie. Die Bewegung hört also in diesem Falle, so weit sie Bewegung ist, auf, in eine andere Energie aber geht sie nicht über. Demnach vergeht sie wie der Rauch, wie die Zeit; indem sie sich entwickelt verschwindet sie, sinkt ins Nichts.

In ähnlicher Weise: Reibung, Druck usw. rufen zwar eine Molekularbewegung, d. h. Wärme hervor, aber nur dann, wenn die Kohäsion der Molekeln nicht von einer „stärkeren Kraft" überwunden wird, anderenfalls ergibt sich eine gewisse negative Wirkung, d. h. die aktuelle Kohäsion des Körpers wird zerstört. Allgemein genommen ist jene Behauptung der modernen Physik, nach der jeder negativen Arbeit, die Energie verbraucht, irgend eine in der Welt neu entstehende Energie entspricht, nicht richtig. Negative Arbeit bleibt sehr oft, ja gewöhnlich negative Arbeit, d. h. es gibt in der Natur ungezählte *negative Wirkungen,* so oft nämlich entgegengesetzte Kräfte ohne irgend einen Ersatz sich gegenseitig vernichten. Alle physischen Vorgänge führen in letzter Bedeutung zur Vernichtung der angefangenen Bewegung; einige Umwandlungen (von sehr beschränkter Zahl) *verlängern nur* um eine kurze Zeit „das Leben" der Energieen.

Diesbezüglich sagt C. Gutberlet:[1] „Die Atome selbst müssen kontinuierlich und fest sein, so dass sie kein Zusammendrücken mehr gestatten und folglich als unelastische Körper betrachtet werden müssen. Aber gleiche und entgegengesetzte Bewegungen zweier unelastischer Körper werden vernichtet. Wenn es sich um eine Reihe von Atomen handelte, so würde die Bewegung

---

[1] Erhaltung der Kraft. S. 72.

wegen der möglichen Vibration sich in Wärme verwandeln. Handelt es sich aber um die letzten Atome (vielleicht des Äthers selbst), deren Bewegung sich auf ein anderes Mittel nicht mehr fortpflanzen kann (sie bewegen sich ja in vollkommen luftleerem Raume), dann muss die Bewegung einfach ohne irgend welchen Ersatz vergehen. Wer dagegen einwirft, dass die Längsbewegung der Atome in diesem Falle in eine vergrösserte Kreisbewegung derselben übergeht, dem antworte ich: „Wenn der Zusammenstoss unter einem Winkel mit der Rotationsaxe erfolgt, *concedo:* wenn er in der Richtung der Axen selbst stattfindet, *nego.* Im letzten Falle verschwindet die Bewegung, ohne dass sie durch irgend etwas wieder ersetzt würde."

4. Beweis. Hier können wir uns berufen auf das *Intensitätsgesetz von Helm,* dessen allbekannte[1] Skala klar vor Augen führt, dass die Entwicklung der Energien in der Welt auf J_0, d. i. auf das Nichts gerichtet ist. Die Vertreter der Naturwissenschaften nach Helm geben bereits offen als allgemeine Wahrheit zu, dass jeder Energieart das Streben innewohne, von einem höheren zu einem stets niederen Grade herabzusteigen.[2] Und es ist gar kein Grund vorhanden, warum die entropische Wärme allein von diesem Herabsinken ausgenommen sein sollte,

---

[1] $J_{10} - J_9 - J_8 \ldots \ldots J_2 - J_1 - J_0.$

[2] Siehe bei Dressel I. 258.

oder weswegen dieses Herabsinken bei dem Grade J_4 oder J_2 Halt machen müsste! Eine gleichmässige Verteilung und das Gleichgewicht der Energieen (auch wenn es zugegeben würde) könnte das völlige Herabsinken und Vergehen der Energieen bis J_0 nicht verhindern. Denn auch das *Gleichgewicht* der Kräfte kann nicht *umsonst* aufrecht erhalten werden, sondern nur durch Arbeit, d. h. unter *Verbrauch von Kräften*,[1] wie man es durch Induktion nachweisen kann. Die grosse Geheimnistuerei also, die die moderne Energetik „im Namen der Wissenschaft" mit dem Prinzip von der Erhaltung der Energieen treibt, ist jeglichen wissenschaftlichen Fundamentes bar.

5. Beweis. Alle *physikalischen Gesetze* weisen gewissermassen mit dem Finger auf den ständigen Verbrauch und die stete Abnahme der Energieen in der Welt hin. Mit der Entfernung nämlich nimmt die Kraft aller Energieen entsprechend ab. Reissend schnell mindern sich das Licht, die Elektrizität, die Anziehung, obgleich die jedesmalige Energiequelle (z. B. die Sonne) andauernd Kräfte aussendet, bis sie selbst erschöpft ist. Und welchen Ersatz, frage ich, zeigt uns denn die Naturwissenschaft an Stelle der

---

[1] Nicht nur zwei ringende, sich lange im Gleichgewicht erhaltende Athleten verlieren bald ihre Kräfte, sondern sogar die Ziegel am Campanile von Venedig wurden unter der Last eines Jahrhunderte dauernden Equilibriums zu Staub zerdrückt.

verschwindenden Energien?! Ein Ausweg bleibt vielleicht noch, den verschiedene leichtgerüstete Physiker auch bereitwillig wählen: „Jene verschwindenden Energien setzen sich alle in Ätherschwingungen um." Diese Behauptung entzieht sich, sowie sie ganz ohne Grund aufgestellt wird, auch jeglicher Kontrolle und jedem Experiment. Den Äther hat bislang niemand je gesehen, viel weniger noch kann einer über die Weltenergien, die sich im Äther aufhäufen sollen, *etwas Bestimmtes* sagen.

Übrigens lässt sich mit Evidenz nachweisen, dass die Energien auch nicht in Form von Ätherschwingung erhalten bleiben können. Die Bewegung der Molekeln oder Atome unterscheidet sich nicht wesentlich von der Bewegung einer Masse, sie ist vielmehr dieselbe, wie die Bewegung der Masse in allerkleinster Ausdehnung.

Alles also, was im ersten und zweiten Beweise gesagt wurde über das *unvermeidliche Ende* mechanischer Bewegung gilt auch von der Molekular- und Atombewegung. Auch die Ätherschwingungen gehen unter im Zeitenmeere. Die Welt geht demnach nicht blos einer Gleichgewichtsruhe, sondern der vollkommenen Ruhe entgegen, sie eilt nicht nur in einen scheinbaren, sondern in den wirklichen Tod. Die Materie ist träge und sie kann nur so viel Bewegung entwickeln, als ihr aus den Urquellen der Energie im Weltall nach und nach mitgeteilt wird; nach Vollführung dieser Bewegung ruht sie.

6. Beweis. *(Aus dem Gesetz von den resultierenden Kräften.)* Nach dem ersten Gesetze der resultierenden Kräfte (und Bewegungen) ist *die Resultante* aus den Komponenten, die unter einem Winkel angreifen, immer *kleiner als die Summe der Komponenten.*

Von den komponierenden Kräften (d. i. die auf ein und denselben Körper wirken) gelangen nur die parallelen vollständig zur Wirkung; in jedem anderen Falle kommt ein gewisser Bruchteil der Kräfte nicht zur Geltung. Also geht ein gewisser Bruchteil der unter einem Winkel zusammentreffenden Kräfte verloren. Den Grund für diesen Verlust von Kräften hat man darin zu suchen, dass die unter einem Winkel zusammentreffenden Kräfte bis zu einem gewissen Grade sich entgegengesetzt sind und im letzten Grunde in je zwei Komponenten zerfallen, von denen je zwei sich diametral gegenüberstehen und sich aufheben, je zwei aber als parallele mit vereinten Kräften ihre Wirkung ausüben.

7. Beweis. *("Perpetuum mobile.")* Alle Pfleger der Naturwissenschaften kommen darin überein, dass eine Energie, die einmal zu einer Arbeitsleistung gebraucht wurde, ein anderes Mal nicht mehr in vollem Umfange für die Arbeit zu gebrauchen ist. Das „Perpetuum mobile" oder die Maschine, die von *derselben Energie* unaufhörlich in Bewegung gehalten würde, pflegt man zu den klassischen Beispielen von Absurditäten zu zählen, in gleicher Weise, wie den viereckigen Kreis. Auch die entropische Wärme wird von den Physikern gewöhnlich „unnütze" oder zur Arbeit untaugliche Energie genannt.

Nun aber ist das Perpetuum mobile entweder desshalb unmöglich, weil die Energien in entropische Wärme verwandelt werden und *wegen* des allgemeinen *Gleichgewichtes* keine Bewegung mehr hervorbringen können, oder weil die Energien abnehmen und verbraucht werden. *Ein drittes gibt es nicht.* Im vorhergehenden Paragraphe haben wir aber gezeigt, dass die Entropietheorie nichts als ein „geometrischer Traum" ist. Folglich ist die einzige und wahre Ursache, wesshalb zur Bewegung der Maschinen immer neue Energie erfordert wird und das Perpetuum mobile unter die Unmöglichkeiten zu zählen ist, der, dass die Energien durch die Arbeit abnehmen und aufgebraucht werden.

8. Beweis. *(Aus der Radioaktivität.)* Der Entwurf dieses Werkes war schon längst fertig, als das Buch[1] von Dr. Gustave Le Bon, Physiker an der Universität Paris (Sorbonne) in meine

---

[1] L'évolution de la matière. Paris 1906. Der Verfasser ist Materialist, aber wenn von einer grossen Erfindung die Rede ist, die sicher der Person zum Ruhme angerechnet wird, dann vergisst der Materialist die Treue gegen sein eigenes System.

Hände gelangte, der aus den radioaktiven Erscheinungen allein zu der Überzeugung gelangte, dass die Energien in der Welt vergehen, weshalb sein Buch auch vorne den Spruch zeigt: „Tout se perd!" (Alles vergeht.) Ich will mich nicht zu sehr auf seine Beweise stützen, nicht als wenn ich nicht die Überzeugung teilte, dass die unglaublich grosse Energiemenge, die in der Radioaktivität entwickelt wird, in der Tat nicht zugrunde ginge, sondern weil man sich hier vielleicht auf die noch „unerforschte" Natur dieser Erscheinungen berufen könnte.

9. Beweis. Einen klassischen Beweis bietet uns endlich die Pendelbewegung. Obwohl diese Bewegung langsamer zu Ende kommt, als irgend eine andere Bewegung, da sie fortwährend von seiten der Erdanziehung unterstützt (genährt) wird, trotzdem haben wir oben im § V (S. 114) mathematisch bewiesen, dass auch die Bewegung eines idealen Pendels ein Ende nehmen muss. Und der Grund dafür ist gerade: weil die Bewegung fortwährend Energie verbraucht. Also ist wirklich die Bewegung das Grab aller Energieen.

§ VIII.

Fundament des Irrtums Newtons. Wahre Entstehung der beschleunigten Bewegung. Gesetze der Entwicklung der Bewegung.

Newton irrte in seinen Bewegungsgesetzen. Sein grösster Fehler aber war die endlose „Bewegungsträgheit", da diese einen viel grösseren Einfluss auf die theoretische Physik ausgeübt hat, als die anderen Irrtümer. Einige oberflächliche und unvorsichtige Leute nannten das erste Gesetz ein „experimentelles", obwohl kein einziges Beispiel einer Bewegung ohne Ende (die nämlich nicht aus irgend einer Quelle genährt würde; denn wenn die Bewegung nicht genährt wird, hört sie bald auf) in der ganzen Natur existiert. Dennoch gibt es ein einziges Faktum in der ganzen Natur, auf das Newton selbst den zweiten Teil des ersten Gesetzes aufbaute, nämlich: *Die Beschleunigung freifallender Körper.* Im Scholion nämlich, des berühmten § „Axiomata sive leges motus", beruft er sich ohne Zaudern auf den freien Fall der Körper und auf das von Galilei aufgestellte Gesetz der gleichmässig beschleunigten Bewegung. Durch dieses

„Faktum" glaubt er die „Trägheit der Körper" oder das Beharren derselben in der einmal erhaltenen Bewegung „zwingend bewiesen".

I.

Hier finden wir die Wurzel des ganzen folgenschweren Irrtums Newtons. Denn wenn dieses „Faktum" als hohl und ohne Beweiskraft gezeigt wird, dann dürfte vielleicht die Blindheit von den Augen vieler fallen.

Auf welche Weise ist denn die Beharrung der Körper in der einmal erhaltenen Bewegung in der Tatsache der gleichmässigen Beschleunigung, deren klassisches Beispiel die freifallenden Körper sind, enthalten? Nach den von Galilei über die gleichmässig beschleunigte Bewegung aufgestellten Gesetzen, steigt die Beschleunigung freifallender Körper proportionell den geraden Zahlen: g, 2g, 3g, 4g, 5g etc. bedeutet die Steigerung der Beschleunigung für die aufeinanderfolgenden Zeiteinheiten. Das ist das *„Faktum"*. Die stummen Zahlen aber zeigen uns noch nicht die *Ursache* dieser ständigen Zunahme; diese zu entdecken, ist im eminenten Sinne ein physisches Problem. Newton nun sah (siehe im Scholion des § „Axiomata, sive leges motus") die Ursache dieser Zunahme darin, dass g (die Bewegung) der ersten Zeiteinheit fortdauert und durch Hinzutreten eines zweiten g entstehen 2g; in gleicher Weise bleibt die Bewegung der zweiten

170 Fundament des Irrtums Newtons.

Zeiteinheit (2g) und durch Hinzutritt eines anderen g entstehen 3g. Da nun die Anziehung der Schwerkraft gleichförmig ist und für jede Zeiteinheit die Zunahme von einem g bedeutet, so ist auf diese Weise das gleichmässige Anwachsen der gleichförmig beschleunigten Bewegung *bequem* erklärt. Und von Newton an haben alle Physiker die Entstehung der beschleunigten Bewegung so erklärt und niemand wagte auch nur zu zweifeln[1] an der Richtigkeit dieser Analyse.

---

[1] Abgesehen davon, dass die Bewegung keine Substanz ist, die fortdauern könnte, hätten die Physiker wenigstens das beobachten müssen: Dass auf diese Weise die von Galilei für die gleichmässig beschleunigte Bewegung geforderte arithmetische Steigerung nicht entstehen könne. Denn in der Serie 1, 2, 3, 4, 5 etc. werden die Einheiten des 4. oder 5. Gliedes nicht von den vorhergehenden genommen (sie haben keine Fortdauer), sondern sind die jenem Gliede eigenen. Wenn Galilei diese Erklärung seines Gesetzes gelesen hätte, so hätte er vielleicht dagegen protestiert. (Galilei starb 1642 und Newton wurde im darauffolgenden Jahre 1643 geboren. Die Phisiker nehmen allgemein an, dass Galilei noch keine Ahnung von der „Bewegungsträgheit" hatte.) Die von Galilei für die gleichmässig beschleunigte Bewegung aufgestellten Gesetze sind durchaus richtig und wahr. Aber daraus *folgt nicht,* dass diese Gesetze *unbegrenzt* bei freifallenden Körpern angewendet werden können; sondern blos solange die Beschleunigung dauert. Ob aber diese Beschleunigung beim freien Fall der Körper ohne Ende dauert, oder *bald in eine gleichförmige Bewegung übergeht,* darum handelt es sich gerade; das muss durch *Tatsachen* und Experimente entschieden werden.

Nach den kritischen Gesetzen der Naturwissenschaft ist diese *Erklärung* der gleichmässigen Zunahme (welche von den Physikern wegen der Autorität Newtons sofort wie eine unfehlbare These betrachtet wurde) blos eine *Hypothese,* da sie die verborgene Ursache eines natürlichen Phänomens erklären will: Eine Hypothese aber (d. h. ein Erklärungsversuch, eine Theorie) *wird* sofort *verlassen,* wenn eine andere wahrscheinlichere Hypothese auftaucht; und wenn nun die frühere Hypothese gar handgreiflichen Tatsachen widerspricht, mit denen die zweite übereinstimmt, so muss die erste als unmöglich und widerlegt verworfen werden.

Das ist nun aber der Fall mit dieser Erklärung Newtons, welche allerdings der „Trägheit der Bewegung" und der Beharrung der Körper in der einmal erhaltenen Bewegung günstig wäre.

Wie unvorsichtig die moderne Physik in der Annahme des ersten Newtonschen Gesetzes, dessen *ganzen Beweis diese hypothetische Erklärung bietet,* war, zeigt sich schon darin, dass *Galilei seine Experimente* — durch die Newton die Trägheit der Bewegung hinlänglich bewiesen glaubt — auf dem Turme von Pisa machte. Der Turm von Pisa hat aber bekanntlich blos 52 m Höhe. Ein Stein braucht im Falle zum Durchmessen dieser Bahn nicht einmal 3 Sekunden! Was will diese kleine Distanz und dieses winzige Zeitintervall der ungeheueren Anziehungskraft unserer Erde gegenüber bedeuten! — Nun wäre aber Newtons Erklärung *blos dann* richtig, *wenn man durch Experimente* beweisen könnte, dass die Beschleunigung auch in 10—100 Zeiteinheiten 10 g — 100 g etc. wäre, d. h. die gleichförmige Beschleunigung müsste unbeschränkt fortdauern. Nun hat man aber aus grösseren Höhen (die vielleicht auf der Erde bereit ständen) noch keine Versuche gemacht, da es ja „gewagt" gewesen wäre das Newtonsche Gesetz zu bezweifeln. Aber es ist auch gar nicht nötig, sich mit ferneren grossartigen Experimenten abzuplagen, da ja *Tatsachen bekannt* sind, die uns aus einer jede irdische Höhe überragenden Ferne freifallende Körper zeigen; Tatsachen, die Newtons Erklärung ganz offen widersprechen und sie daher zugleich mit der „Trägheit der Bewegung" widerlegen.

Körper, die aus grossen, ja fast unendlichen Höhen fallen, kommen nicht blos nicht *mit jener ungeheueren Beschleunigung,* welche dieser Höhe und der Zeitdauer entsprächen, sondern *ohne jede Beschleunigung in einer ganz gleichförmigen Bewegung* auf unserer Erde an! Daher ist die *Beschleunigung* beim Fallen der Körper *nicht fortdauernd und unbegrenzt,* sondern findet blos beim Beginne der Bewegung statt. Daher wird die Bewegung der ersten Zeiteinheiten durchaus nicht aufbewahrt, sondern Bewegung wird immer aufs neue hervorgebracht und durch die Anziehungskraft der Erde genährt.

Sehen wir uns die Tatsachen an! *Regen* und *Hagel* fallen in gleichförmiger Geschwindigkeit auf die Erde. Vergebens würde sich hier jemand auf den Luftwiderstand berufen, denn der Luftwiderstand mindert die Beschleunigung zwar, hebt sie aber nicht auf.[1] Wenn bei der Atwoodschen Fallmaschine 1 gr — trotz des Luftwiderstandes und obwohl 1 gr zwei nicht kleine Gewichte bewegen muss — eine Beschleunigung hervorbringt, dann müsste sicherlich der freifallende Hagel eine fortdauernde Beschleunigung auch in der Atmosphäre erhalten. Die *Meteorsteine* (fallende Sterne) wenigstens sind sicherlich imstande, den Luftwiderstand zu überwinden. Und doch gelangen auch die Meteorsteine mit sichtbarer, ja *gleichförmiger*[2] Geschwindigkeit auf die Erde. Wenn die Beschleunigung fortdauernd (unbegrenzt) wäre, wie Newton supponierte, würden die Meteorsteine, die von den Grenzen des Wirkungsfeldes der Schwerkraft an gleichmässig in ihrer Geschwindigkeit zu wachsen beginnen, mit einer so ungeheuern Geschwindigkeit die Erde treffen, dass man ihren Weg mit den Augen nicht mehr verfolgen könnte.

Das „Faktum" also, das Newton seiner Erklärung zugrunde legte (die fortdauernde Beschleunigung der Körper im Falle nämlich),

---

[1] Dieses wird im § XIV (II. Teil) experimentell bewiesen.

[2] Cf. A. Müller, Astronomia II. Bd. Seite 506 ff.

existiert nicht und die Erklärung selbst widerspricht offenkundigen Tatsachen. Daher ist sie als eine falsche Hypothese zurückzuweisen und mit ihr auch der zweite Teil des I. Newtonschen Gesetzes, das auf diesem experimentellen „Faktum" sich aufbaut.

II.

An Stelle der Newtonschen Erklärung bietet sich eine andere Erklärung des Wachsens der Beschleunigung an. Die Bewegung der ersten

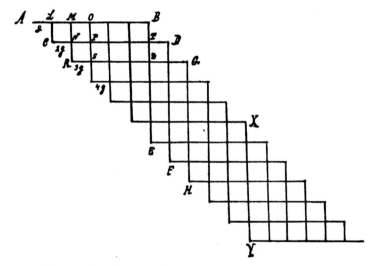

oder zweiten Zeiteinheit muss durchaus nicht fortdauern, damit in der zweiten oder dritten Zeiteinheit 2 g, 3 g etc. sich bilde. Es genügt, dass die in der ersten, zweiten, dritten Zeiteinheit erhaltene

Bewegungsenergie so gross sei, dass sie *durch mehrere Zeiteinheiten anhalte; dann entsteht eine Akkumulation der Bewegungsenergie* in der zweiten, dritten etc. Zeit, welche Vermehrung, wenn die Kraft gleichförmig und konstant ist, ebenfalls *gleichförmig sein wird;* und darin besteht eben die gleichförmige Beschleunigung.

Die Sache kann auch graphisch sehr gut dargestellt werden!

Die Wirkung irgend einer gleichförmig und fortdauernd wirkenden Kraft kann nach der Einheit der Zeit in so viele Anstösse, als Zeiteinheiten die Dauer der Wirkung in sich schliesst, geteilt werden. Supponnieren wir nun, dass irgend eine, durch eine Zeiteinheit wirkende Kraft einem gedachten Körper die Bewegung A B verleiten kann und nehmen wir an, dass der Körper diese Bewegung z. B. in 6 Sekunden durchläuft. In der folgenden Sekunde wirkt (da die Kraft fortdauernd und gleichförmig, wie z. B. die Anziehungskraft der Erde, wirkt) ein neuer, dem ersten vollständig gleicher Anstoss auf den Körper, der denselben eine gleich lange Bewegung (C D = A B) in derselben Zeit verleichen kann. Aber der zweite Anstoss findet im Körper noch $^5/_6$ der verbliebenen Energie (Reserveenergie) und so werden die beiden Bewegungsenergien als vollständig homogene summiert und verstärken sich, wodurch in der zweiten Zeiteinheit die Bewegungsenergie schon verdoppelt wird,[1] gegenüber der dem ersten Augenblicke entsprechenden Energie. So wächst die Bewegungsenergie bei der beschleunigten Bewegung *gleichförmig* und das ist die *wahre Entstehung* der beschleunigten Bewegung: **Akkumulation der Bewegungsenergieen.**

Diese Erklärung geht von denselben Tatsachen, wie die von den Physikern gewöhnlich gegebene aus. Bei der gleichmässig beschleunigten Bewegung (z. B. bei der von der Schwerkraft hervorgebrachten) wirkt die treibende Kraft gleichmässig und konstant und die Beschleunigung (g) wächst ebenso gleichförmig.

Mit diesen Tatsachen stimmt also unsere Erklärung vollständig überein. Und *diese Erklärung* ist nicht blos wahrscheinlicher als die Newtons und daher eine gute Hypothese, sondern stellt den *realen Stand* dar, nach welchem *de facto* die beschleunigte Bewegung entsteht. Hier der **Beweis:** Wenn nämlich die durch eine konstante Kraft hervorgebrachte Beschleunigung nicht unbegrenzt und gleich ist, sondern bald in eine gleichförmige Bewegung übergeht, dann ist es gewiss, dass die durch die einzelnen Anstösse hervorgebrachten *Bewegungen* ebenso *regelmässig aufhören*, wie sie in einer regelmässigen Aufeinanderfolge begonnen

---

[1] Die Bewegung im zweiten Augenblicke zeigt daher gegenüber der im ersten eine Acceleration.

haben.[1] Dass die Beschleunigung beim freien Fall der Körper nicht unbegrenzt ist, sondern bald in eine gleichförmige Bewegung übergeht, haben wir oben bewiesen. So verhält es sich aber mit jeder durch eine konstante und gleichmässige Kraft erzeugten Bewegung: *Sie beginnt mit einer Beschleunigung, aber bald geht sie in eine gleichförmige Bewegung über!* So erreicht auch eine Lokomotive,[2] wenngleich sie mit derselben Kraft, von der sie hernach bewegt wird, anfängt, nicht sofort die dieser Kraft entsprechende Geschwindigkeit, sondern gelangt *in einer beschleunigten Bewegung*, von der Geschwindigkeit Null, zu der der treibenden

---

[1] Ein drittes gibt es nicht. Entweder dauert die Bewegung fort und dann wäre die von einer konstanten Kraft hervorgebrachte Bewegung ohne Ende beschleunigt; oder die Bewegung *beginnt blos* mit einer beschleunigten und dauert als gleichförmige fort. Und dann hört die Bewegung der ersten Augenblicke nacheinander auf. Dieses Aufhören ist, wie die Figur zeigt, regelmässig, d. h. nachdem die Bewegung die der bewegenden Kraft entsprechende Geschwindigkeit (was in unserem Falle in der 6. Zeiteinheit eintrifft) erlangt hat, hört in jedem Augenblicke die Energie eines Anstosses auf und die Energie eines neuen Impulses beginnt sich zu entwickeln. Deshalb ist die Summe der Bewegungsenergieen (die Intensität) gleich, oder die Bewegung ist gleichförmig.

[2] Die Hindernisse des Weges etc. können in der Rechnung als konstant angesehen werden und deshalb kann man die Lokomotive — nach Abzug dieser konstanten Differenz — als einen idealen Körper betrachten.

Kraft entsprechenden Geschwindigkeit und dann zu einer gleichmässigen Bewegung, und so ist also die Akkumulation der Bewegungsenergieen die wirkliche Genesis der beschleunigten Bewegung. Die vorgelegte Erklärung geht nicht blos von Tatsachen aus, sondern endigt auch mit Tatsachen.

Die eben dargestellte Figur beleuchtet daher aufs beste das Entstehen, die Entwicklung und das Ende der beschleunigten Bewegung mit allen ihren Eigentümlichkeiten. Die Teile der Geraden (AL, LM) bedeuten die Einheit der Beschleunigung. Die regelmässige Zunahme dieser Einheiten (LM + CN = 2g; MO + NP + RS = 3g etc.) stellt die gleichförmige Beschleunigung der Bewegung dar. Die Zahl der Einheiten, welche in irgend einer Geraden oder deren Teil enthalten sind, versinnbildet die Dauer der Bewegung. Der Weg selbst wird zwar in dieser Figur nicht direkt ausgedrückt, kann aber aus der bekannten Formel $s = g\frac{t^2}{2}$ leicht berechnet werden. Dennoch wird aber die *proportionelle* Grösse[1] des Weges in der Zeichnung auch dargestellt. Nimmt man nämlich für die Einheit der Beschleunigung nicht AL, sondern dessen Doppeltes, so werden alle Horizontallinien und die ganze

---

[1] Laut des zweiten Bewegungsgesetzes (c) ist der Weg zur Dauer der Kraftwirkung direkt proportioniert. (Siehe S. 81.)

Wahre Entstehung der beschleunigten Bew. 179

Figur proportionell länger, wie die folgende Figur zeigt:

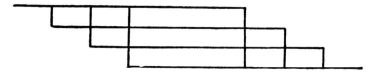

Was nun die durch die Anziehungskraft der Erde bewirkte Bewegung betrifft, so ist die Anziehungskraft gewiss gross genug, um, wenn sie auch nur einen Augenblick auf einen freien Körper wirkt (und nach dem ersten Augenblick jede weitere Einwirkung aufhörte), denselben doch durch mehrere Zeiteinheiten[1] zu bewegen (wie man es ja an der Atwoodschen Fallmaschine beobachten kann). Die Bewegung der fallenden

---

[1] Wenn die Anhänger Newtons einem einzigen Impuls der Schwerkraft eine *ohne Ende* dauernde Bewegung zuschreiben dürfen, übertreiben wir doch sicherlich nicht, wenn wir der durch einen Augenblick wirkenden Schwerkraft als Effekt eine durch 10—100 Zeiteinheiten dauernde Bewegung zuschreiben. Das erste Newtonsche Gesetz hat es bisher verhindert, dass die Physiker diese äusserst wichtige experimentelle Untersuchung über die Wirkungsdauer anstellten, aber die folgende Zeit wird uns vielleicht auch darüber aufklären; dann erst werden wir einen wahren Begriff von der Grösse der Anziehungskraft haben; den $g = 9·8$, zeigt uns blos einen Faktor, der durch die Anziehungskraft bewirkten Bewegung. Um den *Effekt der Kraftleistung* zu berechnen, muss man auch die Dauer der Bewegung berücksichtigen!

Körper wird daher durch so viele Momente, als die Energie des ersten Anstosses dauert, eine beschleunigte sein. Da nun aber die Bewegungen dieser Art, welche von den Physikern bisher beobachtet wurden, kaum durch 2 bis 3 Sekunden dauerten, hat man in einer *vollständig unberechtigten Induktion* darauf geschlossen, dass eine Beschleunigung *ohne Ende* folgen würde. Darin haben sich Newton und seine Anhänger, wie die entgegenstehenden Tatsachen zeigen, unsterblich geirrt.

III.

Wir haben noch die Natur der durch eine konstante Kraft hervorgebrachten Bewegung selbst etwas zu untersuchen.

So viel folgt schon aus dem Gesagten von selbst, dass eine konstante und gleichförmige Kraft *an und für sich* nicht, wie die moderne Physik es lehrt, eine Beschleunigung hervorzubringen vermag. (Dieses Axiom der Physik steht und fällt mit dem ersten Newtonschen Gesetze.) Gewiss entsteht die Beschleunigung aus der Anhäufung der Bewegungsenergie, eine solche Anhäufung findet aber blos beim Beginne des Wirkens einer Kraft statt. Der Grund davon aber ist der: dass der aus sich träge Körper vom Stande der Ruhe (= Energie Null) in einer gewissen Gradation zu einer gewissen Geschwindigkeit übergeht; diese Stufenfolge aber von

Null bis zu der bestimmten Geschwindigkeit, ist sicherlich eine Beschleunigung. Nachdem aber der Körper die der bewegenden Kraft entsprechende Geschwindigkeit erlangt hat, vermag eine auch konstant weiterwirkende Kraft blos eine *gleichförmige Geschwindigkeit* hervorzubringen (in der Figur bleibt BE = DF = GH, wenn die Kraft auch in Ewigkeit fortwirkt): und es ist eine *Zunahme der bewegenden Kraft* nötig, damit wiederum (eine Zeit lang) eine Beschleunigung erfolge; denn in Rücksicht auf die Zunahme der bewegenden Kraft ist der Körper in ähnlicher Weise träge.

Da die gegebene Zeichnung mit allen zur beschleunigten Bewegung gehörenden Tatsachen genau übereinstimmt, so kann man einige Regeln oder Gesetze[1] aus ihr für diese Bewegung ableiten.

1. Die Wirkung einer dauernd und gleichförmig wirkenden Kraft ist eine gleichförmige Bewegung, die jedoch mit einer gleichförmigen Beschleunigung beginnt und (nachdem die Kraft zu wirken aufgehört hat) mit einer gleichförmigen Verzögerung endigt.[2]

---

[1] Diese Gesetze, wie sämtliche die in diesem Werke aufgestellten neuen Gesetze werden im § XIV experimentell bewiesen.

[2] Auf dem Werdegang dieser Bewegung kann man also *zwei Knotenpunkte* unterscheiden: der erste bezeichnet den Übergang von der beschleunigten Bewegung

2. *Die Beschleunigung und Verzögerung, mit der diese Bewegung beginnt und endet, sind, energetisch genommen, einander gleich, erfolgen aber in umgekehrter Ordnung.* (Siehe die Zeichnung.)

3. *Die Zeit, während welcher die Beschleunigung dauert, ist identisch mit der Zeit,*[1] *während der die Energie der von der bewegenden Kraft in der Zeiteinheit hervorgebrachten Bewegung anhält.*

Korollar. Aus derselben Figur kann man für die Atwoodsche Fallmaschine eine Beobachtung von der grössten Bedeutung machen. Wir sehen nämlich, dass die gleichförmige Bewegung, die zwischen Beschleunigung und Verzögerung ist, umso länger dauert, *je eher* die bewegende Kraft *vor dem ersten Knotenpunkt*[2] (d. h. vor

---

zur gleichförmigen, der zweite aber den Übergang von der gleichförmigen zur gleichmässig verzögerten. In der gegebenen Zeichnung finden *sich die Knoten* bei B E und x y.

[1] Zu dem angeführten Beispiele dauert die Energie des ersten Anstosses durch 6 Zeiteinheiten, und ebenso dauert auch die Beschleunigung bis zur 6. Zeiteinheit inklusive, hernach folgt die gleichförmige Bewegung.

[2] Siehe die vorhergehende Figur! Wenn im zweiten Augenblicke die Kraft zu wirken aufhört, dauert die gleichförmige Bewegung (C T) während 5 Zeiteinheiten; wenn aber im dritten, dauert die gleichförmige Bewegung blos 4 Einheiten. Nach dem zweiten Knotenpunkt beginnt sofort die Verzögerung.

dem Übergang der Beschleunigung zur gleichförmigen Bewegung) zu wirken aufhört. Daher kommt also die gleichförmige Bewegung, welche in der Atwoodschen Fallmaschine auf das Abheben des treibenden Gewichtes folgt. Der Augenblick der Entfernung dieser treibenden Kraft ist nämlich noch weit vom ersten Knotenpunkt entfernt. Die auf das Abheben des Gewichtes folgende gleichförmige Bewegung kann also durchaus nicht als ein Argument für die Trägheit der Bewegung angeführt werden, da sie ja auch in unserem System durch einige Zeit folgen muss. (Siehe das im § II am Schlusse des Punktes A über die Atwoodsche Maschine Gesagte!)

§ IX.
Indirekter Beweis des neuen Systems aus der Nichtigkeit der gemachten Einwürfe.

Die Vertreter der Naturwissenschaften, die bereits Kenntnis genommen haben vom neuen System, lassen sich in drei Klassen scheiden: *a)* Einige sind so scharfen Geistes, so logisch und klar denkend, dass sie imstande sind, direkt die für die neue Wahrheit erbrachten Beweise selbst zu durchdringen. Diese haben nun das neue in diesem Werke entwickelte physische System mit grossem Enthusiasmus und Beifall aufgenommen; sie danken Gott, dass endlich die Newtonschen Gesetze, die wir von Jugend auf bezweifelt haben, umgestürzt sind.

b) Andere sind durch die im Werke vorgebrachten Argumente in der Überzeugung, mit der sie bislang Newtons System ergeben waren, nur erschüttert worden, sie begannen zu zweifeln, sie sind so nur *indirekt* zur festen *Überzeugung* von dem neuen System gekommen: sie sahen die vollkommene Haltlosigkeit der Einwürfe und Schwierigkeiten, die man gegen das neue System vorbrachte.

c) Aber es gibt einige — und es wird immer solche geben — die es nicht fertig bringen, unabhängig zu denken, etwas zu erkennen, was über ihr Schulwissen hinausgeht. Sie können schliesslich nur durch die Autorität[1] grosser Namen umgestimmt werden: Wenn irgend ein Hervorragender Vertreter der Naturwissenchaften das neue System anerkennt, dann wird alsbald wahr sein, was anfänglich von solchen, die absolut kein Verständnis für die Sache zeigten, als „falsch und absurd" erklärt worden ist.

Öffentlich haben es also nur drei[2] gewagt, gegen das neue System für das Newtonsche einzutreten. Aber, wie D. B., ein ausgezeichneter Mathematiker, der Verfasser von mehreren Werken für Mathematik und Geometrie, bemerkt: „Alle, die öffentlich gegen das neue System sich erhoben haben, hätten besser schweigen sollen . . . !" Ausserdem haben mir mehrere Professoren und Doktoren der Physik und Mathematik in Briefen ihre Schwierigkeiten auseinandergesetzt, mit der

---

[1] Obwohl in der Wissenschaft die Vernunft die führende Rolle spielt und nicht die Autorität. Die Autorität wiegt nur so viel, als die von ihr vorgebrachten Argumente taugen!

[2] Einer in öffentlichen Disputationen, zwei in öffentlichen Zeitschriften. Freilich haben noch mehrere andere in Zeitschriften gegen das neue System schreiben wollen; sie haben aber so Haltloses geschrieben, dass die betreffenden Redaktionen sich schämten, es zu veröffentlichen.

Bitte, ich möge ihre Briefe nicht veröffentlichen;[1] so sehr „bauten" sie auf die Wahrheit ihrer Sache. Schliesslich habe ich selbst mehrere gebeten und ermutigt, aus den Büchern über Physik alles zu sammeln, was zugunsten der fraglichen Axiome der modernen Physik spricht und das neue System widerlegen könnte. Drei von ihnen haben ganze Werke ausgearbeitet.

Zu meiner grossen Genugtuung haben alle diese nicht das geringste vorbringen können, was die von mir widerlegten Axiome stärken könnte oder die neuen Lehren zu widerlegen vermöchte. Ihre hauptsächlichsten Schwierigkeiten habe ich bereits in den betreffenden Kapiteln behandelt; doch werde ich in den drei folgenden Paragraphen noch einmal alle ihre Einwürfe, soweit sie von einiger Bedeutung sind, aufzählen, damit diejenigen, welche die Argumente selbst nicht zu durchdringen vermögen, immerhin *aus der gänzlichen Ohnmacht der Gegner* die unumstössliche Wahrheit des neuen Systems erkennen.

Die vorgebrachten Einwürfe und Schwierigkeiten lassen sich in drei Klassen teilen: *a)* Entweder streiten sie mit evidenten Tatsachen und — contra factum non valet argumentum, *b)* oder sie stützen sich auf die falsche Analyse einer

---

[1] Doch handle ich wohl nicht indiskret, wenn ich ihre Zweifel und Schwierigkeiten objektiv, ohne Namen zu nennen, zum allgemeinen Nutzen veröffentliche.

Naturerscheinung, *c)* oder sie unterstellen endlich schon, was noch zu beweisen wäre, sind also eine petitio principii. Gerade diese letztere sind dem Anschein nach „schöne" Einwürfe. So bewies ja auch der deutsche Mathematiker Herz auf mathematischem Wege „herrlich" die Wahrheit der Kant-Laplace'schen Theorie; doch Fr. Pfaff wies nach, dass der ganze Beweisgang petitio principii sei.

Wer also Einwürfe macht, muss vorsichtig sein; denn, wie der obengenannte D. B. sagte: „wer in *dieser Sache* etwas sagen will, muss sich auf Mathematik, Geometrie und Philosophie verstehen."[1] Viele glaubten ein Argument zugunsten des Newtonianischen Systems gefunden zu haben, sind aber bald aus sich selbst oder von andere belehrt, zurückgegangen. Freilich, man kann vieles „über" die neuen Wahrheiten sagen und schreiben, aber „dagegen" hat bisher noch niemand etwas vorbringen können. Gewiss wurden viele Naturerscheinungen bisher im Sinne des Newtonianischen Systems erklärt; kein Wunder daher, wenn einige wegen der neuen Lehre Schwierigkeiten haben. Aber sie mögen es einmal jetzt probieren, dieselben Erscheinungen nach den Prinzipien des neuen Systems zu

---

[1] Doch braucht einer hier nicht Philosoph ex professo zu sein: er braucht nur seine Logik gut zu kennen, um die Sophismen, auf denen das Newtonsche System ruht, herauszufühlen.

Ohnmacht der Gegner.

erklären und sie werden sehen, wie leicht, klar und natürlich die Physik wird, es werden verschwinden die Geheimnisse und Geheimnismachereien, in die Newtons System die Physik einhüllt. „Die Wahrheit wird uns befreien." Denn die Wahrheit ist ihrer Natur nach klar und kurz.

Die bereits vorgebrachten und im folgenden noch vorzubringenden Schwierigkeiten und Einwürfe erschöpfen so zu sagen alle Kategorien der möglichen Schwierigkeiten. Die in Zukunft etwa noch auftauchen werden, werden diesen ähnlich sein. *Keinen einzigen wesentlichen Fehler* werden sie im ganzen Buche finden. Höchstens einige unwesentliche Fehler in den Erläuterungen.[1] Es wäre auch fast zu wundern, wenn der Menschengeist beim arbeiten auf so ungepflegtem, ungepflügtem Boden — ähnlich wie der Urboden von Kanada — bisweilen in Kleinigkeiten nicht abirren würde. Nirgendwo sind die Axiome der modernen Physik bisher zusammen systematisch in ihrer gegenseitigen Zusammengehörigkeit behandelt worden, sondern immer nur einzeln, und so konnte man leichter manches als sicher und unfehlbar *voraussetzen* als beweisen.[2]

---

[1] Doch ist auch von diesen das Buch durch die Disputationen eines ganzen Jahres ziemlich befreit worden.

[2] Auch die grösseren Physikbücher berühren nur sehr oberflächlich diese fundamentalen Fragen der heutigen Physik: man würde bei ihnen vergebens Beweise suchen.

Auch die Naturerscheinungen, richtig ausgelegt, werden, je mehr sie erforscht werden, um so mehr Beweise für das neue System liefern. Denn in der Natur ändern sich die Dinge nicht so schnell, wie in den veränderlichen Ansichten der Menschen; die Naturerscheinungen erfolgen *nach ihren bestimmten einfachen Gesetzen,* nach denen sie gelenkt werden. Gott, dessen Gaben die neuen in dieser Schrift enthaltenen Wahrheiten sind, möge den Verstand der Hauptvertreter der Wissenschaften erleuchten, damit auch die, die nicht sich getrauen auf eigenen Füssen zu gehen, um so schneller zum vollen Besitz der Wahrheit gelangen. Man könnte ja einen nationalen oder internationalen Kongress aller Physiker berufen und dann diese Fragen diskutieren.[1] Das Ende wird gewiss sein: Die Aufhebung der Newtonschen Bewegungsgesetze, ebenso des Prinzips von der Konstanz der Energieen und des Entropiegesetzes. An dieser Stelle kann ich es nicht unterlassen, meinen ersten Gegnern zu danken, weil ihre Einwürfe und Schwierigkeiten sehr zur Begründung des neuen Systems beigetragen haben und zwar direkt, insofern die neuen Wahrheiten dadurch von allen Seiten beleuchtet und befestigt werden können, indirekt, insofern die ganze Ohnmacht des Newtonschen Systems zutage tritt. Jeder Angreifer des neuen

---

[1] Gewiss wäre es der Mühe wert, denn es handelt sich ja um die Fundamente der Naturwissenschaften selbst!

Systems wird es bestärken, jeder der es verdunkeln will, wird es erleuchten.

Leider werden die Naturwissenschaften ja überall auf der Erde von einigen „Privilegierten" oder privilegierten Verbänden unrechtmässig „gepachtet". Und wie die Naturrechte der Völker lange Zeit mit Hilfe einiger veralteter „Rechtsprinzipien" unterdrückt wurden, so kann auch in der Gelehrtenwelt durch veraltete „Prinzipien" die Entwicklung und der Fortschritt des wissenschaftlichen Lebens eine Zeit lang aufgehalten werden: doch *die Wahrheit wird sich selbst den Weg bahnen.* Die wahren Freunde der Wahrheit mögen ihren Sieg befördern! Wie wir im § XIV sehen werden: die Gesetze Newtons lassen sich experimentell an der Atwoodschen Fallmaschine widerlegen, ebenso lassen sich die neuen Gesetze der Bewegung experimentell beweisen. *Also ist Kraft der wissenschaftlichen Normen das physische System Newtons widerlegt und das neue System als bewiesen zu betrachten.* Dazu — wie wir im zweiten Buche sehen werden — empfängt das neue System, das alle Bewegungen aus jetzt wirkenden Kräften, nicht aus einem vor unzähligen Jahren empfangenen Anstoss erklärt, von Schritt zu Schritt Bestätigung in der Astronomie.

In diesem allgemeinen Abschnitte wollen wir nur drei Einwürfe streifen, die gleich bei Beginn der ganzen Disputation entstanden, aber bald aufhörten. An sich verdienten sie eigentlich nicht erwähnt zu werden; sie gehören gar nicht zur Sache, mögen aber hier „pro memoria" stehen; zur Geschichte der „Krisis der Axiome" führe ich sie an, damit die Nachwelt sieht, wie neue bahnbrechende Wahrheiten auch auf profanwissenschaftlichem Gebiete in ihrem Anfange aufgenommen und „begrüsst" zu werden pflegen.

1. „Unmöglich können die Vertreter der Naturwissenschaften *drei Jahrhunderte* lang in der Annahme der Newtonschen Gesetze sich geirrt haben."

Das war der schwächste Einwurf, den ich gehört habe; er hat noch nicht den Schein eines Beweises. War nicht die Astronomie *drei Jahrtausende* mit dem geozentrischen System des Ptolomaeus im Irrtum befangen — und hat nicht ebenso die Physik so viele Jahrtausende lang unzählige falsche Lehren (z. B. der „Horror vacui" — die Unmöglichkeit der Antipoden etc.) für „heilig und unverletzlich" gehalten? Was sind also 300 Jahre in der Geschichte der Naturwissenschaft? Wer würde es wagen, gerade die heutige Physik als *unfehlbar* zu bezeichnen?! Ist denn die Naturwissenschaft etwa in Newtons Büchern versteinert worden und einer weiteren Entwicklung und Verbesserung nicht mehr fähig? Vielleicht haben die grossen Physiker des XVI. und XVII. Jahrhunderts den menschlichen Verstand hinsichtlich der Fragen der Natur ganz erschöpft oder enteignet?

2. Einer hat mir im Anfang *Unkenntnis der Fundamentalbegriffe* der Physik vorgeworfen. Freilich wäre es ja leichte Arbeit, wenn einer ausserstande, direkt auf die Beweise eines Buches zu antworten, dessen Autorität so zum besten halten könnte. Doch wer so spricht, hat von der ganzen Frage gar nichts verstanden, d. h. er hat nicht einmal verstanden, es sei hier die Rede von einem Unterschied zwischen einem alten und einem neuen System — dass also die Disputation *gerade über die Grundbegriffe* angestellt werden muss!! „Trägkeit der Bewegung", „beständige Gleichheit von actio und reactio", „der Begriff der Arbeit", „die Quantität der Bewegung" sind lauter Fundamentalbegriffe des Newtonschen Systems und der modernen Energetik. Es fragt sich ja eben, ob diese, dem Newtonschen System *angepassten* Begriffe richtig sind, ob sie den Vorgängen in der Welt, dem objektiven Stand der Dinge entsprechen oder ob es nur *mathematische Abstraktionen* sind?[1]

---

[1] So habe ich bei einem ziemlich bekannten Autor folgendes Argument gelesen: „Bewegung an sich bleibt immer Bewegung und kann nur durch eine äussere Ursache zerstört werden." *Der Begriff* der Bewegung oder die Bewegung „in ordine ideali" bleibt freilich immer Bewegung, aber in der Ordnung der Dinge ist die Bewegung eine endliche Wirkung und hört darum von

Also die Grundbegriffe der Elementarphysik, die jeder Schüler kennt, kann man ruhig beim Verfasser dieses Buches voraussetzen. Übrigens haben Physiker gestanden, bisher nie so tief in die Grundbegriffe der Physik und der Energetik eingedrungen zu sein, als durch Lesen dieser Schrift.[1]

3. Ähnlich äusserte sich einer folgendermassen: „Der philosophische Teil dieses Buches ist klar und gut, aber Physik ist nicht Philosophie!"

Der Oponent verwechselt die Logik mit der Philosophie. Die Logik ist nur Propädäutik zur Philosophie und zu *jeder Wissenschaft*, besonders zur Naturwissenschaft. Es gibt doch wohl keinen Physiker, der im Ernst die Physik von den Regeln der gesunden Logik dispensieren wollte! Das hiesse sagen: Die Physik darf auch. Sophismen oder Hegelsche Logik („etwas und nichts sind dasselbe!") benutzen zur Aufstellung der Naturgesetze.

---

selbst auf. Denn ein begrenztes Ding hat nicht notwendig, durch eine äussere Ursache beendet zu werden, wie man es bei den Körpern ja erkennen kann. Hinsichtlich der Bewegung war eine gewisse Täuschung schon möglich, weil die begrenzten Teile der Bewegung nicht gleichzeitig existieren, wie die des Körpers, sondern nacheinander entwickelt werden.

[1] Da der Unterschied zwischen den Grundbegriffen des alten und des neuen Systems von so grosser Tragweite ist, steht am Ende dieses Buches ein eigener Paragraph darüber geschrieben (§ XIII).

Ich habe wirklich im ganzen Buche *keinen einzigen philosophischen Lehrsatz* zu Hilfe genommen. Absichtlich vermied ich alle metaphysischen Fragen, die der vorliegenden Frage naheliegen (z. B. die Frage über das Wesen der Bewegung, über das Wesen der Kräfte und der Materie), so sehr auch einige abstrakte Leute jene Fragen mit aller Gewalt einmischen wollten. Ein nüchterner Physiker weiss gut, jenen *Abgründen* der Naturwissenschaften zu entgehen; *a)* einerseits, weil die Fragen der Physik von diesen Fragen unabhängig sind. Denn wie das allgemeine Gravitationsgesetz aufgestellt werden konnte, ohne dass Newton[1] das Wesen der Gravitation kannte, so können natürlich die Bewegungsgesetze aufgestellt werden, ohne dass wir uns über das Wesen der Bewegung und der Kraft den Kopf zerbrechen müssten; *b)* anderseits übersteigen jene Fragen das menschliche Fassungsvermögen und ihre Erörterung führt mehr zur Torheit als zur Weisheit.

Wie schon erwähnt im § I, habe ich mich in dieser Schrift nur auf Physik und Naturwissenschaften berufen und *im Namen der gesunden Vernunft* fordere ich die Reform der Naturwissenschaft, die durch Newtons Gesetze auf falsche Wege geführt worden ist.

---

[1] Auch Newton wurde über das Wesen der Schwerkraft gefragt, wies aber sehr klug die Frage zurück: „Ich bilde keine Hypothesen!"

§ X.
Erwiderung auf die Einwürfe, die zur Verteidigung des ersten Newtonschen Gesetzes gemacht wurden.

Der zweite Teil des ersten Newtonschen Gesetzes oder „*die endlose Bewegung*" oder Bewegungsträgheit, ein höchst *mysteriöses und fantastisches Axiom* hat zahlreiche Anhänger gefunden. Obwohl keine Tatsache „endloser Bewegung" in der Natur existiert, sondern jede Bewegung, wenn sie nicht beständig aus irgend einer Quelle Energiezufuhr erhält, aufhört, war man trotzdem seit Newton daran gewöhnt, das Aufhören der Bewegung nur den Hindernissen zuzuschreiben und niemand dachte daran, dass durch die Hindernisse die Bewegung nur schneller aufhört. Denn die Bewegung ist, wie sich aus dem richtigen Begriff der Trägheit ergibt, ein *Zwangszustand* des physischen Körpers, d. h. ein Zustand, der von einer äusseren Ursache bewirkt wurde und deshalb ist sie eine Wirkung, die in ihrer Intensität und Dauer endlich ist.

1. Einwand: Die *Bewegungsquantität (mv)* ist unabhängig von der Bewegungsdauer. Wenn also auch die Bewegung in Ewigkeit dauern würde, wäre doch die Bewegungsquantität *(mv)* *immer* endlich. Das erste Newtonsche Gesetz verstösst also nicht gegen das Kausalitätsprinzip.

Die **Antwort** ist eigentlich schon gegeben im § II in der Erklärung des dritten Argumentes. **Mv** wurde wohl bis jetzt die „Quantität" der Bewegung genannt, aber mit Unrecht, denn die wahre Bewegungsquantität ist jene, welche an der Quantität der bewegenden Kraft gemessen zu werden pflegt. Wenn wir aber nun in der praktischen Mechanik fragen nach der Quantität der Bewegung bei Verbrauch (in der Maschine) von z. B. 100 kg Kohlen, so kommt nicht nur die Masse und die Schnelligkeit der Maschine (z. B. der Lokomotive), die übrigens schon bekannt ist, in betracht, sondern vor allem die Dauer der Bewegung! **Mv** ist also nur die *Einheit der Bewegungsquantität,* die gesamte Bewegungsquantität besteht aber aus ebensovielen derartigen Einheiten, als die Bewegung Minuten (Zeiteinheiten) dauert.[1]

Nun ist aber $\frac{ms}{t} + \frac{ms}{t} + \frac{ms}{t} + \ldots + \frac{ms}{t\infty}$ sicherlich eine *unendliche Quantität*. Eine endliche Ursache F ($=$ ft) kann aber einen unendlichen Effekt nicht hervorbringen.

---

[1] Ist nämlich **mv** im ersten Augenblicke eine Quantität, so ist sie auch im zweiten Augenblicke eine Quantität und zwar nicht identisch mit jener des ersten Augenblickes, denn die Bewegung des zweiten Augenblickes ist nicht die des ersten usw., geradeso wie die nacheinander folgenden Augenblicke!

Es ist also eine offenbare Zweideutigkeit in dem Ausdrucke der Gegner: „Die Bewegungsgrösse (mv) wäre immer endlich." In den *einzelnen Momenten* wäre diese Grösse zwar endlich, aber die Bewegung in ihrer ganzen Dauer hat den Impuls als alleinige Ursache und die Bewegung in ihrer *ganzen Dauer* muss summiert werden[1] und dann wäre sie keineswegs endlich.

2. Einwand: Wenn zur *ewigen Ruhe* keine unendliche Ursache erforderlich ist, ist sie es auch nicht zur *ewigen Bewegung*.

Antwort: Wenn nicht ein Physiker von Beruf diese törichte Schwierigkeit vorgebracht hätte, würde ich mich schämen, sie wiederzugeben! Zur immerwährenden Ruhe ist freilich keine unendliche Ursache erforderlich, im Gegenteil, es ist *überhaupt keine* Ursache nötig, weil die Ruhe in energetischer Hinsicht gleich Null, ein *Nichts* an Bewegung ist; um aber ein Nichts hervorzubringen, wird keine Ursache erfordert. Es besteht also durchaus keine *Gleichheit* zwischen der Ruhe und der Bewegung. Wenn

---

[1] Diese Summierung und Berechnung wird in der Tat im praktischen Leben vorgenommen. Um ein Gleichnis zu gebrauchen: Die Wassermenge eines Flusses würde auch bei Endlichkeit des Bettes in Breite und Tiefe doch unendlich werden, wenn die Länge unendlich wäre. Die moderne Physik hat sich also bis jetzt einer Illusion hingegeben.

der Körper schon ruht, ist keine Ursache erforderlich, um weitere Ruhe „hervorzubringen".
Dagegen ist die Bewegung eine positive Wirkung; wenn ich also den ruhenden Körper bewegen will, muss ich eine positive Kraft anwenden und zwar eine umso grössere Quantität, je länger der Körper sich bewegen soll. Die gegnerische Ansicht verdient wirklich die „ewige Ruhe"!

3. Einwand: Die gleichförmige Bewegung *verbraucht*, auch wenn sie in Ewigkeit dauert, *keine Kräfte*, sondern nur die beschleunigte Bewegung erfordert einen Kräfteaufwand.

Antwort: 1. Die Bewegung ist *aktuelle Energie* „par excellence" in der heutigen Energetik, welche das Wesen aller Energie in die Bewegung verlegt. Jede aktuelle Energie aber — nach dem Axiom der heutigen Energetik — entsteht nur *durch Verbrauch* (Umwandlung) *einer anderen Energie.*[1] Also verbraucht in der Tat die gleichförmige Bewegung, die vor unseren Augen entsteht[2] und sich entwickelt, Energie (sie verbraucht nämlich jene Bewegungsenergie,

---

[1] Cf. Dressel, n 33.

[2] Ein gewisser Physiker hat in der Verlegenheit geleugnet, dass eine gleichförmige Bewegung vor unseren Augen „entstehe und sich entwickle". Aber einem ehrenhaften Physiker steht es nicht wohl an, dadurch auszuweichen, dass er sogar den primitiven Begriff der Bewegung verdreht. Denn die Bewegung ist gerade *durch ihr beständiges Werden* der Ruhe entgegengesetzt, die sich durch ihre Stabilität kennzeichnet.

welche dem Körper durch den Impuls gegeben wird).

2. Nach den Anhängern Newtons wird nur für den *Anfang der gleichförmigen Bewegung* Energie verbraucht. Aber was ist denn der Anfang der Bewegung anderes als Bewegung?! Ist der Anfang der Bewegung etwa ein Fisch? Gehört er etwa zu einer anderen Kategorie? Was also für den Anfang gilt, mit welchem Rechte wird dies für die übrige Bewegung geleugnet? Solche Theorien verdienen wirklich nicht, dass sie ins Buch der „Wissenschaften" eingetragen werden.

3. Im § VIII, wo die Rede über die Entstehung der Bewegung war, wurde graphisch gezeigt, dass die *gleichförmige Bewegung*[1] nur durch beständigen Einfluss der bewegenden Kraft (also durch beständigen Energieverbrauch) in ihrer Gleichförmigkeit erhalten werden kann.

4. Übrigens, wenn jemand aus den Argumenten sich von der Wahrheit des neuen Systems nicht überzeugen kann, kann er an der Atwoodschen Maschine die Gesetze Newtons (das Fundament des ganzen früheren Systems) *experimentell* selbst widerlegen. (Vgl. § XIV.)

4. Einwand: Auf der Eisenbahn pflegen

---

[1] Die moderne Physik betrachtete es allerdings als ein Axiom, dass *nur die Beschleunigung* Kräfte verbraucht und hat deshalb die Einheit der Beschleunigung für die Einheit der Kräfte gesetzt. Aber auch dieses Axiom fällt mit dem ersten Newtonschen Gesetze.

die Maschinisten der Lokomotive anfangs *einen stärkeren Impuls* zu geben als nachher. Also nur für den Anfang ist ein Kräfteaufwand nötig, die übrige Kraft dient zur Überwindung der Hindernisse.

Antwort: Wie im § VIII graphisch gezeigt wurde, findet bei stetig wirkender Kraft eine *Anhäufung* von Bewegungsenergie statt. Also wächst bis zum ersten Knotenpunkte die Bewegungsenergie beständig. Deshalb ist es möglich, dass anfangs zur Einsetzung der Bewegung (besonders wenn die Zahl der mit der Lokomotive verbundenen Wagen gross ist) *derselbe Impuls nicht genügt,* der, wenn die Bewegung bereits eingesetzt hat, die ganze Wagenreihe bewegen kann und der dann nicht mehr allein bewegt, sondern eine gewisse Menge von aufgehäufter Energie (Reserveenergie). Deshalb verstärken die Maschinisten anfangs die Impulse.[1]

5. Einwand: Der stetige Einfluss der bewegenden Kraft bewirkt eine Beschleunigung. Also wird die Bewegung erhalten.

Die **Antwort** ist bereits im § VIII (II. Teil) gegeben, wo graphisch gezeigt wurde, dass die Wirkung eines gleichförmigen Einflusses eine gleichförmige Bewegung, die *nur* mit Beschleunigung *anfängt*. Dasselbe beweisen alle kosmischen

---

[1] Wenn jedoch die Lokomotive allein oder nur wenige Wagen zu bewegen sind, genügt der gewöhnliche Impuls.

Tatsachen: Die Bewegung des Regens und des Hagels, ebenso die Bewegung eines Meteorsteines. Aber auch alle praktischen Fälle zeigen dies. Denn die Bewegung einer Lokomotive kann — unter Abzug des beständigen Widerstandes der Hindernisse — als Bewegung eines idealen Körpers angesehen werden und dennoch wird sie nicht beschleunigt ohne Ende, sondern nur im Anfang. Also auch dieses Axiom der modernen Physik fällt mit dem ersten Gesetz von Newton (Cf. § VIII und oben die Antwort auf Einw. 3).

6. Einwand: Die Kraft wird in der Physik definiert: Die Ursache, welche eine *Bewegungsveränderung* hervorruft. Nun ist aber nicht nur der Übergang von der Ruhe zur Bewegung eine Bewegungsveränderung, sondern auch der Übergang von der Bewegung zur Ruhe. Also wird auch für den Übergang von der Bewegung zur Ruhe eine Kraft, d. h. die Bewegung dauert ohne Gegenkraft in Ewigkeit.

Antwort: Früher wurde die Bewegungsveränderung als zusammengesetzter Terminus (Ausdruck) angesehen, in tautologischem Sinne, weil die Bewegung im weiteren Sinne dasselbe ist als Veränderung und so kann die gegebene Definition der Kräfte zugelassen werden. Aber in der heutigen Energetik bedeutet Bewegungsveränderung eine in der Bewegung bewirkte Veränderung. Deshalb ist die Definition der Kraft ganz falsch und sophistisch. Wie sophistisch sie ist, erhellt aus den Worten der Gegner: „Der Übergang von der Ruhe zur Bewegung ist eine Bewegungsveränderung"; wenn der Körper übergeht von der Ruhe zur Bewegung, wird wahrlich nicht die Bewegung verändert, die noch nicht ist, sondern die Ruhe wird verändert. Aber auch der Übergang von der Bewegung zur Ruhe ist nicht in demselben Sinne Bewegungsveränderung, als die Veränderung einer langsamen in eine schnellere Bewegung. Denn der Übergang von der Ruhe zur Bewegung oder von einer langsamen zu einer schnelleren Bewegung ist eine *positive Veränderung,* hingegen der Übergang von einer schnelleren Bewegung in eine langsamere oder von der Bewegung zur Ruhe ist eine *negative Veränderung.* Nun können beide Veränderungen *logisch* unter einem gemeinsamen Begriff vorgestellt werden, aber *physisch* bezeichnen sie ganz verschiedene Dinge. Wer eine positive Sache mit deren Negation vermischt, handelt nach der Hegelschen Philosophie (etwas und nichts, positiv und negativ — sind dasselbe), die jeder ordentliche Physiker zurückweist, weil die Physik nüchtern genug ist, um sich nur mit positiven Sachen abzugeben.

Deshalb haben, bevor die moderne Energetik galt und auch heute noch alle ernsthaften Physiker die Kraft so definiert: *Die Ursache der Bewegung* wird Kraft genannt. Und diese Definition ist in jeder Beziehung vollständig. Denn die Bewegung ist in energetischer Hinsicht etwas Positives oder eine positive Veränderung. Also sowohl der Anfang der Bewegung, als auch die Veränderung der Bewegung in positivem Sinne (d. h. die Beschleunigung), hat eine Kraft zur Ursache; hingegen verlangt die Bewegungsveränderung im negativen Sinne oder das vollständige Aufhören der Bewegung[1] an sich keine Gegenkraft, ausser: wir wollen ein vorzeitiges Verlangsamen oder ein Aufhören vor der Zeit herbeiführen.

7. **Einwand:** Die Lokomotive *bewegt sich weiter*, nachdem die bewegende Kraft schon aufgehört hat zu wirken (die Ventile werden geschlossen). Also gibt es eine „Bewegungsträgheit".

Antwort: Diese und ähnliche Naturerscheinungen, welche bis jetzt der „Bewegungsträgheit" zugeschrieben wurden, ergeben sich von selbst und klar aus der Trägheit der Ruhe oder aus dem ersten Teile des ersten Gesetzes Newtons, das wir zugeben. Aus dem richtigen Trägheitsbegriff folgt nämlich nicht nur: a) dass der physische Körper sich selbst nicht bewegen kann, sondern auch b) dass er nur so viel Bewegung auslöst, als ihm von der äusseren Kraft

---

[1] Die Veränderung in negativem Sinne ist also *etwas Negatives* oder nichts. Die „Bewirkung" eines Nichts verlangt aber keine Ursache, wenn man nicht schon durch eine *petitio principii* die ewige Dauer der Bewegung voraussetzt.

erteilt wird, c) dass er *so viel Bewegung auslösen muss,* als ihm von der *äusseren* Kraft erteilt wird.

Da also durch den stetigen Einfluss der bewegenden Kraft in der Lokomotive sich angehäufte Bewegungsenergie vorfindet, muss diese Bewegungsenergie auch nach dem Aufhören der Einwirkung in Bewegung übergehen, wie aus der Figur im § VIII klar ersehen werden kann.

8. Einwand: *Das Schwungrad* an den Maschinen, welches die Gleichförmigkeit der Bewegung erhalten soll, zeigt ebenfalls die „Bewegungsträgheit".

Antwort: Der Einwand ist nicht wesentlich von dem vorigen verschieden. Dass die Bewegung für eine gewisse (!) Zeit nach dem Aufhören der einwirkenden Kraft sich erhält, folgt schon aus der natürlichen Trägheit. Im Korollar § VIII (III. Teil) haben wir gesehen, dass in gewissen Fällen die dem Aufhören der bewegenden Kraft folgende Bewegung *eine Zeit lang gleichförmig* ist. Also kann das Schwungrad ganz gut den unregelmässigen Unterbrechungen, welche bei der Einwirkung der bewegenden Kraft gewöhnlich vorkommen, abhelfen.

9. Einwand: Eine *Glocke* in Bewegung zu setzen, ist sehr schwer, aber sie weiter zu bewegen sehr leicht, weil die Bewegung andauert und nur die Reibung und der Luftwiderstand überwunden werden muss.

Antwort: Die Glocke ist weiter nichts als ein *Pendel.* Eine grosse Glocke in Bewegung zu setzen, ist sehr schwer, weil ihre erste Bewegung in der Hebung ihres ganzen Gewichtes gegen die Schwerkraft besteht. In den folgenden Schwingungen (wenn die Schwingung schon die entsprechende Amplitudo erreicht hat) ist *hauptsächlich*[1] nur die Reibung und der Luftwiderstand zu überwinden, nicht als ob *keine weitere bewegende Kraft mehr erforderlich wäre* (Anziehungskraft der Erde!), sondern weil die eigentlich bewegende Kraft nach der ersten Hebung nicht mehr vonseiten des Menschen erforderlich ist.

10. Einwand: Die Bewegungsträgheit oder der zweite Teil des ersten Gesetzes von Newton ist ein *Gesetz der Erfahrung,* welches sich auf Tatsachen gründet.

Antwort: Wie wir im ersten Teile des § VIII gesehen haben, hat Newton selbst auf einer *einzigen Tatsache* sein Gesetz aufgebaut, nämlich auf der Bewegung der fallenden Körper. Aber wir haben ebenfalls gesehen, dass dieses Faktum dem ersten Gesetze von Newton nicht günstig ist, sondern im Gegenteil ihm offen widerspricht. Es müsste demnach *wenigstens eine* Tatsache geben für dieses Gesetz „der Erfahrung".

---

[1] Wie im § V bewiesen wurde, verbraucht auch die Bewegung des Pendels an und für sich fortwährend Energie.

Mit mehr Vorsicht haben andere in dieser Frage eingestanden: Es gäbe keine Tatsache, auf die sich das erste Gesetz von Newton stützen könne, sein Schicksal müsse also mit Vernunftgründen entschieden werden. Genügende Vernunftbeweise haben wir im § II, aufgezählt. Aber denen gegenüber, welche die Argumente nicht verstehen können, behaupten wir, dass die Unrichtigkeit des ersten Gesetzes von Newton auch *experimentell* an der Maschine von Atwood und mit dem Pendel bewiesen werden kann. (Cf. § I am Ende des ersten Teiles; § V und § XIV.) Und wenn es sich um Naturtatsachen handelt, so sind solche sowohl auf der Erde wie auf den Gestirnen unserer Ansicht günstig (wie im zweiten Buche bewiesen werden wird); denn jede Bewegung in der Natur hört auf, wenn sie nicht beständig Energiezufuhr erhält.

11. Einwand: Eine sehr feine *Wage*, wie sie in den Apotheken zu finden sind, oszilliert eine ganze Stunde, wenn sie in Bewegung gesetzt wird.

Antwort: Die Oscillation der Wage ist nichts als eine Art Pendelbewegung. Je feiner die Wage ist, um so geringer ist die Reibung, um so länger dauert also die Oscillation. Aber diese Oscillation beweist, wie überhaupt die Pendelbewegung nichts für die „Bewegungsträgheit", weil jede Oscillation ein neuer, von der Erdanziehung hervorgerufener Vorgang ist, wie im § V gezeigt wurde.

12. Einwand: Die Gravitation teilt *dem Pendel* vom Punkte C bis zum Punkte A (Vgl. die Pendelfigur im § V) eine Bewegungsenergie mit, die gerade genügt, um die entgegenarbeitende Schwerkraft zu überwinden auf der Strecke A B (= C A). Also bleibt keine Energie übrig, um das Pendel zu bewegen vom Punkte A bis B. *Wenn* also *nicht* eine *Bewegung* des ersten Teiles des Weges (C A) übrig bliebe, gelangte das Pendel nicht nach B.

Antwort: Das Argument wird retorquiert. Auch wir haben im § V (S. 114) zugegeben, dass die am halben Wege gesammelte Energie gerade genügt, die Schwerkraft auf der anderen Hälfte des Weges zu überwinden. Wenn also das ideale Pendel seine Amplitudo beibehalten und ewig sich bewegen könnte, dann hätte allerdings der Einwurf volle Geltung. Dieses wird aber vollständig *gratis supponniert!*

13. Einwand: Das *Wasserrad von Segner*, das Radiometer von Crookes und ähnliche Instrumente erhalten durch die Einwirkung des Wassers, der Sonnenstrahlen etc. eine beschleunigte Bewegung. Die Bewegung in den früheren Zeiteinheiten bleibt also erhalten.

Antwort: Das Argument lässt sich umkehren. Der Einfluss der bewegenden Kräfte erzeugt nämlich, *obgleich* er *stetig* ist, keine endlose Beschleunigung, sondern nur bis zu einem gewissen Grade (also im Anfang). Also sind die durch die einzelnen Impulse hervorgerufenen Bewegungen von endlicher Dauer. Die im § VIII gegebene Figur zeigt also graphisch die aus dem stetigen Einfluss sich ergebenden Bewegungen. Alle diese Experimente also, welche das erste Gesetz von Newton zu erklären scheinen, sprechen vielmehr bei richtiger Erklärung der beschleunigten Bewegung gegen das genannte Gesetz.

14. Einwand: Die natürliche *Trägheit*[1] der Körper ist nicht etwas Negatives, sondern eine *positive Kraft,* weil sie durch eine bewegende Kraft überwunden werden muss. Wenn sie nun aber eine positive Kraft ist, kann die Bewegung nur durch eine Gegenkraft vernichtet werden. Also dauert die Bewegung aus sich ohne Ende.

Antwort: 1. Die Konfusion und Mystifikation besteht zunächst darin, dass die Kraft, welche zur Erzeugung einer *positiven Bewegung* erfordert wird, zur „Überwindung" irgend welcher verborgenen Kraft gedient haben soll. Diese Ansicht spricht zunächst gegen die endlose Bewegung Newtons. Denn die Anhänger Newtons gestehen selbst, dass der Impuls durch eine Gegenkraft zerstört werde. Wenn also die Trägheit der Ruhe eine der Bewegung entgegengesetzte Kraft wäre,

---

[1] Den letzten verzweifelten Ausweg hat den Gegnern der Trägheitsbegriff gewährt, indem sie diesen Begriff verdunkeln (Vgl. die Vorbemerkungen § II), mystifizieren und in Widersprüche verwickeln.

würde sie den Impuls zerstören und so könnte auch keine Bewegung anfangen.

2. Eine weitere Verwirrung besteht darin, dass im ersten Satze des Einwandes Trägheit genommen wird im Sinne von „Ruheträgheit", im zweiten Satze im Sinne von Bewegungsträgheit. Das sind aber nach der Ansicht der Gegner zwei verschiedene Dinge.

3. Was die „Bewegungsträgheit"[1] selbst im Sinne von Newton angeht, so *existiert* sie gar *nicht*, welche Ausflüchte und Verdunkelungen die Anhänger Newtons auch immer suchen mögen. a) Erstens, weil *nur eine Trägheit* in der Welt existiert, nämlich die Unfähigkeit des physischen Körpers, sich selbst zu bewegen. Deshalb tritt der physische Körper in den Zustand der Ruhe, sobald jede äussere Kraft fehlt; des-

---

[1] Nur in *uneigentlichem Sinne* könnte der Zustand eines Körpers, der eine gewisse (noch zu entwickelnde) Bewegungsenergie besitzt, Bewegungsträgheit genannt werden. Doch entwickelt sich diese Bewegung nicht durch die „Kraft" der Trägheit, sondern durch die Kraft des empfangenen Impulses und der angehäuften Energie. Die natürliche Trägheit ist nur die Bedingung, dass die empfangene Energie in Bewegung übergehen kann, oder sie gewährt nur die Möglichkeit der Bewegung. Wenn also die Anhänger Newtons mit den letzten Kräften hier eine zweite Trägheit annehmen und ihr zuschreiben, was der angenommenen Bewegungsenergie zuzuschreiben ist, so verwechseln sie wieder positive Kraft mit blosser Möglichkeit. Leider kann ich die einfachsten Begriffe in fremdem Verstande nicht ersetzen.

halb entsteht auch unwiderstehlich jede Bewegung, die von aussen mitgeteilt wird, wie auch Newton in seinem zweiten Gesetze festgesetzt hat. b) Es gibt keine Bewegungsträgheit, weil es eine *contradictio in terminis* ist; denn die Trägheit bedeutet die höchste Unfähigkeit. Es wäre wahrlich eine schöne „Trägheit", welche den Körper zu einem „perpetuum mobile" machen würde. c) Es gibt keine „Bewegungsträgheit"[1] (noch ein Beharrungsvermögen in der Bewegung), weil sie den Tatsachen und Versuchen widerspricht. Sie widerspricht allen Bewegungen auf der Erde, weil diese ausnahmslos aufhören, wenn sie nicht beständig Energiezufuhr erhalten. Sie widerspicht allen *kosmischen* Bewegungen (Regen, Hagel, Meteorsteine), weil diese gleichförmig sind und nicht endlos beschleunigt werden, weil die Bewegung der früheren Zeiteinheiten aufhört. Sie widerspricht den Versuchen an der Fallmaschine, weil die hier beobachtete Bewegung nur im Anfang gleichförmig ist, dann schneller oder langsamer wird.

15. Einwand: Um eine grössere Schnelligkeit zu erhalten, ist eine grössere Kraft erforder-

---

[1] Weil der innere Widerspruch im Newtonschen Trägheitsbegriff handgreiflich ist, deshalb gibt man dem Kinde neuestens einen anderen Namen. Man spricht jetzt von einem „Beharrungsvermögen" der Körper. Der neue Name kann aber aus dem Unding keine physische Realität machen.

lich, gerade weil eine grössere Trägheit der Ruhe zu überwinden und eine grössere Bewegungsträgheit zu bewirken ist.

Antwort: Der grösseren angewandten Kraft entspricht unter sonst gleichen Umständen eine schnellere und längere Bewegung und zwar nach einer regelmässigen und strengen Proportion. Nach dem Kausalitätsprinzip — auf das sich die ganze Physik stützt — steht also die verbrauchte Kraft *in kausalem Zusammenhang mit der erzeugten Bewegung* und mit nichts anderem. Wer aber *metaphorisch* reden und dichterisch phantasieren will, mag reden von der Trägheit als einem unsichtbaren „Feind" der Bewegung, der durch eine Kraft „zu überwinden" sei. Aber in der *Physik* und nüchtern gesprochen, gibt es einen solchen Feind nicht; denn die Trägheit war, ist und wird immer *etwas rein Negatives sein!*

16. Einwand: Aber mit der Grösse der Masse wächst die Schwierigkeit, einen Körper zu bewegen. Also setzt die Materie im Verhältnis zur Masse der Bewegung einen positiven Widerstand entgegen.

Die **Antwort** ist schon gegeben in den Vorbemerkungen des § II und im § IV. Wenn man hier auch absieht von der Schwerkraft der Körper, welche freilich im Verhältnis der Masse der Bewegung einen positiven Widerstand entgegensetzt, so wird doch dieselbe Kraft eine grössere Masse weniger schnell bewegen als eine kleinere Masse, weil die bewegende Kraft wie auch die übrigen Energien sich nach der *Quantität der Materie verteilt.*[1] Deshalb wird gewöhnlich die Qualität der Bewegung nicht durch v (Schnelligkeit) allein, sondern durch mv richtig ausgedrückt.

17. Einwand: Da wird jemand einwenden: Die Trägheit ist eine solche Kraft,[2] welche der Bewegung widerstrebt, wenn der Körper ruht und der Ruhe widerstrebt, wenn der Körper sich bewegt!

Antwort: Wie viele und welche widersinnige Behauptungen! *a)* Die Kraft erstens, die diese entgegengesetzte Natur hätte, ist physisch widersinnig. Wie — nach dem Axiom der Physiker — jeder Körper in derselben Zeit nur eine Bewegung haben kann, so kann jede Kraft nur eine Richtung und Zielstrebigkeit haben, nicht aber zwei entgegengesetzte. *b)* Weil in dieser Voraussetzung ein Teil der bewegenden Kraft dazu verwandt wird, um die Hindernisse aus dem Wege zu räumen, der andere Teil bei der „Be-

---

[1] Die Kräfteeinheit muss nämlich nach einer Masseneinheit berechnet werden, wie es auch gewöhnlich geschieht. Um also mehrere Masseneinheiten zu bewegen, wird eine grössere Kraft erfordert.

[2] Weil die Unmöglichkeit des I. Newtonschen Gesetzes im Falle einer zweifachen Trägheit zu handgreiflich wäre, behauptete einer, als letzte Zuflucht, eine doppelte Natur der Trägheit; so hätte also die Trägheit der Körper einen Janus-Kopf.

siegung der Trägheit" verbraucht werden müsste, so würde keine Kraft übrig bleiben, um die Bewegung (die grösste Wirklichkeit in der Physik) hervorzubringen. Es wäre demnach keine Bewegung in der Welt. *c)* Die Bewegung eines sich schon in Bewegung befindenden Körpers wäre in dieser Hypothese nicht der bewegenden Kraft zuzuschreiben, sondern der Trägheit. Also muss auch die Grunddefinition in der Physik ein Doppelgesicht tragen: *Die Ursache der Bewegung in der Welt ist Kraft und Trägheit.* Ein schönes System! Hegel könnte sich rühmen, dass er in den Wortführern des ersten Newtonschen Gesetzes ausgezeichnete Schüler für seine Hauptthese gefunden hätte: Etwas und nichts, Positives (Kraft) und Negatives (Trägheit) sind ein und dasselbe. *d)* Wenn einer so schwach in der Logik wäre, dass er die Widerschprüche der Philosophie Hegels nicht sähe: Wenn er noch Physiker ist, so glaube er wenigstens den Tatsachen und Experimenten (angeführt in der Antwort auf die 14. Schwierigkeit, im Punkte c) (und im § XIV), weil die Trägheit der Bewegung durch diese Tatsachen aus dem Wege geschafft und als blosses Phantasiebild hingestellt wird.

18. Einwand: Wenn ein Körper einen solchen Anstoss erhält, dass er in der ersten Minute 1 cm zurücklegt, so wird diese Strecke in den darauf folgenden Minuten infolge der Hindernisse immer kürzer, bis zuletzt der Körper stille steht. Wenn nun die Hindernisse immer abnähmen, so würde der in den folgenden Minuten zurückgelegte Weg immer mehr die Grösse der in der ersten Minute zurückgelegten Strecke (1 cm) erreichen. Wenn endlich das Hindernis gleich Null wäre (der Fall eines idealen Körpers), so würde sich der Körper mit gleichförmiger Geschwindigkeit endlos bewegen. Man kann dies auch *graphisch* wunderschön veranschaulichen.

Antwort: Die Schwierigkeit enthält eine „wunderschöne" petitio principii. Sie setzt nämlich voraus, dass der Weg in den folgenden Minuten *nur* wegen der Hindernisse mehr und mehr abgekürzt wurde, nicht aber vor allem wegen des fortwährenden Aufbrauches der Energie der Bewegung! Dies wäre gerade zu beweisen.

19. Einwand: Nicht nur die Ruhe ist ein natürlicher Zustand, sondern auch die Bewegung, wie die Vibrationstheorie beweist. Also kann nur eine positive entgegengesetzte Kraft die Bewegung aufheben.

Antwort: Man darf nicht vergessen, dass die ganze Frage sich auf dem Gebiete der Dynamik abspielt, d. h. jetzt ist nur von der örtlichen Bewegung oder von der *Bewegung der Masse* die Rede. Es kommt also nicht in betracht, welche Bewandtnis es mit jener Hypothese über die Vibrationsbewegung der Atome habe. Was die Bewegung der Masse angeht, so erkennen alle Physiker an: *Die Trägheit der Ruhe* ist der natürliche Zustand des physischen Körpers. Das gerade wollte Newton im ersten Teile des ersten Gesetzes festlegen. Jede Elementarphysik rechnet gewöhnlich die Trägheit der Ruhe unter die drei natürlichen Eigenschaften des physischen Körpers.

20. Einwand: Wenn 10 Männer auf der Eisenbahn einen Wagen in Bewegung zu setzen anfangen und nachdem der Wagen die genügende Schnelligkeit erreicht hat, acht Leute zu schieben aufhören und nur 2 Mann die Bewegung fortsetzen, so bleibt der Wagen nicht stehen, ja er kann sogar eine grössere Geschwindigkeit erreichen. Dies kann nur durch die „Trägheit der Bewegung" erklärt werden.

Antwort: Wie wir im § VIII gesehen, wird ein in Bewegung sich befindender Körper *auch nach* dem zweiten Knotenpunkt (nachdem 8 Mann aufgehört haben zu schieben) wenigstens für einen Augenblick mit derselben Geschwindigkeit bewegt, mit der er früher von 10 Männern getrieben wurde. Wenn also nach dem zweiten Knotenpunkt noch 2 Mann auf den Wagen stärker wie früher einwirken, so kann jene Geschwindigkeit im ersten Angenblicke noch vermehrt werden. Aber der gewaltige Unterschied zwischen den zwei Bewegungen nach diesem ersten Angenblicke wird schnell sich kund tun. Der Wagen wird nämlich bald nur mit

$1/5$ Teil der früheren Geschwindigkeit vorwärtsfahren! Die frühere Bewegung hat also aufgehört.

Wenn die Anhänger Newtons nur mit solchen „Beweisen" das erste Gesetz Newtons verteidigen können — so ähnlich werden sicher alle künftig möglichen „Beweise" beschaffen sein — so können wir mit Recht über die Wahrscheinlichkeit und das Geschick dieses ersten Gesetzes mit den Worten *Dantes* das Urteil fällen: **Lasciate ogni speranza** (lasst alle Hoffnung fahren)!

§ XI.
Lösung der zu Gunsten des dritten Gesetzes von Newton vorgebrachten Einwürfe.

1. Einwurf: Das Gleichgewicht wird in der Physik definiert: als ein Zustand des Körpers, hervorgebracht durch die Wirkung mehrerer Kräfte, deren Resultat gleich Null ist. Wenn aber zwei Kräfte im Gleichgewichte stehen, kann ganz gut eine dritte Kraft Bewegung hervorbringen. Daraus folgt, dass „equilibrium motus" kein Widerspruch in terminis ist.

Antwort: Der Einwurf ist ein oberflächlicher. Es hat nämlich niemand geleugnet, dass — wenn ausser den zwei gleichen entgegengesetzten Kräften auch noch eine dritte auf den Körper einwirkt, diese in ihm unabhängig von jenen zweien eine Bewegung hervorbringen kann. Und in diesem Falle bestehen zwei Wirkungen im Körper: Der Gleichgewichtszustand, hervorgebracht durch jene zwei gleichen, entgegengesetzten Kräfte und die Bewegung, entstanden durch die dritte Kraft. Dieser Fall verwirklicht sich in der Pendelbewegung, wie wir es im § I des zweiten Buches illustrieren werden. Das Newtonsche „equilibrium motus" käme dann zustande, wenn die zwei gleichen, entgegengesetzten Kräfte eine Bewegung hervorbringen könnten. Nun aber ist dies nach der Mechanik unmöglich. Folglich können auch im Falle einer Bewegung Aktion und Reaktion niemals gleich sein.

2. Einwurf: Obwohl in den ersten Momenten der Bewegung die Aktion grösser ist als die Reaktion, so ist doch die Summe der letzteren — wenn man nämlich die Reaktion während des ganzen Verlaufes der Bewegung kalkuliert — gleich mit derjenigen der Aktion. Wenn daher z. B. die Aktion = 10, die Reaktion hingegen in jedem einzelnen Momente = 1, die Bewegung aber 10 Momente lang dauert, wird 10 (Aktion) = 10 (Reaktion).

Antwort: Nach der Newtonschen Supposition wird die Aktion nicht nur zur Bekämpfung der Reaktion, sondern auch zur Erzeugung der Bewegung verwendet. Die Aktion ist also auch schon aus diesem Grunde grösser als die Reaktion. Ausserdem bewiesen wir, dass nicht nur zum Beginne, sondern zum ganzen Prozess der Bewegung Energie (Aktion) erforderlich ist. Wenn aber das dritte Gesetz Newtons giltig wäre, könnte man für die Bewegung (welche doch die nächstliegende Realität in der Welt ist), keine Ursache, keine Energie bezeichnen! Wir leugnen also das Suppositum, als ob in dem angegebenen Falle (wenn Aktion = 10, Reaktion = 1) die Bewegung 10 Momente dauerte! Wenn man einen Stein auf der Hand hält, sind Aktion und Reaktion wohl gleich, aber nie werden wir Bewegung haben, ausgenommen den Fall, dass jemand die Gravität überwindend, ihn in die Höhe hebt. Ebenso wenn man mit der Hand die Mauer drückt, werden Aktion und Reaktion gleich sein, die Mauer aber bleibt unbeweglich.

3. Einwurf: Die Richtigkeit des ersten und dritten Gesetzes von Newton beweist glänzend der herrliche Bau der modernen Physik und Astronomie, welcher sich auf diesen Gesetzen erhob.

Antwort: a) Die Gesetze Newtons übten allerdings einen Einfluss auf das Herausbilden der modernen Physik und Astronomie, doch keineswegs einen so grossen, wie einige es glauben. Die experimentelle Physik (welche doch der bevorzugte Teil der physikalischen Wissenschaften ist), hat nämlich ihre empyrischen Gesetze unabhängig von den Gesetzen des Newton, aus Experimenten herabgeleitet und sie bilden auch ihre ganze Herrlichkeit. Ebenso ist auch die praktische Mechanik unabhängig vom ersten und dritten Gesetze des Newton. Die theoretische Physik hingegen war allerdings gewöhnt, die Naturerscheinungen im Sinne der Newtonschen Gesetze zu erklären und hat hauptsächlich aus diesen Gesetzen das Diadem der theoretischen

Physik abgeleitet, nämlich: dass Prinzip der Konstanz der Energie und das Entropiegesetz. Doch wir sahen schon, welchen Wert man diesem „Diadem" der modernen Physik beilegen soll und mehr Wert hat schliesslich auch das erste und dritte Gesetz Newtons nicht. Wie wir im zweiten Buche sehen werden, ist die Astronomie (auch die praktische) vollständig unabhängig von den Gesetzen Newtons und das erste und dritte Gesetz desselben findet in den Sternbewegungen nicht nur keine Bestätigung, sondern widerspricht ihnen sogar.

b) Das erste und dritte Gesetz haben ausserdem auch noch einen schädlichen Einfluss ausgeübt, so auf die Physik, wie auf die Astronomie. Denn die einfachsten Naturerscheinungen, wie z. B. Bewegungen der Erdkörper, beschleunigte Bewegung, Gleichgewichtsverhältnisse etc. wurden auf eine unnatürliche, gewaltsame Weise erklärt.

Auch die Astronomie wurde ob der Newtonschen Gesetze mit unlösbaren Mysterien verhüllt; hauptsächlich aber wurde das Vorausschreiten der spekulativen Astronomie[1] ob des

---

[1] Die praktische Astronomie hat mit Hilfe des Fernrohres und der Spektralanalyse auf fast unglaubliche Weise den Schatz der positiven Kenntnisse vermehrt. Das Wissen aber über Weltstruktur, Planeten und Sternenbewegung ist auch deshalb seit Kopernik und Keppler kaum einen Schritt vorangekommen. Anstatt eines wahren Fortschrittes verirrte sich die spekulative Astronomie in die nebelumhüllte Theorie des Laplace, über die man

ersten und dritten Gesetzes des Newton verhindert. Davon aber werden wir ausführlicher im zweiten Buche sprechen. Die Newtonschen Bewegungsgesetze waren also in den Wissenschaften zu nichts anderem von Nutzen, als eben den Gott feindseligen Materialisten; ihnen aber zu nutzen, konnte Newton — als ein Gottesverehrer — auf keinen Fall gewollt haben.

4. Einwurf: Zwei vollständig gleiche Himmelskörper ziehen sich mit derselben, aber entgegengesetzten Kraft gegenseitig an und dennoch ergibt sich daraus Bewegung. Also schliesst das dritte Gesetz Newtons die Bewegung nicht aus.

Antwort: Die gegenseitige Anziehung — wenn von gleichen Körpern die Rede ist — repräsentiert gleiche, aber niemals entgegengesetzte Kräfte. Mit anderen Worten: die gegenseitige Anziehung ist noch keine Aktion und Reaktion. Wohl finden sich einige Physiker von geringerer Bedeutung, die — da der Begriff der Reaktion bisher noch nicht genugsam bestimmt gewesen — mehrere Erscheinungen[1] mit dem Namen der Reaktion bezeichnen, wie wohl sie

---

übrigens trotz wiederholter Rettungsversuche auch schon in der neuesten Astronomie das Todesurteil gesprochen. (Siehe § VII des zweiten Buches.)

[1] Die gegenseitige Attraktion der Körper ist also *aus einem anderen Grunde* miteinander gleich und das Gravitationsgesetz hat ebenso wenig mit dem dritten Newtonschen Gesetze zu tun, wie der Fall der stossenden Kugeln (Siehe S. 98, Note 2).

auf keinen Fall[1] Reaktion heissen können. Doch auch der gelehrte Physiker unserer Zeit, Chwolson sagt es ganz offen heraus an der Stelle, wo er über Gravitation spricht:[2] Dass die gegenseitige Anziehung nur scheinbar Aktion und Reaktion sei; in der Tat aber wechselseitige Aktion ist. Unser Fall also ist nur augenscheinlich einer Aktion und Reaktion gleich. Denn etwas anderes ist: Aktion und Reaktion und wiederum anderes: gegenseitige Aktion; die Aktion und Reaktion sind entgegengesetzt, die gegen einander wirken; die gegenseitige Anziehung aber bringt kopulierte Aktionen hervor, die im Effekt sich vereinigen und sich gegenseitig unterstüttzen. Beispiele werden die Sache verständlicher machen. Zwei zusammenstossende Schiffe bezeichnen die Aktion und Reaktion; sich gegenseitig (mit Stricken) anziehend, die gegenseitige Attraktion. Die Reaktion hat also — wie schon in den Vorbemerkungen des § III gesagt — den *Charakter des Widerstandes.* Nun aber leistet eine Attraktion der anderen auf keinen Fall Widerstand, ist für sie sogar vorteilhaft. Und so wird zur Ausübung der Reaktion ein gemeinsamer *Kollisionspunkt* erfordert, der allerdings bei einer gegenseitigen Attraktion fehlt.

---

[1] Jemand glaubte sogar schon in den zwei Phasen einer Pendeloscillation das Verhältnis von Aktion und Reaktion auffinden zu können.

[2] I, 204—205.

Einwürfe zu Gunsten des dritten Newt. Gesetzes. 223

5. Einwurf: Die zwei an der Atwoodschen Maschine angebrachten Gewichte bezeichnen nicht Aktion und Reaktion.

Antwort: Gewiss gefällt den Newtonianern die *experimentelle Widerlegung* durch die Maschine Atwoods nicht. Aber anderseits ist es auch nicht angebracht, in Bedrängung Tatsachen zu leugnen oder auch derlei evidente Wahrheiten, wie man sie in jeder elementaren Physik finden kann. Die Maschine des Atwood ist nichts anderes, als ein einfaches Rad. Nun 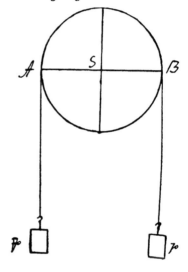 aber sind nach der Mechanik SA und SB, welche die Aktion der zwei Gewichte bezeichnen, *gleich und entgegengesetzt*, so dass wir das schönste Beispiel von einer Aktion und Reaktion hier haben. Übrigens kann die Funktion einer jeden Maschine in der Mechanik auf eine Aktion und Reaktion zurückgeführt werden!

6. Einwurf: Die zentripetale und zentrifugale Kraft sind gleiche und entgegengesetzte Kräfte und bringen dennoch Kreisbewegung hervor.

Antwort: Wie im § I des zweiten Buches graphisch bewiesen wird, equilibrieren sich die zentrifugale und zentripetale Kraft bei der Pendelbewegung vollständig, bestimmen aber nur die Position des Pendelkörpers, während hingegen die Bewegung *von einer dritten,* nämlich der tangentialen Kraft hervorgebracht wird. Sehr passend bemerkt hierzu *Chwolson:*[1] „Die zentrifugale Kraft wirkt nicht auf den Pendelkörper ein, *wie man es mitunter falsch* zu sagen pflegt, sondern auf die Schnur. Wenn (daher) der Faden zerreisst, wird der Pendelkörper in tangentialer Richtung fortgeschleudert."

Übrigens kann die Kreisbewegung — wie es ebenda bewiesen wird — auch aus einer Komposition der zentripetalen und tangentialen Kraft hervorgehen. Doch diese beiden Kräfte kommen in einem Rektus zusammen und so können sie nicht entgegengesetzte Kräfte (die doch unter 180^0 zusammentreffen) bilden.

7. Einwurf: (Aus dem Buche Newtons.) „Wenn ein sich in Bewegung befindender Körper auf einen ruhenden stösst, reagiert dieser mit derselben Kraft." Und dennoch beginnt der ruhende Körper sich zu bewegen, während der andere feststeht. Also kann auch im Falle gleicher Reaktion eine Bewegung hervorgehen.

Antwort: Dem ruhenden Körper „fällt es

---

[1] Physik (1902—1905) I. S. 96.

keineswegs ein", zu reagieren. Seine Trägheit[1] ist nämlich — wie wir schon oftmals sahen — nicht Reaktion, sondern etwas Negatives (vollständige Gleichgiltigkeit der Bewegung gegenüber). Im Momente der Kollision überträgt daher auch der sich in Bewegung befindende Körper einen Teil seiner Bewegung auf den ruhenden Körper. Es handelt sich also um *eine Translation der Energien* oder um eine einfache Aktion, nicht aber um Aktion und Reaktion. Nicht einer jeden Aktion entspricht nämlich zugleich eine Reaktion. Die Gesetze Newtons stützen sich auf solche leere „Tatsachen".

8. **Einwurf**: Wenn im Wagen eine Feder zur Bemessung der Aktion des Pferdes und der Reaktion des Wagens selbst verwendet wird, wird sie vom Zentrum aus nach beiden Seiten in gleichem Masse ausgespannt erscheinen. Dieses Experiment beleuchtet also *auf das schönste* die Gleichheit der Aktion und Reaktion auch im Falle einer Bewegung.

Antwort: Es handelt sich hier um die *schönste — Illusion!* Die Feder zeigt wohl die ganze Reaktion des Wagens; auch zeigt sie *jenen Bruch der Aktion,* welcher die Reaktion im Gleichgewichte hält. Aber sie bezeichnet nicht

---

[1] Der Einfachheit halber sehen wir hier von der Elastizität ab und betrachten den Fall der unelastischen Körper. Ausführlicher wurde dieser Gegenstand im § III erörtert.

den Teil der Aktion, welcher zur Hervorbringung der Bewegung verwendet wird. Und hierin liegt das grosse „plus" von seiten der Aktion, welches im Verhältnisse der Geschwindigkeit zu vermehren ist und welches „plus" von dem, der den Wagen zieht, sehr fühlbar ist. Diesen Teil der Aktion kann die angebrachte Feder[1] schon deshalb nicht zeigen, weil ihm keine Reaktion entspricht, sowie dem ersten Bruch der Aktion. Viel weniger wird sie imstande sein, diesen doch nobleren Teil der Aktion bezeichnen zu können, da sie schon vollständig gespannt als starre Masse die Aktion vermittelt. Und dann wachse die Aktion wie immer sie auch wolle, das „schöne" Experiment wird doch den Gehorsam verweigern.

9. Einwurf: Zu der Reaktion muss auch *die Trägheit* gerechnet werden, welche im Verhältnisse zur Bewegkraft (bezw. zur hervorzubringenden Bewegung) wächst. Und dann erst kommt die gewünschte Gleichheit zwischen Aktion und Reaktion heraus.

Antwort: Mit solcher List: Wenn man nämlich an Stelle eines lebenden Kindes ein totes schiebt, kommt eine gewisse Gleichheit heraus, diejenige nämlich der *Wirkung mit der Ursache*. Denn die hervorzubringende Bewegung

---

[1] Doch bedarf es auch der Feder nicht, um von dem „plus" der Aktion überzeugt werden zu können. Ihren Effekt kann man nämlich mit Augen sehen und mit den Händen tasten.

ist eine lebendige Wirkung der Bewegursache. Diese Wirkung und die Bekämpfung der Hindernisse zusammen sind gleich mit der Aktion — dies wird zugegeben. Doch der Einwänder meint anstatt der hervorgebrachten Bewegung eine positiv zu bezwingende Trägheit, d. h. eine gewisse Kraft. Wenn aber die Trägheit eine positiv entgegengesetzte Kraft bildete, wird sie zugleich im Verein mit der anderen Reaktion den Impuls aufheben und so wird eine Bewegung nicht einmal zustande kommen können, oder man hätte eine Wirkung ohne Ursache. Die ganze Terminologie des Einwänders steht somit schon auf dem Kopfe und nicht mehr auf den Füssen; es heisst da schon „durch die Trägheit wird bezwungen", das, was zur Erzeugung einer Bewegung gebraucht wird; und eine „entgegengesetzte Reaktion" wird genannt, was eigentlich Bewegung von derselben Richtung ist. Es ist halt doch wahr, was im § I gesagt wurde: Wenn man die Axiome des Newtonschen Systems vor den Richterstuhl einer vernünftigen Logik stellt, sind sie keinen Augenblick mehr haltbar, geschweige denn, man stürzt die phisikalische Terminologie vollständig um.

10. Einwurf: Also ist die Trägheit nicht eine, der Bewegung entgegengesetzte Kraft, sondern etwas „anderes".

Antwort: Der Gegner nimmt sich bei seinem eigenen Worte. Die Trägheit ist tatsächlich weder eine der Bewegung entgegengesetzte, noch eine solche Kraft, die die Bewegung befördere, sondern ist etwas „anderes", nämlich *Gleichgiltigkeit* jeglicher Bewegung gegenüber (wie im § II bewiesen). Eine vierte Möglichkeit gibt es nicht. Ebenso wie in der Mathematik zwischen $+$ und $-$ nur 0 steht! Doch angenommen einmal diesen einzig richtigen Begriff der Trägheit — wie ihn auch alle Physiker und Philosophen noch *vor Beginn dieser Disputation* bekannten — folgen auch schon unwillkürlich alle Thesen dieses Buches. Und so ist der wahre Begriff der Trägheit eigentlich einigermassen das Zentrum der ganzen Disputation.

11. Einwurf: In der Kreisbewegung eines Pendels oder einer Schleuder wächst oder nimmt ab die zentripetale Kraft immer in direktem Verhältnisse zur zentri*fugalen;* was nur durch das dritte Gesetz des Newton erklärlich ist.

Antwort: Wenn ein Körper von grosser Reaktionskraft (z. B. ein fester Strick, schwerer Wagen) einer Aktion unterworfen wird, kann es immerhin *bis zu einer gewissen Grenze* eine der Aktion gleiche Reaktion erzeugen. Über diese Grenze hinaus ergibt er sich der Aktion und vermag auch nicht mehr die Reaktion zu vermehren. So wird der Faden einer Schleuder oder eines Pendels zerreissen, wenn die zentrifugale Kraft seine Kohäsion überschreitet (nach dem dritten Gesetze Newtons müsste seine Reaktion endlos wachsen); ein schwerer Wagen wird bis zu einem gewissen Grade der Bewegung widerstehen; wenn aber die Bewegkraft sein Gewicht und die Reibung übertrifft, fängt er an, sich zu bewegen.

12. Einwurf: Bei der Bewegung eines Wagens oder Zuges bedeutet die Gleichheit der Aktion und Reaktion *nur so viel*, dass aus der bewegenden Energie auf die Bezwingung des Widerstandes der Hindernisse gerade so viel verwendet wird, als eben notwendig ist. Dass der Wagen sich ausserdem noch bewegt, „ist etwas ganz anderes".

Antwort: Der Gegner möchte gern entschlüpfen,[1] indem er die Bewegung aus dem dritten Newtonschen Gesetze einfach ausschaltet! Das geht aber einmal nicht! Denn Newtons Gesetze sind lediglich *Bewegungsgesetze*. Das ist aber eben das sonderbare Fatum des dritten Gesetzes, dass es gerade auf die Bewegung nicht passt.

Die sieben, dem Texte des § III beigefügten Schwierigkeiten mit den vorliegenden, repräsentieren schon so ziemlich alle Kategorien der Einwürfe, die hierbei gemacht werden können.

---

[1] Dass die Bezwingung der Hindernisse eine genau entsprechende Kraft erheischt, hat niemand bezweifelt!

§ XII.

Lösung einiger Einwürfe, die zu Gunsten der Energieerhaltung und des Entropiegesetzes gemacht wurden.

1. Einwurf: Die Physiker pflegen die Erhaltung der Energien nicht aus dem Beispiele des Pendels oder eines in die Höhe geworfenen Steines zu beweisen, sondern aus der *allgemeinen Erfahrung.*

Antwort: Die Newtonianer ahnen also, dass dem Versuche mit dem Pendel, mit einem emporgeworfenen Steine und ähnlichen Versuchen *keine Beweiskraft* innewohnt für den Satz der Energienerhaltung. Sehr gut! Aber wehe!

Dies sind die „klassischen" Beweise bei allen Physikern seit 50 Jahren. Die Beispiele des Pendels, des emporgeschleuderten Steines und der Metallfeder werden sorgfältig behandelt und *entwickelt* einige andere nur angedeutet. So beweist Fehér (Physik p. 48) mit dem in die Höhe geworfenen Steine den Satz der Energieerhaltung. Schweitzer entfaltet im angeführten Werke (Die Erhaltung der Energie) lang und breit den Pendelversuch. Gutberlet (Der Kosmos

S. 62) beruft sich auch hauptsächlich auf das Experiment des Pendels und des aufgeworfenen Steines. Auch Dressel beruft sich öfters auf den Pendelversuch und die Spiralfeder. Auf Seite 260 führt er aber als Beispiel einer *konservativen Energieverwandlung* (in der nämlich die Energie erhalten bleibt) die Planetenbewegung an mit der bekannten periodischen Schwankung zwischen Aphel und Perihel. Über diesen „Beweis" wird in § I des II. Buches die Rede sein.

Sich auf die „allgemeine Erfahrung" berufen, wenn die bisher aufgestellten, „klassischen" Erfahrungsbeweise nichts wert sind, wie die Gegner selbst gestehen, ist also dasselbe, wie mit verbundenen Augen auf unbekannten Wegen wandeln. Nicht nur die Beispiele, die man bisher aufgestellt hat, sondern auch die, welche man in Zukunft möglicherweise noch aufstellen wird, werden den Satz der Energieerhaltung nie beweisen, weil die Erhaltung der Energien noch weniger der Erfahrung unterliegt als die endlose Bewegung (I. Gesetz Newtons). Denn noch nie hat jemand die Verwandlung aller Energien in Wärme beobachtet, noch wird jemand die Erhaltung dieser Wärme in der Atmosphäre und noch viel weniger im Äther „experimentell" feststellen und beweisen können (wenn es auch in Wirklichkeit der Fall wäre)!

2. Einwurf: Der Satz der Energieerhaltung lässt sich nicht vom III. Gesetze Newtons herleiten.

Antwort: Schon öfters haben wir bemerkt, dass unsere Gegner in die Enge getrieben, entweder die primitivsten Wahrheiten oder die Behauptungen der Physiker, die man an anderen Stellen ihrer Bücher lesen kann, leugnen. Das zeigt uns klar, wie „unerschütterlich" die Axiome der Physik sind! Man höre also Dressel, der zweimal, d. i. auf Seite 28 und 38, so spricht: „Das dritte Bewegungsgesetz enthält wie im Keime den Fundamentalsatz von der Erhaltung der Energie". Auch Fehér nennt Newton auf Seite 299 den Vorläufer dieses grossen Gesetzes.

Aber gewiss, die genannten Axiome der modernen Physik können den starken Angriff der gesunden Logik nicht aushalten und ihre Verteidiger sind so gezwungen, Winkelzüge zu machen und sich zu widersprechen, damit sie nicht besiegt erscheinen.

3. Einwurf: Es wäre sehr schlimm bestellt um den kosmologischen Beweis der Existenz Gottes, wenn zu dessen Gunsten der Satz der Energieerhaltung umgestossen werden müsste. Ja, mit diesem Satze fällt auch der kosmologische Beweis selbst.

Antwort: Dieser Einwurf zeigt gar „sehr" die Unwissenheit Mancher in der ganzen Frage. Denn der Satz der Energieerhaltung ist das stärkste „wissenschaftliche" Fundament der Materialisten und Atheisten, um die Wahrheit des Daseins Gottes niederzukämpfen, er ist der Mittelpunkt im berühmten monistischen Werke Häkels („Welträtsel"). Den christlichen Apologeten gewährte gegen den Beweis, den die Atheisten aus diesem Axiome schöpften, nur das Gesetz der Entropie[1] auf einige Zeit eine Zufluchtstätte.

4. Einwurf: Die gänzliche Vernichtung ist korrelativ zur Schöpfung. Also kann nur Gott etwas vernichten, wie auch nur er erschaffen kann. Also ist die Bewegung als solche ewig.

Antwort: Zum Wesen einer jeden Bewegung gehört die *Aufeinanderfolge* und somit das *Aufhören* der Teile. Denn die Bewegung, die von einer endlichen Ursache hervorgebracht ist, ist quantitativ notwendig begrenzt. Nun wird aber die Quantität der Bewegung, wie wir schon öfters bewiesen haben, gerade durch die Dauer gemessen. Ob also jemand mit den modernen Physikern in der Bewegung das Wesen der Kräfte oder nur deren Entwicklung erblickt, er muss gestehen, dass das Vorübergehen, das Aufhören zum Wesen der Bewegung gehört. Diese Wahrheit wird *im Flusse der Zeit*, die mit der Bewegung wesentlich zusammenhängt, gleichsam handgreiflich. Denn die Augenblicke

---

[1] Das Gesetz der Entropie schliesst zwar als positiver Bestandteil die Energieerhaltung in sich. Aber wie wir im § VI (Punkt B) gesehen haben, stützt sich der Beweis der Apologeten für die Existenz Gottes nicht auf den positiven Teil dieses Gesetzes, sondern auf *den negativen*. (Die Bewegung erhält sich nicht.)

der Zeit fliessen beständig dahin und folgen sich nach, aber kehren *niemals zurück*, die Vergangenheit wird nie wieder zur Gegenwart. Die Bewegung ist also das *beschränkteste* und *unbeständigste* Ding von der Welt, sie ist gleichsam das Mass der Vergänglichkeit! Die Physiker wissen das gut, darum suchen sie in der Entropiewärme oder in der Reaktion den Ersatz der hinfälligen Energie. Aber wir sahen schon, wie nutzlos jene Ausflüchte sind!

5. Einwurf: Ich gebe zu, dass die „Situalenergie" (Energie der Lage) keine wirkliche Energie ist. Aber wenn der Stein sich von der Erde entfernt, vermehrt sich *vielleicht* die Anziehungskraft der Erde, wie in der Metallspirale die Elastizität sich vermehrt.

Antwort: 1. Das wird gratis behauptet und kann darum gratis geleugnet werden. 2. In der Metallspirale wird die Elastizität *nicht vermehrt*, sondern nur geweckt, es kann also auch hier nicht die Rede sein von einem *Ersatze* der verlorenen Energie, sondern nur von einer *wechselseitigen Aufeinanderfolge* der Energien. 3. Endlich vollzieht sich diese wechselseitige Aufeinanderfolge potentieller und aktueller Energie *nicht von selbst,* sondern durch einen beständigen Verbrauch von Elastizität, die endlich verschwindet.

6. Einwurf: Wenn Dampf flüssig wird oder wenn Wasser gefriert, wird *dieselbe Wärme,* die zur Verflüssigung oder zur Verdunstung verbraucht und als *latente Wärme* erhalten wurde, wieder frei.

Antwort: Auch die Lehre von der „latenten Wärme" nützt den Newtonianern nichts; denn es ist durchaus nicht *ebendieselbe* Wärme, die im Augenblicke des Flüssigwerdens oder des Gefrierens frei wird, sondern nur *ebensoviel* Wärme. Wo ist denn die erste Wärme des Frühlings, die den Schnee und das Eis der Berge schmolz, z. B. im Monat November, wenn die Wasser wiederum gefrieren?! Wie viel Wärme brauchte es den ganzen Sommer hindurch, um das Wasser beständig über dem Nullpunkt zu erhalten?

7. Einwurf: Ein Stein, der von einer gewissen Höhe herabfällt, gewinnt so viel Bewegungsenergie, dass er durch diese Energie mit Hülfe eines *geeigneten Instrumentes* wieder zur selben Höhe emporgehoben werden könnte, von welcher er herabfiel. Und so würde jene Bewegung ohne Verwendung einer neuen Kraft fortwährend erhalten werden.

Antwort: Es zerbreche sich niemand den Kopf, dieses geeignete Instrument zu erfinden. Das *Pendel* ist jenes Instrument, das am geeignetsten ist, die aus der Schwerkraft angehäufte Bewegungsenergie zu entwickeln. Aber 1. nicht einmal das ideale Pendel könnte auf der anderen Seite (im Punkte B) die Höhe des Ausgangspunktes (C) erreichen, wie wir im § V bewiesen haben (S. 114). 2. Die Rückkehr dann von dieser Höhe oder die zweite Schwingung *geschieht nicht ohne eine neue Wirkung der Kraft* (Anziehungskraft der Erde). Das Beispiel fällt also zusammen mit dem Pendelversuch, von dem die Newtonianer bereits selbst gestehen, dass er nichts beweist.

·**8. Einwurf**: Die Pendelbewegung wird freilich beständig durch die Schwerkraft zerstört, aber es wird immer wieder eine ebenso grosse Bewegung hervorgebracht. Zur Erhaltung der Energien genügt es aber, dass die Menge der Energie (Bewegung) immer *ebenso gross* ist, wenn sie auch nicht immer *dieselbe* ist.

Antwort: Damit das Gesetz der Energieerhaltung wahr sei, ist erforderlich, dass *keine Energie absolut verloren gehe*. Also müsste jede verbrauchte aktuelle Energie ersetzt werden durch eine andere aktuelle Energie oder durch eine potentielle. Deshalb haben die Physiker, um den Satz der Energieerhaltung zu stützen, die Theorie der *fortwährenden Verwandlung* von aktueller Energie in potentielle, von negativer Arbeit in positive und umgekehrt, erfunden. Aber sobald jemand zugibt, dass die Pendelschwingungen ebenso viele neue Vorgänge sind und die folgenden Schwingungen von den vorausgehenden nicht umgestaltet werden, *gibt* er das *Prinzip* der Energieerhaltung *preis;* auf der anderen Seite verfällt er in den Unsinn vom „perpetuum mobile", wie wir in der folgenden Schwierigkeit sehen werden.

9. Einwurf: Dann müsste also die beständige Abnahme der Anziehungskraft der Erde bewiesen werden, denn nur dann wäre der absolute Verlust der Energie gewährleistet.

Antwort: 1. Der absolute Verlust der Energie ist schon dadurch gewährleistet, dass jemand die Zerstörung der Pendelbewegung — ohne jeden Ersatz zugibt, wie es der Gegner in der vorhergehenden Schwierigkeit wirklich getan hat. 2. Es ist unerhört in der ganzen Physik, dass eine Quelle von Kräften beständig arbeite und keinen Energieverlust erleide. Also ist es gewiss, dass die Erde durch das beständige Ansichziehen immer etwas von ihrer Anziehungskraft verliert.[1] 3. Daraus folgt aber durchaus nicht, dass die Abnahme der Schwerkraft beobachtet werden müsse! Denn die verloren gegangene Anziehungskraft kann aus einer uns unbekannten Quelle beständig ersetzt werden. (Wie das Wasser in einem Reservoir — wenn auch beständig Wasser abfliesst, so bleibt es

---

[1] Das geben auch die Physiker zu; a) *im allgemeinen*, so oft sie die Arbeit gewisser Kräfte eine negative (d. h. eine energieverbrauchende) nennen; b) *im besonderen* mit Bezug auf die Schwerkraft, so oft sie lehren, dass auch diese nach und nach sich in Entropiewärme verwandelt.

doch immer in derselben Menge, weil es immer gleichmässig ersetzt wird.) Und wenn der Satz der neuen Physik, nach dem die Schwerkraft der Körper eine Art Magnetismus ist, wahr ist, so ist die Behauptung sehr plausibel: dass die Schwerkraft der Körper durch die äusserst schnelle Bewegung der Himmelskörper (also durch die Reibung mit dem Äther) beständig nachgefüllt werde.

10. Einwurf:[1] Es ist nicht wahr, dass eine gespannte Metallspirale mit der grössten Geschwindigkeit sich zusammenzuziehen *beginnt*. Denn die grösste Geschwindigkeit ihrer Bewegung gewinnt sie im Punkte ihrer Normallänge, wie das Pendel im Punkte A.

Antwort: Das die Spirale gespannt mit der grössten *Intensität* sich zusammenzuziehen beginnt, *merkt* auch die Hand des Anspannenden! Auf gleiche Weise erhält das Pendel seine grösste Bewegungsenergie im Punkte C. Eine andere Frage ist, ob auch die *Bewegungsgeschwindigkeit* im Anfange am grössten sei. Die Bewegungsgeschwindigkeit sowohl der Spirale als auch des Pendels ist im Mittelpunkte am grössten. Die Handlung der bewegenden Kraft und die dadurch hervorgebrachte Bewegung sind zwei verschiedene Dinge. In beiden Beispielen arbeitet die handelnde Kraft vom Anfange bis zum Mittel-

---

[1] Gegen den dritten Beweis, der im § V gegen die Wirklichkeit der „Situalenergie" vorgebracht wurde.

Einwürfe zu Gunsten der Energieerhaltung. 239

punkte mit *ungleicher Intensität* (und zwar abnehmend)[1] und doch findet in beiden Fällen eine Anhäufung von Bewegungsenergie statt und darum wird die Bewegung beschleunigt.

11. Einwurf: Nach dem zweiten Gesetze Newtons führt jede Kraft unabhängig von der anderen ihre Wirkung aus. Wenn nun aber die entgegengesetzten Kräfte sich gegenseitig beeinflussten, ja sogar zerstörten, so würde eine Kraft die Wirkung der anderen hindern.

Antwort: Der Zweck der Kräfte ist: dass sie Bewegung hervorbringen; und wenn die Kräfte immer auf ideale Körper (die an kein Hindernis gebunden sind) wirkten, würden sie diesen Zweck immer voll und ganz erreichen. Aber die physischen Körper sind an unzählige Hindernisse und Hemmnisse gebunden. Ein Teil der bewegenden Kraft wird also auf die Überwindung von Hemmnissen verwandt, wenn aber die entgegengesetzten Kräfte (Hindernisse) die ganze bewegende Kraft ausgleichen,[2] erfolgt keine Bewegung. Aber auch die entgegengesetzten Kräfte tun ihre Wirkung frei und ganz. Der *Unterschied* zwischen den beiden Fällen liegt nur darin, dass im Falle der Bewegung die

---

[1] Denn der Pendelfaden widersetzt sich vom Punkte C bis zum Punkte A immer mehr der Schwerkraft; auch die Elastizität der gespannten Spirale vermindert sich.

[2] Zum Beispiel wenn jemand mit seiner Hand ein Haus bewegen will.

240 Einwürfe zu Gunsten der Energieerhaltung.

Wirkung der bewegenden Kraft *positiv* ist, während er im Falle der gegenseitigen Störung oder Zerstörung *negativ* ist.

12. Einwurf: Die Planetenbewegung liefert uns ein klassisches Beispiel[1] von Energieerhaltung. Denn die Planeten bewegen sich infolge des Antriebes, den sie am Beginne der Welt erhielten, auch jetzt noch und es wurde nicht die geringste Abnahme der Bewegungsgeschwindigkeit beobachtet.

Antwort: Die Kreisbewegung der Planeten entsteht aus zwei Komponenten (aus der Zentripetal- und Tangentialkraft). Dass die Zentripetalkraft[2] eine *beständig wirkende Kraft* ist, wird von allen anerkannt. Und das auch die Tangentialkraft aus einer fortwährend wirkenden Quelle entspringt, wird der Gegenstand des ganzen zweiten Buches sein. Dort werden wir klar einsehen, dass das Newtonsche System in der Astronomie gar keinen Stützpunkt findet und dass alle Bewegungen der Planeten aus *jetzt wirkenden Kräften* zu erklären sind.

Es erübrigen nun noch einige Einwürfe zu Gunsten des Entropiegesetzes. Dieses Axiom hängt so in der Luft (ja sogar im Äther), dass es kaum einen Beschützer im Streite gefunden hat.

---

[1] Auch Newton beruft sich auf die Bewegung der Himmelskörper.

[2] Nämlich: die Anziehung der Sonne auf die Planeten und die Anziehung der Planeten auf deren Monde.

Einwürfe zu Gunsten des Entropiegesetzes. 241

13. Einwurf: Jede Arbeitsleistung wird zur Überwindung von Hindernissen verwandt. Nun verwandelt sich aber jede Energie, die auf Hindernisse stösst, in Wärme. Also muss jede arbeitende Energie nach und nach in Wärme übergehen.

Antwort: Am Ende des § IV zeigten wir die wahre Definition der Arbeit, die lautet: „Wirkung von Kräften". Dabei sehen wir vorläufig davon ab, ob diese Wirkung eine Bewegung hervorbringe oder Hindernisse überwinde oder beides tue. Die Wirkung von Kräften, die auf Überwindung von Hindernissen verwandt ist, wird negative Arbeit genannt, weil sie Massenbewegung (die hervorzubringen sie natürlicherweise bestimmt ist) nicht hervorbringt, sondern höchstens (unter günstigen Bedingungen) Wärme. Die Wirkung der Kräfte, die Bewegung hervorbringt, wird positive Arbeit genannt. Und der bei weitem grössere Teil der Weltenergieen geht in *Massenbewegung* über, deshalb allein schon verwandelt er sich also nicht in Wärme, die Bewegung der Moleküle ist.

14. Einwurf: Die absolute Kälte (— 273) pflegt man nur mathematisch zu berechnen, in Wirklichkeit existiert sie aber nicht. Also nimmt der Äther wirklich Wärme an.

Antwort: Im vergangenen Jahre[1] hat ein

---
[1] Vgl. Natur und Offenbarung 1907.

Physiker in seinem Laboratorium den — 262. Grad hervorgebracht. Die Möglichkeit des absoluten Nullpunktes wird also gratis geleugnet.

15. Einwurf: Wenn auch der Äther unfähig ist, „die geleitete Wärme" aufzunehmen, so ist er doch fähig, die ausgestrahlte Wärme aufzunehmen.

Antwort: Über die Natur der Strahlungswärme kann die Physik nichts sicheres sagen. Ihre Eigenschaften und Gesetze sind den Eigenschaften des Lichtes sehr ähnlich, darum identifizieren manche diese beiden Energien.

16. Einwurf: Die Kosmogonie stimmt überein mit der Entropietheorie. Denn der kosmische Nebel ist *ohne jede Wärme,* also stand er auf dem Minimum der Entropiewärme.

Antwort: Wer solche Einwürfe macht, versteht die Ausdrücke „Maximum" und „Minimum der Entropie" nicht. Denn das Minimum der Entropie bedeutet nicht die kleinste Wärmemenge, sondern die (im höchsten Grade) *ungleiche Zerstreuung* der Wärme. Der Zustand der Welt ohne Wärme kann also weder ein Maximum noch ein Minimum von Entropie darstellen.

„Axiome", welche sich nur auf solche „Argumente" stützen, verdienen wirklich ein Armutszeugnis.

§ XIII.
Neue Grundbegriffe.

Wie wir am Schlusse des § IX bemerkten und aus der Lösung mehrerer Schwierigkeiten ersahen, führen zwei Systeme mit einander Krieg. Da jedes System sich selber konsequent zu bleiben sucht und seine Thesen immer aus einigen Grundbegriffen herleitet, so wird naturgemäss der heftigste Kampf um eben diese Grundbegriffe geführt.

Wenn wir noch im 17. Jahrhundert lebten, so würde es genügen, das Widersinnige einiger Grundbegriffe zu zeigen, die Newton in die moderne Naturwissenschaft eingeführt hat, nämlich: der Bewegung ohne Ende und der beständigen Gleichheit zwischen Wirkung und Gegenwirkung. Nun haben aber aus diesen beiden Grundbegriffen heraus in der modernen Physik (und besonders in der Energetik) schon eine Reihe von anderen Grundbegriffen (Arbeit, Kraft, Quantität der Bewegung) eine feste Definition erhalten. Das neue System setzt also all diesen Begriffen *neue physikalische Grundbegriffe* entgegen, die wir in den früheren Paragraphen zum

Teil schon erklärt haben, teils hier nochmals kurz zusammenfassen.

Ausser den streng physikalischen Grundbegriffen, bedürfen aber auch noch der Erklärung einige *logische Begriffe,* welche die modernen Physiker im gewöhnlichen Leben zwar anwenden und auch sonst in den Naturwissenschaften anerkennen, die aber meine Gegner in der vorliegenden Frage „ignorieren" wollten.

A) Neue physikalische Grundbegriffe.

1. Die **Bewegungsquantität** wird in der modernen Energetik durch das Produkt aus Masse und Geschwindigkeit ausgedrückt *(m v).* Dieser Begriff passt allerdings gut für das System Newtons. Denn wenn die einmal erhaltene Bewegung an sich ohne Ende fortdauert, ohne dass sie sonst noch irgendwelche Energie verzehrt, dann kann die bewegende Kraft hinreichend durch *m v* gemessen und dargestellt werden.

Aber im praktischen Leben hängt die *Grösse des Kraftaufwandes* ausser von Masse und Geschwindigkeit (einer Lokomotive z. B.) auch von der *Dauer* der Bewegung ab; anstatt Geschwindigkeit und Dauer der Bewegung kann aber einfach die *Länge des Weges* als absolutes Mass der Bewegungsquantität dienen. Und aus der Widerlegung des ersten Newtonschen Gesetzes ergibt sich, dass auch die Bewegungsgrösse eines idealen Körpers abhängt von der Dauer der Bewegung.

Darum hiess es im § II: die wahre Formel der Bewegungsgrösse müsse nebst der Geschwindigkeit die Dauer der Bewegung enthalten oder einfach den Gesamtweg. MS drückt also die wahre Bewegungsgrösse aus. Die Einheit der Bewegungsgrösse MS ist mithin allerdings = mv, aber die gesamte Bewegungsgrösse, die irgend einem Kraftantrieb *(ft)* entspricht, wird sein m v + m v + m v + ... m v$_T$, wo T die Dauer der Bewegung bezeichnet. Dann kann *ft* offenbar keine unendliche Reihe von Einheiten dieser Bewegungsgrösse hervorbringen, weil sonst die Wirkung grösser wäre als die Ursache.

Die *Bewegungsgrösse* kann also *definiert* werden: **Lagenveränderung (Übertragung) einer bestimmten Masse mit einer bestimmten Geschwindigkeit eine bestimmte Zeit hindurch;** oder: **Übertragung einer bestimmten Masse auf eine bestimmte Entfernung.** Somit wird die *Einheit* der *Bewegungsgrösse* definiert: **Lagenveränderung der Masseneinheit mit der Einheit der Geschwindigkeit während der Zeiteinheit.**

2. Die **Kraft** lässt sich in der Physik durch ihre Wirkung, d. h. durch die Bewegung messen. Noch bis in die letzten 25 Jahre hinein definierte man in der Tat in allen Physikbüchern die Kraft als: Ursache der Bewegung. Eine wahrhaft physikalische Definition! Bewegung ist nämlich eine *positive* Wirkung in der Natur, sie muss also eine positive Ursache haben. Einer positiven Ursache also (die Kraft genannt wird), muss man den Übergang des Körpers von der Ruhe zur Bewegung, von der langsamen zur schnelleren Bewegung zuschreiben. Denn in diesen beiden Fällen hat man eine *positive Veränderung* bei der *Bewegung*. Anderseits: Der Übergang von der schnellen zur weniger schnellen Bewegung, desgleichen der Übergang von der Bewegung zur Ruhe weisen nicht auf eine positive, sondern auf eine *negative Veränderung* in der Bewegung hin. *Logisch* kann man allerdings sowohl die positive als die negative Veränderung mit einem gemeinsamen (demselben) Begriff umfassen und gewöhnlich werden ja auch beide Bewegungsänderungen genannt, aber *physikalisch* sind diese beiden Veränderungen *nicht dasselbe,* ja sie stehen einander konträr gegenüber, wie meistens das Positive dem Negativen diametral entgegensteht.

Daraus also, dass die positive Veränderung der Bewegung eine positive Ursache hat, (oder aus einer Kraftwirkung ensteht) folgt durchaus nicht, dass auch die negative Veränderung eine positive Ursache (Kraft) erfordert. Denn aus der logischen Einheit (positive und negative Veränderung lassen sich unter einen Begriff bringen) folgt nicht die wirkliche Einheit. Wer so argumentierte, würde sich den *Trugschluss des unberechtigten Überganges* aus der Denk- in die Seinsordnung zu Schulden kommen lassen. Diesen

Trugschluss hat aber die moderne Energetik in der Tat gemacht, als sie zur Hervorbringung einer negativen Veränderung in der Bewegung (dem ersten Newtonschen Gesetze zu Liebe) genau ebenso eine Kraft verlangte, wie zur Hervorbringung einer positiven Veränderung, und als sie die Kraft falsch oder wenigstens zweideutig also definierte: Kraft ist die Ursache der Bewegungsveränderung.

3. Die **Beschleunigung** spielt in der modernen Energetik eine grosse Rolle, um die Weltprozesse im Sinne Newtons zu erklären. Die gleichförmige Bewegung ist in den Augen der modernen Physiker fast ein Nichts. Eine Kraft erfordert sie nicht, ist also zur Messung von Kräften nicht geeignet; die Physik sagt also nur im Anfang ein- für allemal etwas über die gleichförmige Bewegung, später spricht sie nur von der Beschleunigung.

Diese Entartung des Begriffes der Geschwindigkeit folgte naturgemäss aus dem ersten Gesetze Newtons. Wenn man aber das Wesen der Bewegung spekulativ und experimentell genauer betrachtet, wird man erkennen, dass die *gleichförmige Bewegung* der *Natur* nach *früher* als die beschleunigte, ja dass sie das *letzte konstitutive Element* der *Beschleunigung* ist, das also aus der Welt der Bewegung nicht entfernt werden kann! Was besagt denn eigentlich Beschleunigung? Eine *blosse Beziehung* zweier Geschwindigkeiten. Wenn ein Körper sich im ersten Augenblicke mit der gleichmässigen Geschwindigkeit von

1 m in der Sekunde fortbewegt, im zweiten dagegen mit doppelter (aber gleichmässiger) Geschwindigkeit, so zeigt er im zweiten Augenblicke eine Beschleunigung mit Bezug auf den ersten. In diesem Falle ist sicher die Beschleunigung nicht anhaltend oder stetig, sondern eine sprungweise; aber wenn auch eben dieselbe Beschleunigung gleichmässig durch das Zwischenstück zweier Augenblicke geteilt wird, so müssen die *kleinsten Teile* dieser Dauer schliesslich doch einmal eine *gleichförmige* Bewegung zeigen, sonst könnten sie keine gleichförmige Beschleunigung erhalten. Gleichförmigkeit irgend eines Zuwachses kann nämlich nur durch *Gleichheit* irgend eines letzten Elementes dieser[1] Bewegung erzielt werden.

---

[1] Das letzte Element, das sich immer gleich bleibt, ist verschieden, je nach der Intensität der Bewegung. Wenn z. B. die Beschleunigung $(g) = 1$ m in der Sekunde ist, so werden, wenn man die erste Sekunde in 10 gleiche Zeitteilchen einteilt, den einzelnen Teilchen folgende Wege entsprechen: $1/2$ cm $+ 1^1/_2$ cm $+ 2^1/_2$ cm $+ 3^1/_2$ cm $+ 4^1/_2$ cm $+ 5^1/_2$ cm $+ 6^1/_2$ cm $+ 7^1/_2$ cm $+ 8^1/_2$ cm $+ 9^1/_2$ cm $= 1/2$ m. Die Schnelligkeit des ersten Teilchens kann noch eine beschleunigte sein, aber diese Teilung kann offenbar nicht ohne Ende fortgesetzt werden, sondern bald muss man zu kleinsten Teilchen kommen, denen eine gleichmässige Geschwindigkeit entspricht. Wie nämlich in der Geometrie der Kreis als ein Vieleck mit unzähligen Seiten betrachtet werden kann; so ist auch die gleichmässig beschleunigte Bewegung in ihren kleinsten Elementen nichts anderes als ein stetiger Übergang aus einer gleichförmigen Bewegung mit geringerer Geschwin-

Im neuen System ist also die *gleichförmige Bewegung* oder die dauernde Geschwindigkeit die Hauptsache, das *Wesen* der Bewegung. Die Natur strebt überall zu dieser Bewegung durch die beständige Wirksamkeit der Kräfte hin. Beschleunigung entsteht nur durch eine *Anhäufung* von gleichförmigen Bewegungsenergieen. Die modernen Physiker wurden durch den Umstand verleitet, dass jedes Agens, dass eine Zeit lang tätig ist, *im Anfange* eine Beschleunigung hervorruft. Daher nimmt man bei den Physikern als Wirkung der Tätigkeit von Kräften immer eine Beschleunigung an. Wir haben aber im § VIII bewiesen und im nächsten Paragraph werden wir es durch das *Experiment* bekräftigen, dass der Effekt einer eine Zeit lang wirksamen Kraft, die gleichförmige Bewegung ist, die *nur im Anfange* (wegen der Trägheit der Körper) eine Beschleunigung zeigt.

4. Auch die **Einheit der Kräfte** ist in der modernen Energetik den Gesetzen Newtons angepasst. Es soll nämlich diejenige Kraft sein, die der Masseneinheit die Einheit der Beschleunigung oder Geschwindigkeit gibt, wobei die Dauer der Bewegung oder die zurückgelegte Wegstrecke unberücksichtigt gelassen wird.

---

digkeit in eine gleichförmige Bewegung mit grösserer Geschwindigkeit. Und wir sind nur wegen der unvollkommenheit unserer Sinne und Instrumente nicht im stande, diesen Übergang zu beobachten.

Nun wurde aber schon mehrfach in diesem Werke bewiesen, dass nicht nur die Geschwindigkeit das *Mass* eines *Kraftaufwandes* bestimmt, sondern auch die *Dauer* der Bewegung; die bisher angenommene Einheit kann also keineswegs als objektive Kräftenorm betrachtet werden.

Lehrt ja doch selbst die moderne Physik, dass eine und dieselbe Kraft, wenn sie längere Zeit hindurch, aber mit geringer Intensität wirksam ist, denselben Effekt hervorzubringen im stande ist, als wenn sie nur kurze Zeit, dafür aber mit grösserer Intensität wirkt. Die absolute Kräftenorm ist also von der Zeit, während welcher sie wirksam ist, innerhalb bestimmter Grenzen (!) unabhängig. Ferner wurde im § VIII gezeigt, dass bei dem natürlichen Verlaufe einer jeden wahrnehmbaren Bewegung, eine dreifache Geschwindigkeit auftritt. (Beschleunigung, gleichförmige Bewegung, Verzögerung.) Also ist die absolute Kräftenorm auch von dieser — so zu sagen — innerlichen Veränderlichkeit der Geschwindigkeit unabhängig. Sie ist aber sicher nicht von der mittleren Geschwindigkeit des ganzen Weges unabhängig. Es dürfen also nur der *ganze Weg*[1] oder die *Geschwindigkeit* und

---

[1] In dem „ganzen Wege" ist auch jene Strecke enthalten, welche während der Wirksamkeit der Kraft zurückgelegt wird, weil ja auch jener erste Teil der Bewegung von der Kraft hervorgebracht wird.

Neue physikalische Grundbegriffe. 251

die ganze Dauer der *Bewegung* berücksichtigt werden. Diese Elemente zeigen die wahre Grösse des Kraftaufwandes.

Krafteinheit ist also diejenige Kraft, welche die Masseneinheit in der Einheit der Zeit in die Einheit der Entfernung fortbewegt.

In dieser Definition ist also der Weg, d. h. die in der Einheit der Zeit zurückgelegte Entfernung die Norm des Kraftaufwandes. Es kommt nicht darauf an, wie lange die Kraft wirksam ist (allmählich, oder intensiv), noch darauf, ob der Körper mit gleichförmiger oder veränderter Geschwindigkeit den besagten Weg in besagter Zeit zurücklegt.

Wenn nun jemand fragt: Was ist denn das Doppelte der Kräfteeinheit? So antworte ich: Jene Kraft, welche in zwei Zeiteinheiten die Einheit der Masse in zwei Einheiten der Entfernung überträgt oder: welche in der Zeiteinheit die Einheit der Masse in zwei Einheiten der Entfernung überträgt.

5. Auch der **Begriff der Arbeit** konnte sich wegen der Newtonschen Axiome noch nicht kristallisieren. Nach dem naturgemässen Sinn bedeutet: „eine Kraft arbeitet" dasselbe wie „eine *Kraft ist wirksam*" (tätig). Die Tätigkeit der Kräfte erkennen wir aber aus der Wirkung. Nun ist aber die hauptsächlichste Wirkung der Tätigkeit von Kräften sicherlich die Bewegung. Weil

Neue physikalische Grundbegriffe.

aber die Bewegung in der Welt mehrfach Hindernisse (Widerstand) findet, so muss eine tätige Kraft auch Hindernisse überwinden, um Bewegung hervorbringen zu können. Für eine tätige Kraft ist es gleichgiltig, ob ihre Energie hinzielt auf die Hervorbringung von Bewegung oder auf die Überwindung von Hindernissen. Es stehen also im Widerspruche mit der gesunden Vernunft diese und ähnliche Aussprüche der modernen Energetik: „Wenn einer den ganzen Tag hindurch eine schwere Last auf seinen Schultern trägt, *ohne sich zu bewegen,* so verrichtet er keine Arbeit." Und anderseits: „Die Himmelskörper, welche in ihrer Bewegung *kein Hindernis finden,*[1] stellen keinerlei Arbeitsleistung dar."

In Wahrheit steht die Sache so: *Arbeit ist die Tätigkeit* (das Wirksamsein) *von Kräften.* Und eine Kraft wirkt, wenn sie auch *nur Bewegung* hervorbringt oder nur *Hindernisse* überwindet. Wenn sie aber, wie es gewöhnlich der Fall ist, beides leistet, so vollführt sie auch die doppelte Arbeit.

Übrigens war schon am Ende des § IV ausführlicher von dem Begriff der Arbeit die

---

[1] Der Wahrheit gemäss — wie im zweiten Buche gezeigt wird — erfahren auch die Himmelskörper den Widerstand des Äthers. Aber selbst, wenn sie gar keinen Widerstand anträfen, würden sie doch eine ganz bedeutende Arbeit leisten.

Rede; dortselbst sahen wir, dass auch die jüngsten Physiker allmählich eine dreifache Art von Arbeit unterscheiden.

6. Kraft und Energie sollen nach der Aussage einiger Physiker von kleinerem Kaliber himmelweit von einander verschieden sein oder wenigstens ebensosehr wie Materie und Bewegung. Aus dieser unnützen Haarspalterei geht klar hervor, dass viele, die in der Physik Gelehrte sein wollen, nur Worte, aber nicht den Sinn der Worte gelernt haben.

a) Diese Haarspalterei stellt vor allem die Urheber des Axioms von der Konstanz der Energie in Schatten. Denn diese[1] sprachen immer nur von der Konstanz der Kräfte. Wenn also Energie und Kraft nicht *wesentlich dasselbe* wären, würden jene grossen Männer nicht Entdecker der „Konstanz der Energie" sein.

b) Aber auch die moderne Energetik stellt keinen wesentlichen Unterschied zwischen Energie und Kraft auf. Was ist denn Energie[2] in der Terminologie der Energetik? Eine *Kraft, die fähig ist, Arbeit zu verrichten.* Und wodurch wird die Kraft fähig, eine Tätigkeit, be-

---

[1] R. Mayer, Clausius, Helmholtz. Der Begriff der Energie ist jüngeren Datums.

[2] Einige definieren die Energie mehr abstrakt also: E. ist die Fähigkeit zur Arbeit. Das kommt aber auf dasselbe hinaus. Denn was anderes ist fähig, Arbeit, besonders aber Bewegung hervorzubringen, als eine Kraft.

sonders die Bewegung, hervorzubringen? An sich ist jede Kraft von Natur aus geeignet zur Tätigkeit (also zur Arbeit), nur eine äussere, negative Bedingung wird erfordert, damit die Kraft tatsächlich wirksam werde; diese äussere negative Bedingung besteht darin, dass die eine Kraft nicht durch eine andere entgegengesetzte in ihrer Tätigkeit gehindert, so zu sagen, gefesselt werde. Eine Kraft also, die fähig ist, Arbeit zu leisten (Energie), unterscheidet sich von eben derselben Kraft, die diese Fähigkeit nicht besitzt (wenn sie einfachhin Kraft genannt wird), nur durch eine *äusserliche* und zwar *rein negative Bedingung*. Ihrem Wesen nach sind Kraft und Energie dasselbe[1], und in der Tat nennt auch die moderne Energetik die Kraft in beiden Fällen Energie, nur fügt sie die Unterscheidung zwischen potentieller (d. h. statischer und aktueller, kinetischer) Energie hinzu. Um übrigens solchen, die auf leere Worte Gewicht legen, keine Veranlassung zu überflüssigen Einwendungen zu geben, habe ich in diesem Buche konsequent von der Konstanz der Energie gesprochen.

---

[1] Ja, so weit es auf sie ankommt, wirkt die gebundene Kraft ebenso wie die freie (z. B. die Anziehung der Erde wirkt auf den schwebenden Stein mit *derselben* konstanten *Kraft* wie auf den fallenden). Nur der Effekt ist nach den äusseren Umständen verschieden, eine freie Kraft bringt Bewegung hervor, die gebundene aber übt einen Druck auf das Hindernis aus.

7. Die Teilbarkeit der Materie und die Bewegung werden von vielen falsch aufgefasst und gedeutet. Man unterscheidet nämlich meistens nicht zwischen physischer (wirklicher) und mathematischer Teilbarkeit, welch letztere ein reiner Verstandesakt ist. Viele irrige Ansichten in Sachen der Naturwissenschaften haben ihren Grund in dem unberechtigten Übergange aus der mathematischen in die physische Ordnung: Auch hier hat die Vermischung dieser doppelten Ordnung das Entstehen falscher Begriffe über das Problem der Teilbarkeit zur Folge.

Die mathematische Ausdehnung oder Dauer, wie man zu sagen pflegt, kann bis ins Unendliche geteilt werden. Denn die nach der Teilung bleibenden Grössen sind wiederum Ausdehnung und Dauer, zu deren Wesen die Teilbarkeit gehört. Nun ist aber die mathematische Teilbarkeit ohne Ende ein blosses Verstandesgebilde.[1] Denn die Grössen, die nach einer beliebigen Teilung bleiben, sind sicher noch ausgedehnt nach Raum oder Zeit (handelt es sich um die Bewegung, so sind die kleinsten Teile der Bewegung sicher noch Bewegung) und darum sind durch einen *Verstandesakt* (mathematisch) auch

---

[1] Es beruht das zum Teil auf dem Spiel der Einbildungskraft, welche nach einer beliebigen Teilung uns immer noch kleinere Teile vorstellt, obwohl auch die Einbildung über bestimmte Grenzen, die noch sichtbar sind, nicht hinauskommt.

die *letzten* (kleinsten) *Teilchen* noch weiter teilbar.

Eine andere Frage aber ist: Können die letzten Teilchen auch in Wirklichkeit noch geteilt werden oder nicht? Da der Begriff des „*unendlich Kleinen*" schon in sich ein Widerspruch ist, so folgt, dass die wirkliche (physische) Teilung der Ausdehnung in Raum oder Zeit oder der Bewegung bestimmte Grenzen hat. Die letzten Elemente, z. B. der Ausdehnung, sind also *noch ausgedehnt*, aber *nicht mehr teilbar* (durch eine wirkliche Teilung). Die Gründe, welche beweisen, dass die Ausdehnung nicht ins unendliche geteilt werden kann, werden in der Philosophie[1] behandelt. Hier könnte es vielleicht von Nutzen sein, einige Gründe anzudeuten, welche zeigen, dass die Bewegung einige letzte Elemente hat, die nicht mehr weiter geteilt werden können. a) Die Bewegung hat notwendig eine gewisse *Dauer*. Dauer aber schliesst unbedingt die Aufeinanderfolge wenigstens *zweier* Zeitteilchen[2] ein. Also ist ohne zwei Zeitteilchen eine Bewegung unmöglich. b) Bewegung ist

---

[1] Vgl. Cursus Brevis Philosophiae. Vol. I. p. Th. XXXV. Denn erstens ist das „unendlich Kleine" ein absurdum; zweitens ist ein physischer Körper ohne irgend eine minimale Ausdehnung nicht denkbar.

[2] Diese Zeitteilchen sind je nach der Schnelligkeit der Bewegung verschieden weit von einander entfernt, schliessen aber notwendig einen *Zwischenraum* ein.

Neue physikalische Grundbegriffe. 257

wesentlich *Ortsveränderung,* fordert also *zwei* von einander entfernte Grenzpunkte.[1]

Der zeitliche Zwischenraum und die Entfernung zwischen den Endpunkten der Bewegung können also vermindert werden, aber nicht ins Unendliche, weil die *zwei Endpunkte schliesslich zusammenfallen* würden und dann ist Bewegung unmöglich.

8. Quantität und **Intensität** der Kräfte sind von einander nicht so himmelweit entfernt, wie manche moderne Physiker es meinen. Im Gegenteil, sie sind im innigsten Zusammenhange miteinander. Zwar kann dieselbe Qantität von Kraft in Form von verschiedener Intensität erscheinen, jedoch immer innerhalb bestimmter Grenzen. Die Intensität ist sogar nichts anderes, als die *relative Quantität* der Kraft, die Kraft nämlich, insofern sie zur Masse des Körpers, in der sie verteilt wird, bezogen wird. Um ein Gleichnis zu gebrauchen: 1 Liter Wasser kann je nach der Form des Gefässes verschiedene Höhen erreichen.

Den innigen Zusammenhang zwischen Quantität und Intensität der Kraft zeigt uns besonders die Bewegung. Der gesamte Weg (das

---

[1] Auch diese Grenzpunkte sind je nach der Schnelligkeit der Bewegung verschieden weit von einander entfernt, können aber ohne irgendwelche Entfernung nicht einmal gedacht werden.

absolute Mass für *Quantität* der Bewegung) ist immer proportional zur erhaltenen Endgeschwindigkeit (*Intensität* der Bewegung). Diese Wahrheit kann auf der Fallmaschine experimentell illustriert werden. (Vgl. § II, zweites Gesetz und § XIV.)

B) Logische Grundbegriffe.

9. Relativ und **entgegengesetzt** sagen nicht dasselbe, wie einige bei der Verteidigung des dritten Newtonschen Gesetzes voraussetzten. Bei der wechselseitigen Anziehung zweier Körper hätten die Newtonianer ein einziges *scheinbares Beispiel* für die Anwendbarkeit des dritten Newtonschen Gesetzes auf den Fall der Bewegung. Aber auch dieses Beispiel ist nur scheinbar, weil die wechselseitige Anziehung zweier Körper zwei blos *relative,* aber nicht entgegengesetzte Kräfte erscheinen lässt. Der anziehende Körper verhält sich nämlich so zu dem angezogenen, wie der tätige zum leidenden, und das umso mehr, weil wegen der Natur der Anziehung auch der angezogene Körper gegenseitig den anziehenden Körper anzieht. Um aber *entgegengesetzte Kräfte* zu haben, wird mehr erfordert, dass nämlich die beiden Kräfte *gegen einander* gerichtet sind, mit einander streiten, sich gegenseitig bekämpfen. Nur dann kann von Wirkung und Gegenwirkung und von einer Anwendung des dritten Newtonschen Gesetzes die Rede sein.[1]

Handelt es sich um die mechanische Tätigkeit der Körper, so wird selbstverständlich für entgegengesetzte Kräfte auch ein *gemeinsamer Angriffspunkt* erfordert. Dass zwei gleiche Kräfte entgegengesetzte Richtung haben, ist ganz unnütz, wenn sie *neben* einander wirken und nicht auf denselben Angriffspunkt gerichtet sind.

Gegenseitige Anziehung hat also nicht nur keinen hindernden, sondern im Gegenteil einen fördernden Einfluss zur Folge; entgegengesetzte Kräfte hindern und zerstören sich gegenseitig. Ein Beispiel möge die Sache klar machen. Zwei Schiffe, die zusammenstossen, stellen entgegengesetzte Kräfte dar; würden sich dieselben Schiffe mit Tauen einander anziehen, so zeigen sie nur relative (gegenseitige) Kräfte.

---

[1] Dass nicht nur ich diese *Bedingung* für eine Gegenwirkung aufgestellt habe, sondern Newton selbst, geht daraus hervor, dass nach Newton und den modernen Physikern Wirkung und Gegenwirkung immer *Gleichgewicht* erzeugen. Aber die wechselseitige Anziehung zweier Körper erzeugt nicht nur nicht das Gleichgewicht der Ruhe, sondern nicht einmal das Gleichgewicht der Bewegung (die gleichförmige Bewegung), sondern vielmehr eine Beschleunigung. Mit dem einzigen Beispiel für das dritte Gesetz ist es also nichts. Näheres wurde über diesen Punkt übrigens schon im § 11 (Einw. 4) gesagt.

10. Positiv und **negativ** fallen in der Natur nicht unter ein gemeinsames Kriterium, noch viel weniger unter dasselbe Kriterium, wie „nichts" oder Null in der Natur. Nun sind aber das Nachlassen und Aufhören der Bewegung an sich energetisch etwas Negatives oder vielmehr, sie sind energetisch dasselbe wie Null. Nachlassen und Aufhören der Bewegung (Ruhe) besagen nämlich eine Negation der Bewegung. Negation der Bewegung ist aber die Ruhe oder doch der nächste Weg zur Ruhe, also energetisch dasselbe wie „nichts".[1] Wie nämlich die negativen Zahlen genau dieselben Zahlen sind wie die positiven, nur mit entgegengesetzter Bedeutung und Richtung, so können auch die Kräfte, die der Bewegung entgegengesetzt sind und sie aufheben, als *negativ* in Bezug auf die Bewegung angesehen werden.

Wenn also die Bewegung und die Ursache der Bewegung positiv, das Aufhören[2] der Bewegung gleich Null, die der Bewegung entgegenstehenden Kräfte aber negativ genommen werden, so haben wir *energetische Elemente*, die denen der Mathematik vollkommen analog sind. Und unter diesem Gesichtspunkte tritt die Falschheit

---

[1] Das Positive für die Energetik ist wahrlich nur die Bewegung und ihre Ursache, d. h. eine Kraft, die Bewegung erzeugt.

[2] Die Bewegung lässt schon an sich nach und hört zuletzt auf, wie wir bewiesen haben.

der neuen Definition der Kraft noch klarer zutage. (Vgl. Punkt 2.)

11. Umstand und **Bedingung**[1] darf nicht mit der Ursache verwechselt werden. Aus der Verwechslung dieser Begriffe entsteht das schlimme Sophisma, den man mit dem Schulausdruck „Captio non causae ut causae" bezeichnet. Wer z. B. Feuer anlegt, brennt nicht selbst, oder wer das Ventil zu einem Sprengstoffe öffnet, bewirkt nicht selbst die darauf folgende grosse Verwüstung. In diesen Beispielen findet noch eine gewisse, auch physische Mitwirkung (Entfernung des Hindernisses) von seiten desjenigen statt, der die Bedingung setzt. Aber in der günstigen Lage, welche die modernen Physiker „Energie" der Lage nennen, ist keine Kraft im eigentlichen Sinne des Wortes vorhanden, welche Bewegung hervorbringen könnte. Die Lage bleibt immer nur die *äussere Bedingung,* die Bewegung aber (z. B. des Pendels, des fallenden Steines) wird durch die Anziehungskraft der Erde hervorgerufen. (Vgl. § V.)

12. Fähigkeit und **Möglichkeit** werden in ähnlicher Weise von den Newtonisten, welche die Konstanz der Energie verteidigen, verwechselt. Für den anorganischen Körper besteht nur die Möglichkeit, dass er auf die Entfernung z. B.

---

[1] Auch wenn es unumgänglich notwendige (sine qua non) Bedingung ist.

von 1 km übertragen werde. Der Mensch dagegen besitzt die Fähigkeit (Kraft) für diese Bewegung. Die Möglichkeit kann also höchstens *passive Potenz* (leidendes Vermögen, leidende Fähigkeit) genannt werden. Die Kraft hingegen ist eine *aktive Potenz* (tätiges Vermögen, wirksame Fähigkeit). Das Pendel also und der in die Höhe geschleuderte Stein haben nur die Möglichkeit, sich zur Erde zurückzubewegen, die Kraft dagegen, welche den Stein zurückbewegt, hat in der Erde ihren Sitz. Da aber die passive Potenz wahrhaftig keine Kraft ist, so kann auch die „Energie" der Lage eines Pendels oder eines Steines nicht als wirkliche Energie angesehen werden.

§ XIV.
Geheimnisse der Atwoodschen Maschine.

G. Atwood (1745—1807) hat sich berühmt gemacht durch seine Fallmaschine, die er *zur Erläuterung der Gesetze einer gleichförmig beschleunigten Bewegung* konstruierte. Diese Maschine ist, wie die nachstehende Figur zeigt, nichts anderes, als eine Rolle, von der auf beiden Seiten gleiche Gewichte ($C = C_1$) herabhängen. Da diese zwei Gewichte sich gegenseitig das Gleichgewicht halten, so kann *an und für sich* die Anziehungskraft der Erde in diesen Gewichten keine Bewegung hervorrufen; es können also die zwei Gewichte zusammen — insofern sie durch das Übergewicht bewegbar sind — als der allgemeinen Anziehung nicht unterworfen (mithin *zum Teil* schon als ein *Idealkörper)* betrachtet werden.

Um die *Reibung* des Fadens und der Räder auszugleichen, pflegt man ein gewisses Übergewicht q anzuwenden, das je nach der Feinheit der Maschine schwankt zwischen 0·3 — 0·6 gr. Die Bewegung endlich der Gewichte $C + C_1$ selbst wird gewöhnlich durch ein anderes Über-

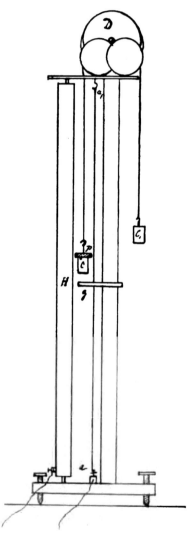

gewicht r (1—10 gr) hervorgebracht, das beim Fallen durch eine geeignete Vorrichtung aufgehalten und so entfernt werden kann, so dass $C + C_1$ kraft des erhaltenen Anstosses sich weiter bewegen. *Zwei der grössten Bewegungshindernisse*, also, nämlich die Anziehung der Erde und die Reibung werden durch diese Maschine fast vollkommen beseitigt. Aber auch das dritte Hemmnis der Bewegung, d. h. der Widerstand der Luft, wird durch das Übergewicht q grösstenteils ausgeschaltet. So reden gewöhnlich die Physiker von diesem Experimente. Und in der Tat, wenn q^1 noch etwas vergrössert wird, so überwindet es nicht nur alle Hindernisse, sondern vermag auch eine beständige Bewegung hervorzurufen. Doch, selbst wenn ein Teil der Reibung und des Luftwiderstandes auch verbliebe nach Auflegen des Gewichtes q, ja wenn sogar der ganze Luftwiderstand noch vorhanden wäre: Die Atwoodsche Maschine bleibt trotzdem zur Erläuterung der Gesetze und der Natur der Bewegung in ganz vorzüglicher Weise geeignet, wie wir sogleich sehen werden.

Obgleich also der Erfinder der Maschine sie blos als Mittel zur Erklärung der von Galilei über die Beschleunigung aufgestellten Gesetze gebrauchen wollte, so haben doch die Physiker des XIX. Jahrhunderts bereits angefangen, sie für die Erläuterung der Bewegungsgesetze überhaupt, nämlich der Newtonschen Gesetze, allent-

---

[1] Manche pflegen die Grösse dieses q *theoretisch* zu berechnen und zwar unter der Voraussetzung, dass die Reibung und der Luftwiderstand allein die (nach der Entfernung des Übergewichtes r) verbleibende Bewegung aufhören macht. Aber eine solche „petitio principii" wird sofort von dieser vorzüglichen Maschine offenbar gemacht, da in diesem Falle das Gewicht q allein genügt, die Maschine zu bewegen. Die Grösse des Gewichtes q muss man also *praktisch* berechnen: So lange muss man q (das aus dünnen Plättchen besteht) vergrössern, als die zwei Gewichte *in gleicher Höhe* — trotz des Übergewichtes q — stehen bleiben.

halben zu benutzen. Sicherlich aber hätte keiner von den Physikern des XIX. Jahrhunderts geahnt, das auf dieser Maschine einstmals den Newtonschen Gesetzen das Leichentuch gewebt werden würde.

I.
Wie bisher die Newtonschen Gesetze „experimentell" bewiesen wurden.

Sehen wir zunächst, wie bisher Newtons Fundamentalgesetze, die er über die Bewegung aufstellte, an der Atwoodschen Maschine erläutert und bewiesen werden konnten?!

1. Beginnen wir mit dem **dritten Gesetze!** Bei Gelegenheit der Experimente,[1] die an dieser Maschine zur „Erklärung der Grundgesetze der Bewegung" gewöhnlich gemacht werden, geschieht des dritten Newtonschen Gesetzes, d. i. *der Gleichheit der Aktion und Reaktion auch im Falle der Bewegung,* nicht einmal Erwähnung! Und der Grund dieses tiefen Schweigens: Weil man die Unsinnigkeit jenes Gesetzes an dieser Fallmaschine (wie überhaupt bei jeder Maschine) mit blossen Augen sehen kann. Zwei gleiche Gewichte, (die nach der Mechanik der Rolle gleiche und entgegengesetzte[2] Kräfte darstellen) können keine Bewegung hervorbringen.

---

[1] Cf. Fehér, § 25; Dressel I. n. 6.
[2] So definierte Newton selbst die actio und reactio.

Die „experiment. Erläuterung" der Newt. Gesetze. 267

Dem, was darüber im § III und IX (5. Einwurf) gesagt wurde, noch weiteres hinzuzufügen, dürfte überflüssig sein.

2. Das **zweite Gesetz**[1] ist, was den positiven Teil[2] angeht, wahr und konnte somit leicht erklärt werden. Der negative Teil hingegen dieses Gesetzes,[3] das bereits das erste Gesetz einschliesst, wurde niemals durch die Fallmaschine bestätigt;[4] man kann sogar das Gegenteil mit leichter Mühe an ihr nachweisen.

Machen wir zum Beispiel Versuche an einer Atwoodschen Maschine, die zwei Meter hoch ist.[5] Wegen der Kürze dieses Instrumentes eignet es sich nicht für alle beliebigen Versuche, wie wir sofort sehen werden. Machen wir also Experimente mit dem Übergewichte (r) zu 1—4 gr., das zugleich mit dem Gewichte C fällt in eine Entfernung von 5—10 Zoll.[6]

---

[1] „Die Änderung der Bewegung steht im Verhältnis zur bewegenden Kraft und geschieht in ihrer Richtung."

[2] Die Schnelligkeit der Bewegung steht in geradem Verhältnis zur bewegenden Kraft.

[3] Nur die Schnelligkeit der bewegenden Kraft ist proportional, aber keineswegs die Bahn.

[4] Höchstens mit falschen, oberflächlichen Versuchen.

[5] 2 m = 100 Zoll; 1 Zoll = 2 cm.

[6] An einer Maschine von 4 Metern können doppelt so grosse Versuche angestellt werden, jedoch mit demselben Resultate. *Die Natur arbeitet in den kleinsten Verrichtungen mit derselben Genauigkeit, wie in den gewaltigsten.*

268 Die „experiment. Erläuterung" der Newt. Gesetze.

Wenn die Versuche ohne das Gewicht q, d. h. ohne Beseitigung der Bewegungshindernisse gemacht werden, ist das Ergebnis[1] folgendes:

Übergewicht r	Bahn des Übergewichtes r					
	5	6	7	8	9	10 Zoll .
Gramm	Vollständige[2] Bahn des Gewichtes C					
1	$8^1/_2$	10	$11^1/_2$	13	$14^1/_2$	16 Zoll
2	17	20	23	26	29	32 „
3	$25^1/_2$	30	$34^1/_2$	39	$43^1/_2$	48 „
4	34	40	46	52	58	64 „

Um nun einen Einblick in die wahre Natur der Bewegungshindernisse und der Bewegung selbst zu gewinnen: Setzen wir das Gewicht q *stufenweise* aus rundgeschnittenen Papierplättchen zusammen. Wir werden sehen, dass *das Verhältnis der Zahlen* zu einander immer *dasselbe*[3]

---

[1] Ein kleiner Unterschied wird sich freilich ergeben zwischen der einen und der anderen Maschine, je nach ihrer Feinheit, nach der Grösse des Gewichtes C + C_1; *das Verhältnis* aber zwischen den einzelnen Bahnen wird *dasselbe* sein!

[2] In dieser Bahn ist auch der erste Teil der Bewegung eingeschlossen, den C zugleich mit dem Übergewicht r vollführt; denn auch dieser Teil wird durch die bewegende Kraft bewirkt.

[3] Die *unter* einander stehenden Zahlen (Spalten) nämlich zeigen immer eine direkte Proportion zur bewegenden Kraft; die *neben* einander stehenden Zahlen (Reihen) aber eine arithmetische Progression.

Die „experiment. Erläuterung" der Newt. Gesetze. 269

bleibt, so lange q nicht grösser ist, als zur Bezwingung der Hindernisse erfordert wird. Ich vergrösserte z. B. q von 0·10 gr bis 0·45 gr. In diesem letzten Falle ($q = 0·45$ gr) ergab sich die folgende Tafel:[1]

Übergewicht r	Bahn des Übergewichtes r					
	5	6	7	8	9	10 Zoll
Gramm	Vollständige Bahn des Gewichtes C					
1	25½	30	34½	39	43½	48 Zoll
2	51	60	69	78	87	96 „
3	—	—	—	—	—	— „

Wie man sieht, können die Versuche nicht weiter ausgedehnt werden, da beim nächsten Versuche die Bahn schon 102 Zoll betragen würde, was die Grösse unserer Maschine übersteigt. Aber diese Rechnungsreihen sind auch mehr als genügend, um verschiedene, bisher verborgene Gesetzmässigkeiten von weitesttragender Bedeutung zu beobachten. Was uns vorläufig interessiert, ist, dass jene Rechnungen uns zeigen: Nicht nur die Geschwindigkeit, sondern auch die Bahn ist streng proportional der be-

---

[1] Bisweilen ergibt ein und dasselbe Experiment, fünfmal wiederholt, ein *etwas abweichendes* Resultat, was anderweitigen Störungen zuzuschreiben ist. In derartigen Fällen pflegen die Physiker den Mittelwert der Rechnungen zu nehmen.

wegenden Kraft. (Cf. § IV; zweites Bewegungsgesetz.)

Die bewegende Kraft bei diesen Versuchen ist die Endgeschwindigkeit der Gewichte $C + C_1$, die sie von der Beschleunigung des Übergewichtes r empfangen (geliehen) haben. Nach dem Gesetze von der Anziehung steht diese bewegende Kraft in geradem Verhältnis zur *Masse* des Übergewichtes r. Da nun aber die unter einander aufgezeichneten Bewegungen (z. B. $8^1/_2$, 17, $25^1/_2$, 34; ebenso $25^1/_2$, 51) *isochron* sind, d. h. in der gleichen Zeit ausgeführt werden, so ist klar, a) zunächst, dass eine zwei-, drei-, viermal grössere Kraft zwei-, drei-, viermal grössere Geschwindigkeit erzeugt; mit anderen Worten: *Die Geschwindigkeit ist direkt proportional der bewegenden Kraft.* b) Aber auch das ist klar, dass auch *die Länge des zurückgelegten Weges in geradem Verhältnis zur bewegenden Kraft steht.* Dies ist schon aus der ersten Tafel ersichtlich; aber noch viel mehr aus der zweiten (wo die Bewegungshindernisse ausgeschaltet sind). Die Bewegungshindernisse, falls welche nach Anwendung des Gewichtes q noch etwa verbleiben sollten, nützen den Gegnern nichts. Das *Verhältnis* der *einzelnen Bahnen* blieb ja unverändert, auch nach dem Auflegen von q, folglich wird es unverändert bleiben, auch wenn alle Hindernisse beseitigt werden. Das ist schon eine mathematische Folgerung. Die übrigen

Die „experiment. Erläuterung" der Newt. Gesetze.

gesetzmässigen Verhältnisse wurden bereits im § IV erklärt.

Einwurf: Sobald q die kompetente Grösse erreicht, d. h. den Widerstand der Hindernisse ausgleicht, wird das Gewicht C nach Entfernung des Übergewichtes r nie stehen bleiben, sondern mit gleichförmiger Bewegung ohne Ende sich fortbewegen.

Antwort: Dieses würde natürlich a priori aus dem ersten Newtonschen Gesetze folgen! Aber der Opponent möge selbst zusehen und mit *eigenen Augen* sich von der Falschheit des Newtonschen Systems überzeugen! Wenn wir nämlich durch stufenweise Zugabe den *kritischen Punkt* der Maschine[1] überschritten haben, so dass das Gewicht C nicht mehr stehen bleibt, so wird das Gewicht C sich nach einer gewissen Verlangsamung wohl noch fortbewegen (wenn es gefällt, auch ohne Ende), jedoch *nicht mit der* bei Abhebung des Übergewichtes r *erhaltenen Endgeschwindigkeit, sondern mit einer viel geringeren*. Ein handgreifliches Zeichen dafür, dass diese Bewegung nicht vom Übergewichte r herrührt, sondern von jenem illegitimen Teilchen des Gewichtes q, welches das zum Ausgleichen nötige Mass übersteigt. Dieser kleine Gewichts-

---

[1] Der nach der Beschaffenheit der Maschine und der Gewichte natürlich etwas verschieden ist.

teil genügt vielleicht noch nicht zur *Einsetzung*[1] einer Bewegung (siehe die Antwort auf den 4. Einwurf des § X S. 200); wohl genügt er aber zur *Fortsetzung* der Bewegung.[2] Einem weiteren Einwurf also, dass nämlich so ein Gewichtsteil beständig wirkend eine Beschleunigung verursachen müsste — ist bereits vorgebeugt. Wiederholt (besonders im § VIII) wurde bewiesen, dass die Beschleunigung nur im Anfange stattfindet, dass aber die Bewegung bald in gleichförmige Bewegung übergeht, desto schneller, je geringer die bewegende Kraft ist. Übrigens ist das erste Newtonsche Gesetz durch die Tatsache allein — dass die bei Auflegung von q eventuell erfolgte endlose Bewegung in ihrer Geschwindigkeit nicht der von r erhaltenen Endgeschwindigkeit entspricht — als vollständig widerlegt zu erachten.

3. Sehr sonderbar jedoch ist, wie das **erste Gesetz** (sein zweiter Teil) oder „die Bewegung ohne Ende" an einer so begrenzten Maschine bislang „bewiesen" werden konnte?

Wie die Tabellen lehren, kann bei einer Maschine von 2 m das bewegende Gewicht ohne das Übergewicht q nur die Stärke von 5 gr er-

---

[1] Deshalb können die Gewichte C und C₁ trotz des illegitimen Übergewichtes q noch in gleicher Höhe stehen bleiben.

[2] Nach den im § VIII gesagten bewirkt dieser Gewichtsteil eine gleichförmige Bewegung.

Die „experiment. Erläuterung" der Newt. Gesetze. 273

reichen.¹ Mit Anwendung des Übergewichtes *q* (= 0·45 gr) aber kann das Übergewicht *r* nur bis auf 2 gr kommen.²

Die „Bewegung ohne Ende" oder der zweite Teil des ersten Newtonschen Gesetzes wurde nun bisher an der Atwoodschen Fallmaschine (von 2 m Höhe) in folgender Weise „bewiesen": Nach Ausschaltung der Reibung durch *q* erhielt das Gewicht $C + C_1$ von dem 5—6—10 gr schweren Übergewicht einen Antrieb.³ In diesen Fällen durchlief das Gewicht *C* auch nach Entfernung des Übergewichtes *r* naturgemäss „ohne Ende" die ganze Länge der Maschine; und dann pflegte der Lehrer hinzuzufügen: „Und so würde das Gewicht *C* mit gleichförmiger Bewegung weiter laufen bis zum Ende der Welt, wenn nur die Maschine so weit reichte."

Dieser Schluss jedoch ist unstatthaft und sehr oberflächlich.

1. Weil besagte Versuche *in keinem Verhältnis stehen* zu einer Maschine von 2 m Höhe.

---

[1] Wenn C mit r (= 5 gr) 7 Zoll weit fällt, macht q einen Weg von 92 Zoll; im nächstfolgenden Falle jedoch würde es bereits einen Weg von 104 Zoll machen, der über die Länge der Maschine hinausgeht.

[2] Wenn C mit r (= 3 gr) fiele, würde schon das erste Mal der Weg über 100 Zoll (102) lang sein.

[3] Wenn man zufällig mit kleineren Gewichten zu experimentieren angefangen hatte, war die Entschuldigung zur Hand: „Der Versuch ist diesmal nicht recht gelungen!"

2. Weil wir auch in den obengenannten Fällen schon *im voraus* mathematisch die *begrenzte Länge der Bahn* berechnen, und — falls eine längere Maschine benützt würde — auch vor aller Augen nachweisen können, dass die Bewegung bald aufhören wird.

3. Gerade die *gleichförmige Bewegung*, die auf die Entfernung des Übergewichtes *r* folgt und in kurzer Verlangsamung aufhört, liefert einen *unfehlbaren Beweis* dafür, dass jede Bewegung an und für sich endlich ist.[1] Denn wenn — nach Aufhebung der Reibung — die volle Bewegung durch das letzte zurückgebliebene Hindernis vernichtet würde, dann müsste sich die Bewegung *sofort von dem Abwerfen des Gewichtes r an* bis zum Schlusse verlangsamen. Die Länge der gleichförmigen Bewegung aber und die Kürze der Verlangsamung stehen in einem derartigen Missverhältnis (z. B. 70 : 8), dass angesichts dieser Tatsache auch der Anhänger Newtons gestehen muss: Eine Bewegungshemmung, die vielleicht noch da ist, kann höchstens die vollständige Bahn der Bewegung etwas abkürzen, aber der Charakter der Bewegung,[2] wie es im § VIII beschrieben wurde, blieb unberührt.

---

[1] Man vergegenwärtige sich, was im Korollar des § VIII gesagt wurde!

[2] Die Bewegung verläuft genau nach den im § VIII aufgestellten Gesetzen.

Demnach ist die gleichförmige Bewegung nach dem Abwerfen des Übergewichtes r, auf die sich die Newtonianer bisher so sehr beriefen, der beste Erfahrungsbeweis gegen das erste Newtonsche Gesetz.

II.
Gesetze für den Widerstand der Bewegungshindernisse.

Im Newtonschen System also wäre die dem Abwerfen des Übergewichtes r folgende *gleichförmige Bewegung* eine unerklärliche Tatsache; und man kann sie nur erklären in der Voraussetzung, dass die einzelnen Antriebe der Anziehung eine *endliche Bewegung*[1] hervorbringen und dass die Wirkung der Schwere *vor dem ersten Knotenpunkte* aufhört, sowie wir im Korollar des § VIII auseinandergesetzt haben.

Die Bewegung des Gewichtes C, sowohl vor, als nach der Aufhebung der Hindernisse, trägt demnach sehr getreu den Charakter der Bewegung eines idealen Körpers an sich, auch diese beginnt in gleicher Weise mit einer Beschleunigung, geht dann in eine gleichförmige Bewegung über und endet mit einer Verlangsamung. Etwa

---

[1] Wenn einer in noch augenscheinlicherer Weise diese Grundwahrheit des neuen Systems sehen will, mache er dieselben Experimente im luftleeren Raume. Die Bahn wird dann vielleicht noch länger sein, aber sicherlich ist sie begrenzt.

verbleibende Hindernisse berühren nicht den inneren Charakter[1] dieses Bewegungsvorganges, sie kürzen nur die Länge der vollen Bahn ab.

Aus den Versuchen selbst also muss man den Schluss ziehen: Der innere Charakter der Bewegung ist von gleichförmigen *Hindernissen* (sowohl von der Reibung als vom Luftwiderstande) *unabhängig!*

* * *

Doch hier sind wir in ein Gebiet der Physik gekommen, das bisher noch zu wenig erforscht ist — zur Frage über den Widerstand der Bewegungshindernisse — die genauer zu erforschen nützlich sein wird. Genauere Versuche nun, als jene, die man an der Atwoodschen Maschine zur Ermittelung der Gesetze über den Widerstand der Hindernisse anstellen kann, können überhaupt nicht gedacht werden.

A) **Widerstand der Reibung.** Unsere Untersuchung erleichtert der Umstand, dass über das eine Hindernis, nämlich die Reibung, die Physik nach vielen Versuchen bereits ausgesagt hat: *Die Reibung*[2] *ist unabhängig von der Geschwin-*

---

[1] Sowohl das *innere Verhältnis* zwischen den drei Abschnitten der Bewegung, als auch das *äussere Verhältnis* der verschiedenen Wege.

[2] Gewöhnlich unterscheidet man die unmittelbare (oder natürliche) Reibung und die mittelbare (künstliche) Reibung, welch Letztere mittels Öl vermindert wird. Doch ist die Beziehung beider zur Bewegungsgeschwindigkeit im Verhältnis die gleiche.

digkeit der Bewegung. Mit anderen Worten: Eine Lokomotive verbraucht auf demselben Wege (z. B. von Wien nach Budapest) zur Überwindung der Reibung an den Schienen dieselbe Energiemenge, mit was immer für einer Geschwindigkeit sie sich bewegt.[1] Diese natürliche Gesetzmässigkeit der Reibung kann man also energetisch ohne Gefahr so formulieren (die bisher übliche Fassung drückt nämlich nur etwas Negatives aus):

Die Reibung (ihre Grösse) ist unter sonst gleichen Bedingungen nur von der Länge des Weges abhängig, aber unabhängig von der Geschwindigkeit.

Oder praktisch: Die Reibung wird *auf gleichem Wege* energetisch genommen immer von derselben Quantität sein, wie schnell auch immer sich der Körper bewegt.

Scheinbar steht mit dieser Fassung im Widerspruch, drückt aber in der Tat dasselbe nur noch *besser* (wirklich energetisch) aus folgende Formel:

Die Reibung wächst in geradem Verhältnis mit der Geschwindigkeit.

Wenn man nämlich nicht denselben Weg im Auge hat, sondern dieselbe Zeit, dann gilt:

---

[1] Auch theoretisch erklärt man gewöhnlich diese Tatsache, die Manchen vielleicht unglaublich erscheint. Wenn nämlich die Lokomotive schneller läuft, wird sicher auch die Reibung grösser; aber in demselben Verhältnis wird die Zeit, die sie mit dem Hindernis zu kämpfen hat, kleiner.

Je schneller die Bewegung, desto grösser, *bei gleicher Zeit, die Reibung.*

Einen mehr klassischen *Beweis* für die Richtigkeit des letzten Gesetzes aus der Erfahrung, als den auf der ersteren Tafel gebotenen, kann man sich kaum wünschen. Diese Tafel nun weist nach, dass auf der Atwoodschen Maschine das Gewicht C mit Reibung immer einen der bewegenden Kraft entsprechenden Weg durchläuft, was nicht der Fall sein könnte, wenn nicht die Reibung gleichmässig mit der Geschwindigkeit wüchse.

B) Widerstand der Luft. Wenn bereits von der Reibung feststeht, dass sie in geradem Verhältnisse mit der Geschwindigkeit wächst, wird es noch leichter sein, über die Natur des Widerstandes des Mittels Nachforschungen anzustellen, da bei der Atwoodschen Maschine ausser der Reibung nur noch der Luftwiderstand als Hindernis sich geltend macht.

Über das Verhältnis zwischen der Geschwindigkeit der Bewegung und dem Widerstande der Luft (gewöhnlich W. d. Mittels) ist die Ansicht der modernen Physiker ziemlich unsicher und unklar (sicherlich noch nicht kristallisiert). Sie behaupten nämlich, dass der Luftwiderstand bei geringeren Geschwindigkeiten in anderem Verhältnisse wächst, als bei grösseren,[1] und dass

---

[1] Was unmöglich ist, da die Natur in den kleinsten Vorgängen dieselben Gesetze und Verhältnisse beobachtet, wie in den grösseren.

der Widerstand „innerhalb gewisser Grenzen" mit dem Quadrat der Geschwindigkeit und darüber hinaus wachsen kann.

Der Grund dieser Unsicherheit liegt zunächst darin, dass sie nicht gehörig gut den Stand der Frage unterscheiden. Hier ist nur von *einer einzigen Bewegung* die Rede, z. B. wenn ein Körper von der Höhe herabfällt oder eine Lokomotive sich fortbewegt. Man darf also mit dieser nicht vermischen das Schwimmen und Fliegen, wo die natürliche Bewegung des Fallens (z. B. des Vogelkörpers) aufgehoben oder überwunden wird durch eine *entgegengesetzte Bewegung* mittels geeigneter Werkzeuge.[1]

Im Gegensatz zu dieser Unsicherheit kann man klar beweisen, dass *der Widerstand des Mittels* (der Luft, des Wassers oder des Äthers) *in arithmetischer Progression oder gleichmässig wächst mit der Geschwindigkeit.*

1. Beweis. Der „Widerstand" des Mittels besteht eigentlich nur darin, dass ein in Bewegung befindlicher Körper fremde Massen z. B. von Luft, die er auf seiner Bahn vorfindet, *entfernen* muss, was sicher *auf Kosten seiner Bewegungsenergie* geschehen muss. Folglich wird er sich

---

[1] Die Flügel der Vögel oder die Flossen der Fische sind geeignet, die Luft zu verdichten. Die verdichtete Luft nun dient den „Armen" der Vögel und Fische gleichsam als feste Stütze, um sich in der Schwebe zu halten oder aufzusteigen.

mit um so geringerer Kraft fortbewegen, *je grösser die zu entfernende Masse* des Mittels ist. Diese Masse ist nun gleich einer Säule, z. B. aus Luft, deren Basis die Oberfläche des Körpers (die dem widerstehenden Mittel zugekehrt ist) bildet; *die Höhe* dieser Säule aber ist der *durchlaufene Weg*. Dieser durchlaufene Weg jedoch ist das unmittelbare Mass der mittleren Geschwindigkeit. Theoretisch also steht es zweifellos fest, dass *der Widerstand des Mittels in einfachem Verhältnis* mit der Geschwindigkeit wächst.

2. Beweis. Dasselbe bestätigt experimentell die *Atwoodsche Fallmaschine*. Den Beweis kann man sowohl aus der ersten wie aus der zweiten Tabelle herleiten.

a) Gemäss der ersten Tafel ändern *beide Hindernisse* (Reibung und Luftwiderstand) nichts daran, dass die vollen durchlaufenen Bahnen in geradem Verhältnis zur bewegenden Kraft und zur Geschwindigkeit stehen; das könnte nicht sein, wenn der Widerstand der beiden Hemmnisse nicht zugleich *unabhängig*[1] *von der Geschwindigkeit wäre*. Nun steht aber von dem einen der beiden Hindernisse, der Reibung nämlich, bereits physisch fest, dass sie gleichförmig mit der Geschwindigkeit wächst. Folglich

---

[1] Mit anderen Worten: Falls nicht der Widerstand eines jeden der beiden Hindernisse zugleich mit der Geschwindigkeit in einfachem Verhältnisse wachsen würde (Vergl. den Abschnitt **A**).

Gesetze der Bewegungshindernisse. 281

wächst auch das andere Hindernis, *der Luftwiderstand, gleichförmig (d. i. in einfachem Verhältnis) mit der Geschwindigkeit.*

b) Nach Anwendung des Gewichtes *q* verbleibt entweder ein Bruchteil von jedem der beiden Hindernisse oder nur der Luftwiderstand allein. Im ersteren Falle muss der soeben angeführte Beweis wiederholt werden. Im zweiten Falle sieht man noch klarer ein, dass der Widerstand gleichförmig wächst, weil in diesem Falle der alleinige Widerstand der Luft selbst nicht hindert, dass die zurückgelegten Wege (das Werk der bewegenden Kraft) in direkter Proportion zur bewegenden Kraft und Geschwindigkeit stehen. Das aber ist wiederum nur möglich, wenn der Luftwiderstand unabhängig (in obigem Sinne; Vergl. Abschnitt A) von der Geschwindigkeit ist.

3. Beweis. *Dressel* führt zwar zwei Versuche an, die die Behauptung beweisen sollen, dass der Widerstand des Mittels gemäss dem Quadrat der Geschwindigkeit wächst. Doch: *a)* sagt er von den aufgestellten Werten, dass sie „ungefähr" so seien,[1] *b)* ist wohl zu merken: *zwei Rechnungsreihen* (falls nämlich der Widerstand in einfacher arithmetischer Progression mit der Geschwindigkeit wüchse, oder aber mit dem Quadrat der Geschwindigkeit) — weichen ziemlich

---

[1] „Der Widerstand ist *ungefähr* folgender" I. n. 146.

von einander ab, wenn es sich um ganze Werte handelt, — ist jedoch nur von Bruchteilen die Rede (wie bei den von Dressel angeführten Versuchen), so sind die zwei Reihen nicht sehr verschieden. Leicht kann man demnach die erste Reihe für die zweite ansehen, zumal wenn die Versuche nicht sehr genau, sondern nur „ungefähr" so sind. *c)* Was aber die Hauptsache ist: die von *Siemens & Halske*[1] gemachten Experimente (von Dessel an zweiter Stelle angeführt) bestätigen unser Gesetz:

Geschwindigkeit:
30,6 33,3 36,1 39 m in der Sekunde.
Widerstand (Druck) der Luft:
90 114 140 164 kg für den Quadratmeter.

In der oberen Reihe wächst die Geschwindigkeit beständig um ungefähr *3 Meter*; in der unteren Reihe entspricht diesem Zuwachs ebenfalls ungefähr der gleiche Zuwachs des Luftwiderstandes, nämlich *24 kg*. Wenn dagegen der Widerstand der Luft mit dem Quadrate der Geschwindigkeit wüchse, müsste für die Geschwindigkeit 33,3 m der Luftdruck bereits 108, nicht aber 114 betragen.

Genauere Versuche müssen darum angestellt werden; und man wird sehen, dass alle Experimente das von der Atwoodschen Fall-

---

[1] Man mass bei einem reissend schnell durch Elektrizität getriebenen Wagen den Luftwiderstand mittels eines aërostatischen Instrumentes.

Gesetze der Bewegungshindernisse. 283

maschine hergeleitete Gesetz bestätigen, dem gemäss *der Widerstand des Mittels in gleichförmiger Progression mit der Geschwindigkeit wächst.*

1. **Korollar.** Aus den Gesetzen über den Widerstand der Hindernisse können einige praktische Folgerungen abgeleitet werden. a) Ein physischer Körper, der gleichförmigen Hindernissen ausgesetzt ist (z. B. eine Lokomotive auf ebenem Wege), beweist ebenso die Gesetze der Bewegung, wie der ideale Körper. b) Dieselbe Lokomotive verbraucht, um denselben Weg zurückzulegen, dieselbe Energiemenge, mit welcher Geschwindigkeit auch immer sie läuft. c) Der *Weg* ist das *absolute Mass* (bei sonst gleichen Bedingungen) zur Messung der Kräfte. Die anderen Bewegungsmomente (Dauer und Geschwindigkeit) sind alle nur relativ.

2. **Korollar.** Weil der Luftwiderstand auch mit der Oberfläche des Körpers (z. B. des fallenden) in geradem Verhältnisse zunimmt, (nämlich mit der Oberfläche, mit welcher der fallende Körper die Luft drückt), sieht man leicht ein, dass die Geschwindigkeit eines fallenden Körpers in *umgekehrtem Verhältnisse zu seinem spezifischen Gewichte* steht. Je leichter nämlich der Körper ist, umso langsamer fällt er. Wenn z. B. das spezifische Gewicht des Körpers $A = 1$ ist, des Körpers B aber $= 1/2$, muss der Körper B — da er ja ein doppelt so grosses Volumen hat — wenn sonst alles gleich ist, mit derselben

Kraft eine doppelt so grosse Masse aus dem Wege räumen. Weniger dichte Körper erreichen daher früher den ersten Knoten und somit die Gleichförmigkeit der Bewegung, wenn sie fallen.

C) Der Widerstand der Schwerkraft. Die Natur des dritten Hindernisses (Gravitation) ist von den vorhergehenden verschieden. Bekannt ist, dass die Bewegung eines in die Höhe geworfenen Steines eine *gleichförmig* verlangsamte ist.

Nun wäre diese Bewegung nach den im § VIII entwickelten Regeln gewöhnlich schon an und für sich ein gleichmässig verlangsamter. Es ist hier nur die Frage: Welchen Einfluss die Schwerkraft auf die *steigende Bewegung* ausübt?!

Von vornherein ist klar, dass die Anziehung der Erde mit *derselben Kraft* und mit *derselben Wirkung* tätig ist, ob der Körper ruht oder ob er auf- oder niedersteigt! Blos in dem Endergebnis ist ein Unterschied. Von vornherein ist weiter klar, dass die Wirkung der Anziehungstätigkeit nur von der Zeit abhängt.

Es kann darum für dieses Hindernis folgendes Gesetz aufgestellt werden:

Der Widerstand der Schwere ist bei aufsteigender Bewegung gerade proportional der Zeit; er ist aber unabhängig von der Geschwindigkeit der aufsteigenden Bewegung.

Dieser Widerstand vernichtet einen entsprechenden Teil von der Energie der

Experimentelle Erläuterung der neuen Wahrh. 285

aufsteigenden Bewegung und ihrem Wege gemäss den bekannten von Galilei formulierten Verhältnissen für den freien Fall.

Auch dieses Gesetz kann durch Versuche bestätigt werden.

III.
Die neuen Wahrheiten werden sämtlich an der Fallmaschine experimentell erläutert.

Vor Physikern gilt mehr als jedes Argument das *Experiment*. Wenn einmal die Experimente reden, dann schweigen die Argumente und jeglicher Streit hört auf: Contra factum enim non valet argumentum.

Die Krisis der Axiome ist so weit gediehen, dass die *alten Axiome bereits experimentell widerlegt und die neuen Wahrheiten experimentell bewiesen werden können.*

Schliessen wir darum das erste Buch mit einer kurzen experimentellen Erläuterung der einzelnen Thesen.

1. Das erste Newtonsche Gesetz kann an der Atwoodschen Fallmaschine experimentell widerlegt werden. Auch ein idealer oder ein den Bewegungshindernissen entzogener Körper, hat keineswegs eine endlose Bewegung, wie im ersten Teile dieses Paragraphen gezeigt worden ist. Dass ferner die Bewegung bei diesen Versuchen nicht wegen etwa noch rückständiger Hindernisse aufhört, sondern wegen der begrenzten Natur ihrer Ursache, geht klar hervor aus der gleichförmigen Bewegung, die auf die Entfernung des Übergewichtes r unmittelbar folgt. Denn wenn Hindernisse nach und nach die Bewegung zum Stillstand brächten, dann müsste diese, angefangen von dem Abwerfen des Gewichtes r bis zum Ende allmählich langsamer werden.

2. Auch **das zweite Newtonsche Gesetz**, insofern es auch behauptet, dass nur die Geschwindigkeit der bewegenden Kraft proportional sei, kann ebenfalls an derselben Maschine augenscheinlich als falsch bewiesen werden. Denn auch *die Wege* sind genauestens proportional der bewegenden Kraft, wie wir im ersten Teile dieses Paragraphen genugsam gesehen haben (ebenso im § IV).

3. Das dritte Newtonsche Gesetz wird durch Atwoods stillstehende (gleichsam stumme) Maschine in beredter Weise zurückgewiesen; da im Falle der Gleichheit der Gewichte überhaupt keine Bewegung möglich ist, wie wir im ersten Teile sahen. Die Wirkung ist also nur im Falle des Gleichgewichtes gleich der Gegenwirkung.

4. Weil **das Prinzip der Erhaltung der Energien** sich auf die Newtonschen Gesetze (besonders auf das erste) stützt — wie Newtons Anhänger selbst gestehen — so muss, nachdem in greifbarer Weise Newtons Gesetze als falsch bewiesen sind, indirekt auch das Axiom der Erhaltung der Energien als experimentell widerlegt angesehen werden. Übrigens — wie im § V gezeigt wurde — spricht die Erfahrung, wenn man sie hier direkt anrufen darf, eher für das Gegenteil: Die Weltenergien gehen nämlich ohne irgend welche Spur verloren.[1] Endlich, wenn man den Experimenten von Gustave Le Bon — die im § VIII erwähnt wurden — Glauben schenken darf, kann die Abnahme der Energien in der Radioaktivität augenfällig nachgewiesen werden.

5. Das Entropiegesetz steht oder fällt mit der Erhaltung der Energien, darüber ist also hier nichts besonderes zu sagen.

6. Die neuen Bewegungsgesetze können gleichsam spielend an der trefflichen Maschine Atwoods erklärt werden.

a) Das Trägheitsgesetz lautet: Jeder physische Körper verharrt im Zustande der Ruhe, solange er nicht durch eine äussere Kraft zur Bewegung angetrieben wird. Aber ein von einer äusseren Kraft angetriebener Körper ist gezwungen eine gewisse Bewegung zu entwickeln und zwar in der Richtung der bewegenden Kraft. Beide Teile dieses Gesetzes kann man an der Atwoodschen Maschine erläutern. Wenn nämlich

---

[1] Auch wenn *im Augenblicke* der Überleitung oder Umwandlung *selbst* keine Abnahme der Energie beobachtet wird (mit unseren Instrumenten), nach einigen Augenblicken nimmt die Energie doch merklich ab.

das Übergewicht nicht angewendet würde, verblieben die Gewichte $C + C_1$ *in Ruhe* in alle Ewigkeit. Haben sie aber vom Übergewicht *r* den Antrieb empfangen, so *müssen* sie sich bewegen und zwar *müssen* sie die Bewegung in der Richtung der bewegenden Kraft (hier die Schwerkraft) vollführen.

b) **Das Gesetz der Bewegungsgrösse** lautet: Die Grösse der Bewegung steht in geradem Verhältnisse zur bewegenden Kraft. Die Bewegungsgrösse setzt sich aus zwei energetischen Faktoren zusammen: Aus der Masse und aus dem ganzen Wege. Der Weg wächst gleichförmig mit der bewegenden Kraft, und — wie im § II im Teile *B* gezeigt ist — besteht auch zwischen der Geschwindigkeit selbst und dem Wege ein gerades Verhältnis. Und in der Tat sind nach den an der Maschine Atwoods angestellten Versuchen sowohl die Geschwindigkeit als auch der ganze Weg immer direkt proportional der bewegenden Kraft. Wie ferner die *vier Gesetze* (die in diesem 2. Gesetze eingeschlossen sind) mit den Versuchen übereinstimmen, haben wir schon im § IV gesehen.

c) **Aus dem Gesetze der Wirkung und Gegenwirkung** folgt, dass die Intensität (Geschwindigkeit) der Bewegung von der im Körper aufgehäuften Bewegungsenergie (lebendige Kraft) abhängt. Wenn die Bewegungsenergie beständig ist, wird die Bewegung gleichförmig sein, wenn sie wächst, ist die Bewegung beschleunigt, wenn sie abnimmt, ist sie verzögert.

In der Tat, während das Übergewicht *r* zugleich mit dem Gewichte *C* fällt, wächst die Bewegungsenergie des letzteren eine Zeit lang: die Bewegung des Körpers ist daher eine beschleunigte. Nach dem Abwerfen des Gewichtes *r* ist die Bewegungsenergie — gemäss der Figur des § VIII (siehe Korollar) — eine Zeit lang konstant: daher folgt eine gleichförmige Bewegung. Endlich nimmt die Bewegungsenergie nach und nach ab und so endet die Bewegung des Körpers *C* mit einer Verlangsamung. Wie auch hinsichtlich der Wirkung der Reaktion das dritte Gesetz sich bewahrheitet, haben wir bereits im § IV gesehen.

7. Die Entwickelungsgesetze der Bewegung sind für die Bewegungsgesetze selbst in gewissem Sinne grundlegend; darum ist ein experimentelles Beweisen derselben fast von noch grösserer Bedeutung.

Zusammen mit einem Physiker, einem Anhänger Newtons, machte ich zum erstenmal diese Experimente; als er mit eigenen Augen sah, dass die Atwoodsche Maschine mit der grössten Genauigkeit das bestätigt, was früher im § VIII theoretisch aufgestellt wurde, bekannte er sofort die Wahrheit jener Gesetze.

a) Dass das Wirken irgend einer Kraft nur anfänglich eine Beschleunigung hervorruft, später dagegen eine *gleichförmige Bewegung,* kann an der Atwoodschen Maschine selbst gezeigt werden, wenn die Versuche mit ganz kleinen Übergewichten ($r = 1-2$ gr) gemacht werden.

b) Sehr schön führt ferner diese Maschine vor Augen — in jedem Versuch, der für die Höhe der Maschine nicht zu ausgedehnt ist — dass *die Verzögerung* am Ende *der Beschleunigung* am Anfange energetisch *gleich* ist (sowohl in der Zeit als auch im Wege). Wenn z. B. die Beschleunigung 5 Zoll lang anhielt, der ganze Weg aber 85 Zoll misst, so ziehe 5 Zoll im Anfange und am Ende ab, die übrigen 75 Zoll aber teile in so viele gleiche Teile, als Sekunden dieser ganze Weg von 75 Zoll umfasst und du wirst sehen, dass die Bewegung auf diesem ganzen Wege gleichförmig ist.

8. Die Gesetze über den Widerstand der Hindernisse wurden aus den Versuchen mit der Atwoodschen Maschine selbst im 2. Abschnitte dieses Paragraphen abgeleitet. Dem, was dort bereits gesagt wurde, ist nichts weiter hinzuzufügen.

Die alten Axiome der Physik können also durch das Experiment widerlegt und die neuen Wahrheiten durch das Experiment bewiesen werden. Eine *Reform der Naturwissenschaft* ist damit unabweisbar geworden.

II. BUCH.

DAS NEUE SONNENSYSTEM.

> Videbo coelos tuos, lunam et
> stellas, quae Tu fundasti!
>
> Ps. 8.

VORWORT.

Während die Körper hier auf der Erde durch unzählige Hindernisse in ihrer Bewegung gehemmt und gestört werden und deshalb die Analyse ihrer Bewegung oft sehr schwer ist und zu falschen Erklärungen verleitet, sind die Himmelskörper in ihrer translatorischen Bewegung nur zwei Hauptkräften unterworfen: nämlich der Zentripetal- und der Zentrifugalkraft (ja die Rotation der Himmelskörper entspringt gar nur aus einer einzigen Kraft und aus dem Widerstande des Mittels). Daher können sie denn auch die wahren Gesetze der Bewegung konkret und klassisch beleuchten. Somit ist die Bewegung der Himmelskörper und insbesondere der Planeten ein Prüfstein für das richtige physische System. Jenes physische System ist richtig, das die Bewegung der Planeten erklärt; mit anderen Worten: Ein physisches System ist dann richtig, wenn die Grundgesetze, die es über die Bewegung aufgestellt hat, mit den Tatsachen übereinstimmen, die man an der Bewegung der Planeten beobachtet hat.

Manche Physiker pflegen zur Erklärung des Newtonschen Systems sich leichthin auf die

Bewegung der Planeten zu berufen. Auch der eine oder andere von meinen Gegnern hat einige Schwierigkeiten aus der Kreisbewegung und besonders der Bewegung der Planeten vorgebracht. Das alles hat mich zu einer gründlicheren Untersuchung der Grundprobleme der Astronomie bestimmt. Als gute Bestätigung meines neuen Systems fand ich da: 1. In der Bewegung der Himmelskörper finden die Axiome des Newtonschen Systems noch weniger eine Stütze als in der Bewegung der irdischen. 2. Ja, die Gesetze Newtons waren die grössten Hindernisse, derentwegen die Zirkular- wie die Rotationsbewegung der Planeten bis heute ein ungelöstes Problem geblieben sind und das Weltengebäude, das Kopernikus begonnen, Galilei und Kepler fortgesetzt hatten, unvollendet geblieben ist. Man sagt ja: Kopernikus hat die *Tatsache* nachgewiesen, dass die Sonne und die Planeten ein System bilden, Kepler *die Gesetze* dieses Systems festgestellt und Newton *den Grund* dieser Gesetze entdeckt. Aber die *Anziehung der Sonne* ist doch nur *eine* Ursache der Planetenbewegung (die Zentripetalkraft). Die Zirkularbewegung entsteht aber notwendig aus der Zusammensetzung zweier Kräfte, der Zentripetal- und der Tangentialkraft; der Ursprung der *Tangentialkraft* der Planeten war aber bis jetzt unbekannt. „Woher die Planeten ihre Tangentialkraft haben, *wissen wir nicht*" (Fehér, Physica). Bekannt sind auch die Worte Jakob Rousseaus: „Sag' uns Descartes, welche Kraft das Weltall bewegt, zeig' uns Newton, den Arm, der den Planeten die Tangentialkraft gab?!"

Die Astronomen *setzen* zwar die Tangentialkraft als immer *gegeben voraus,* ebenso die Kraft, von der die Rotation der Planeten kommt, über ihren Ursprung haben sie aber entweder nicht nachgeforscht oder sie schreiben mit Laplace den Ursprung dieser Bewegung einem Antrieb zu, den sie als vor Millionen und Millionen von Jahren gegeben, annehmen.

Da nun aber unser neues System alle Planetenbewegungen *aus jetzt noch wirkenden Ursachen*[1] erklärt, ja dieser unser Weg zur Auffindung des ersten Bewegers des ganzen Sonnensystems führt, so kann man mit Recht von ihm als von einem *neuen Sonnensystem* sprechen.

In der Tat, handelte es sich blos darum, Hypothese mit Hypothese zu vergleichen, so frage ich: welche Hypothese wird man besser und annehmbarer finden, a) etwa die, welche die verschiedenen Bewegungen der Planeten aus einem vor unermesslichen Zeiträumen ausge-

---

[1] Wenn die Zentripetalkraft aus einer jetzt und zwar fortwährend wirkenden Ursache (aus der Anziehung der Sonne) entsteht, muss da nicht auch die andere komponente, die Tangentialkraft aus einer jetzt und fortwährend wirkenden Ursache, aus einer anderen Anziehung entstehen? Das verlangt doch wohl schon die Parität.

führten Stoss erklären will, oder b) nicht vielmehr die, welche die verschiedenen Bewegungen *aus jetzt wirkenden Ursachen* erklärt? Gewiss, so vor die Frage gestellt, zieht jeder ernsthafte Physiker die zweite Hypothese vor; denn *in der physischen Welt* entstehen alle Bewegungen *aus jetzt wirkenden* Ursachen und in der uns zugänglichen Natur *fehlt jede Analogie* dafür, dass irgend eine Bewegung von einem Anstosse herkomme, der z. B. vor 100 Jahren gegeben wurde. *Die Fäden, die Kopernikus, Galilei und Kepler entfallen sind, müssen also wieder aufgenommen und weiter gesponnen* werden. Diese grossen Männer haben nicht einmal im Traume an eine Bewegung ohne Ende gedacht und an die „Trägheit der Bewegung", die Newton nach ihrem Tode in die Physik einführte, Begriffe durch die er die ganze Naturwissenschaft auf einen falschen Irrweg geführt hat.

Entfernt man so das grosse Hindernis, das Newton auch der Astronomie in den Weg gelegt hat, so löst sich sofort, wie von selbst das grosse Problem der Planetenbewegung; ja es werden neue Bahnen der Astronomie erschlossen zu einer besseren und tieferen Erkenntnis des Weltenbaues, und damit wird die *spekulative Astronomie* mit einem Schlage zu ungeahnter Blüte gelangen.

§ I.
Das System Newtons findet in der Planetenbewegung keine Stütze.

Wiewohl ohne Tangentialkraft das Problem der Planetenbewegung nicht gelöst werden kann, haben doch Physiker versucht, zugunsten des zweiten Newtonschen Gesetzes, ja sogar des ersten (d. h. für die Bewegung ohne Ende) in der Planetenbewegung einen Beweis für die Umwandlung kinetischer (aktueller) in potentielle (statische) Energie und umgekehrt zu suchen.

Vorerst wollen wir darum derartige Versuche zurückweisen, indem wir ihre Nichtigkeit klar zutage legen, dann werden wir die einzig richtige Lösung der Planetenbewegung geben, in der sich kein Beharren der Energien, keine Umwandlung, keine Bewegung ohne Ende finden kann, sondern ebenso viele *neue,* periodische *Prozesse* die *durch ununterbrochene Tätigkeit* zweier Kräfte hervorgebracht werden. Das I. und III. Newtonsche Gesetz waren also wie in anderen Fragen (cf. § IV) so auch in der Astronomie ein Hemmnis des wissenschaftlichen Fortschritts.

I.

Physiker, die das Ungenügende der hier auf unserer Erde gemachten Experimente in dieser Frage von der Beharrlichkeit der Energien gefühlt haben, nehmen nun zum Beispiel der Planetenbewegung ihre Zuflucht, vielleicht in der Hoffnung, aus dem Dunkel, in das sie gehüllt ist, günstigeres Licht diesem Axiom zu bringen, da ja die Planetenbewegung noch ein *offenes,* d. h. bis *jetzt ungelöstes Problem* war.

Während alle Bewegungen auf unserer Erde ein Ende nehmen, dauert die Planetenbewegung ohne Ende ununterbrochen fort und kehrt periodisch wieder. Daher sehen Manche in dieser periodischen Bewegung, beispielsweise der Erde, ein *klassisches Beispiel* (Dressel I. 260) der fortwährenden *Umformung* kinetischer Energie in statische und umgekehrt und darum einen Beweis für die Konstanz der Energien. Die Erde z. B. bewegt sich periodisch vom *Aphel* zum *Perihel.* In der Sonnenferne ist ihre Bewegung am langsamsten. Aber nachdem sie den Punkt des Aphels überschritten hat, fängt ihre Bewegung wegen der wachsenden Anziehung der Sonne sich zu beschleunigen an, und erreicht ihre grösste Geschwindigkeit in der Sonnennähe. Mit dieser grössten Geschwindigkeit überschreitet die Erde den Punkt der Sonnennähe, *und nun* — sagen die Physiker — *fängt ihre aktuelle Bewegung an, sich in potentielle zu verwandeln;* diese

Die Energieerhaltung in der Astronomie.

potentielle (situelle) Energie erreicht ihr Maximum im Aphel und die Erde kehrt kraft dieser potentiellen (situellen) Energie wiederum in die Sonnennähe zurück (siehe bei Dressel I. 260).

Antwort: Wenn die Kraft, welche die Erde aus dem Aphel ins Perihel zurückführt, ihren Sitz in der Erde hätte, dann könnte man wenigstens von einer *periodischen Folge* (nicht von einer Umsetzung) kinetischer und potentieller Energie sprechen, wie wir an dem Beispiele der Metallspirale gesehen haben; aber die Kraft, welche die Erde aus dem Aphel ins Perihel zieht, ist in Wirklichkeit die Anziehung der Sonne und die Tangentialkraft. Und zu jeder Bewegung aus dem Aphel ins Perihel gehört gewiss eine *neue Anziehung* der Sonne. Wenn die Anziehung der Sonne aufhörte, sobald die Erde im Aphel steht, würde die Erde nie infolge der statischen Energie zurückkehren, die, wie bewiesen ist, nichts wirkliches ist. Jede periodische Bewegung der Erde ist also ein *neuer Prozess,* hervorgerufen durch die *stetige*[1] *Tätigkeit*

---

[1] Dass die Anziehungskraft der Sonne nicht ewig dauern kann, erhellt aus der Analogie mit anderen Kräften. Nach einigen Naturforschern hören Licht, Wärme und Elektrizität der Sonne im Verlaufe von 1—2 Millionen Jahren auf. Und die Verfechter des Entropiegesetzes lehren ganz offen, dass alle Energie, auch die Anziehungskraft, in unwirksame Wärme umgesetzt wird.

der Sonne und einer Tangentialkraft. Es findet also hier keine Umsetzung der Energien statt, noch kann man von der Permanenz einer Energie reden. Übrigens beruht die ganze Einwendung auf der falschen Voraussetzung, dass der Lauf der Planeten in der Verschiedenheit der Distanz von der Sonne, in der Differenz des Aphels und Perihels seinen Ursprung habe. Doch diese Verschiedenheit ist blos eine Bedingung, bei der eine Veränderung in der Bewegung, Bechleunigung und Verzögerung durch eigentliche *Bewegungskräfte* hervorgerufen wird.

II.

Die Kreisbewegung resultiert aus der Tätigkeit zweier Kräfte. Aber bei der Entstehung der Kreisbewegung spielt bisweilen auch noch eine dritte Kraft — der Zentripetalkraft diametral entgegengesetzt — mit. Deshalb brachte man zugunsten des dritten Newtonschen Gesetzes folgende Schwierigkeit vor:

„Bei der Entstehung der Kreisbewegung sind die Zentripetalkraft und Zentrifugalkraft *gleiche und entgegengesetze* Kräfte und dennoch erfolgt Bewegung. Folglich schliesst das dritte Newtonsche Gesetz die Bewegung nicht aus."

Antwort: Diese Schwierigkeit findet in einer richtigen Analyse der Kreisbewegung ihre Lösung. Ein sehr gutes Beispiel für die Entste-

Das III. Newtonsche Gesetz in der Astronomie. 301

hung der Kreisbewegung bietet das Pendel, wie nachstehende Figur[1] zeigt.

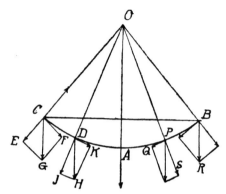

Auf den Pendelkörper wirkt die Schwerkraft der Erde ein (Gewicht), welche durch die Linien C G und D H dargestellt wird. Aber wegen der Zentripetalkraft, welche verhindert, dass der Körper sich in der Richtung der Schwerkraft bewegt, werden C G und D H in zwei

---

[1] Die Schwingungsweite sei bezeichnet durch die Linie C B. Jemand bemerkte, das Pendel biete kein Beispiel für die Kreisbewegung. Aber diese Bemerkung ist nicht zutreffend; denn *a)* der vom Pendel beschriebene Weg ist *wirklich ein Kreis*. Bei der Genesis seiner Bewegung sind alle Elemente vorhanden, die man jemals bei einer Kreisbewegung vorfindet: nämlich die Zentripetal-, Tangential- und Zentrifugalkraft. *b)* Und übrigens habe nicht ich die Beispiele des Pendels notwendig, sondern der Gegner, weil ja in anderen Beispielen, wie aus der nächsten Figur erhellt, kaum die Zentrifugalkraft vorkommt.

Komponenten zerlegt, CF und CE bez. DK und DJ. CE = CM ist *jene Zentrifugalkraft*, auf der die Schwierigkeit beruht. Nun aber halten, wie aus der Figur klar erhellt, die (CM) Zentripetal- und CE die Zentrifugalkraft einander das Gleichgewicht und rufen keineswegs eine Bewegung hervor, sondern die Bewegung hat ihre Ursache in einer dritten Kraft, der Tangentialkraft. (Vergl. hierzu folgende Worte des Physikers O. D. Chwolson, Physica S. 96. 1902—1905.)

„Die Zentrifugalkraft zieht nur den Faden des Pendels in die entgegengesetzte Richtung,

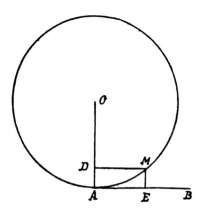

aber *keineswegs wirkt sie auf den Pendelkörper selbst ein, wie vielfach fälschlich behauptet wird.* Wenn der Faden infolge der Zentrifugalkraft zerrisse, was auch manchmal vorkommt, würde der Körper in die Richtung der *Tangente* weiterfliegen." Überhaupt hat die Zentrifugal-

·kraft gar keinen Einfluss auf die Kreisbewegung, da sie ja gar nicht zur Entstehung einer solchen Bewegung erfordert wird. Die Kreisbewegung kann nämlich durch den stetigen *Antrieb der Tangentialkraft* hervorgerufen werden und dann resultiert der Kreisweg aus der Zentripetal- und Tangentialkraft als aus seinen Komponenten. Das zeigt die vorhergehende Figur. A E stellt die Tangentialkraft, D A die Zentripetalkraft dar, deren Resultante dann die Linie A M — oder besser — der Bogen A M sein wird.

In der ganzen Kreisbewegung hat also das dritte Newtonsche Gesetz keine Stütze.

III.

Doch sehen wir einmal zu, ob vielleicht das erste Newtonsche Gesetz und zwar sein zweiter Teil über eine endlose Bewegung im Laufe der Planeten eine Bestätigung findet. Wenn irgendwo, dann müsste sich hier sicher ein klassisches Beispiel dafür finden.

Von den beiden Kräften, welche die Kreisbewegung hervorrufen, betrachtet niemand die Zentripetalkraft als Beispiel für eine nie endende Bewegung, den 1. ist sie keine Bewegung, sondern *Kraft*. 2. entspringt sie *der stetigen Anziehungskraft* der Sonne. Nun müssten aber die Gegner einen Antrieb zeigen, dessen Wirksamkeit ohne Ende dauert oder eine Bewegung, welche niemals aufhört. Höchstens könnte also die Tangentialkraft der Planeten etwas derartiges sein. Aber über die Tangentialkraft wagen ernsthafte Physiker nichts auszusagen. „Wir wissen nicht, was sie ist, woher sie kommt."

Dennoch beriefen sich in dieser Disputation einige auf die Tangentialkraft als auf ein Beispiel dieses Antriebes oder einer Bewegung ohne Ende.

Ich antworte: Die Tangentialkraft *kann nicht* ein Impuls oder eine ohne Ende dauernde Bewegung sein, sondern muss notwendig von einer äusseren stetig oder nacheinander wirkenden Kraft hervorgerufen werden.

Im folgenden die Beweise:

1. Beweis. *(Dilemma.)* Die Tangentialkraft entsteht entweder aus einer beständig wirkenden Kraft, wie aus dem Pendel erhellt, oder aus einem Impuls; ein Drittes gibt es nicht. Das erste spricht ganz offen zu Ungunsten der Gegner. Auch das zweite hilft ihnen wenig. Jener Impuls kann nämlich gerade wegen der Natur der Kreisbewegung *nicht ohne Ende dauern,* sondern muss nach einem bestimmten Zeitraume aufhören.

Der letzte Satz kann leicht aus den Gesetzen über *die resultierende Kraft* bewiesen werden. Es darf dabei nicht vergessen werden, dass im zweiten Falle, den wir im Auge haben, die Kreisbewegung die *Resultante* aus der Zentripetal- und Tangentialkraft ist. Nun ist

Das I. Newtonsche Gesetz in der Astronomie. 305

nach dem ersten Gesetze der resultierenden Kraft (Cf. Fehér, Physik § 8, 25, Dressel p. 14). „Die resultierende Kraft (oder Bewegung) von Komponenten, die unter einem Winkel zusammentreffen, ist *immer kleiner* als die Summe der Komponenten." Der Grund hierfür kann aber nur der sein, dass Komponenten, die einen Winkel miteinander bilden, sich *gegenseitig alterieren*. Es geht also nicht die ganze komponierende Kraft in Wirkung (Bewegung) über, sondern *ein Teil der* Komponenten hebt sich gegenseitig auf.[1] Daraus folgt aber unmittelbar, dass die Tangentialkraft in den folgenden Momenten *immer kleiner* wird. Jede Komposition von Kräften unter einem Winkel bringt also ein Hindernis mit sich; alle Anhänger Newtons lehren nun aber einstimmig: Durch ein *stetig wirkendes* Hindernis werde der Impuls (Bewegung), möge er auch noch so stark sein, allmählich nur, aber ganz bestimmt *vernichtet*. Nur Parallelkräfte können ohne gegenseitige Alteration wirken, alle anderen Kräfte, die unter einem Winkel aufeinander[2] stossen, alterieren

---

[1] An der Hand der Figur der Kreisbewegung, wie mit dem bekannten Parallelogramm der Kräfte, kann dieser Satz bewiesen werden. Zwei Komponenten können wiederum so dekomponiert werden, dass daraus erhellt, dass ein Teil von ihnen gegen einander gerichtet wird.

[2] Zu einer falschen Interpretation gibt vielleicht jener Satz der Physik Anlass, dass die Komponenten, auch wenn sie unter einem Winkel wirken, *unabhängig*

einander mehr oder weniger. Wenn also auch die Gegner für die einmal begonnene Bewegung keine Energie verlangen, macht doch die Natur der resultierenden Kraft jedem Anfangsimpuls ein Ende.

Nun ist aber bei der Bewegung der Planeten die Tangentialkraft unaufhörlich tätig, sonst müssten ja alle Planeten auf die Sonne fallen. Das erste Newtonsche Gesetz wird also keineswegs durch den Lauf der Planeten bestätigt, sondern die Tangentialkraft muss in der Tätigkeit einer äusseren Ursache ihren Ursprung haben.

2. Beweis. Wenn jemand die Tangentialkraft der Planeten aus dem ersten Antrieb her-

---

von einander tätig sind. Dieser Satz will nicht besagen, dass die ganze Energie der Komponenten in die Resultante übergeht, weil das im Widerspruche stünde mit der ersten Regel über die resultierende Kraft; sondern er will nur sagen, dass ein Körper, z. B. ein Mensch, *an denselben Ort* gelangt, möge ihn nun die sich zusammensetzenden Kräfte *zugleich* — z. B. wenn er auf einem in der Fahrt befindlichen Schiffe auf und ab geht — oder *getrennt nacheinander* bewegen. Aber wie der, welcher auf dem Wege $CE + EG$ (vgl. die vorhergehende Pendelfigur) nach dem Punkte G sich bewegt, sein Ziel nur unter einer grossen Vergeudung von Kräften erreicht, so auch der, welcher von den Komponentenkräften $CE + CF (= EG)$ zugleich bewegt wird. Der Unterschied liegt nur darin, dass beim ersten Male der Verlust der Kräfte *durch den Weg*, das zweite Mal aber durch *die gegenseitige Alteration* verursacht wird.

leiten wollte, den die Erde z. B. erhielt, als sie sich von der Sonne löste und in der Richtung der Tangente wegflog, so wäre dies eitles Spiel mit Worten. Denn 1. hätte diese Bewegung die Tangentialrichtung der Sonne, *nicht der Erdbahn,* wovon jetzt die Rede ist. 2. Wäre diese Bewegung sicher längst schon *abgelaufen.* Denn die Sonne, von der die Erde sich in der Richtung der Tangente losgelöst hat, steht entweder unbeweglich da oder sie wird selbst bewegt. Wenn sie steht, dann musste die Erde sich in vertikaler Richtung über die Sonne erheben, wie ein in die Höhe geschleuderter Stein; diese Steigung musste aber aufhören, sobald die Antriebskraft erschöpft war. Ist aber die Sonne selbst in Bewegung, dann muss die Kraft, welche die Sonne bewegt, auch die Erde mit sich reissen und aus den beiden Bewegungen entsteht dann eine *in gerader Linie schief aufsteigende* Bewegung, deren Aufstieg zugleich mit dem Erlöschen des Tangentialantriebes aufhören musste.[1] Darum nimmt auch kein Kennner der Physik seine Zuflucht hierzu.

3. Beweis. Übrigens kann auch *unabhängig* von der Natur der Kreisbewegung apodiktisch bewiesen werden, dass die Tangentialkraft der Planeten ihren Ursprung *in einer be-*

---

[1] Jener erste Antrieb könnte also blos die *Entfernung* der Planeten von der Sonne bestimmen.

ständig wirkenden Kraft hat. Die Bewegung des Mondes und der Planeten ist nämlich keine einfache Kreisbewegung, sondern ein Epiciklus (oder zugleich Kreis- oder Progressivbewegung). Ein einfacher Tangentialantrieb würde hier also wenig nützen; es wird vielmehr eine Kraft erfordert, welche die Tangential- und Progressivbewegung zugleich hevorruft.

4. Beweis. *(Ad hominem.)* Der zweite Teil des Newtonschen Gesetzes, nämlich die Trägheit der Bewegung, ist nur für die direkte Bewegung festgestellt und wird von den Physikern auch nur für die geradlinige Bewegung angewandt. Die Tangentialkraft *ändert aber stetig ihre Richtung* und bleibt auch nicht einen Augenblick in derselben Richtung. In der Kreisbewegung sucht man also vergebens einen Beweis für die Trägkeit der Bewegung.

5. Beweis. *(Ex paritate.)* Die Tangential- und Zentripetalkraft sind zwei Kräfte, die *gleichmässig* die Kreisbewegung *zusammensetzen.* Wenn nun aber für die Zentripetalkraft eine *beständig wirkende Kraft* erfordert und auch anerkannt wird (die Anziehung der Sonne), dann wäre es eine grosse Imparität für die Tangentialkraft einen Antrieb anzunehmen, der vor Millionen von Jahren gegeben wurde.

Hierzu bemerkte jemand: Die Zentripetalkraft werde nur dazu erfordert, um die Richtung der Tangentialkraft, welche geradlinig gerichtet ist, stetig zu ändern und gleichsam zu brechen.

Hierauf antworte ich: In der Verlegenheit ist dem Gegner jeder Ausweg recht! *a)* Zunächst müsste durch diese Änderung und Brechung die Tangentialkraft sicher geschwächt werden und schliesslich aufhören, wie wir bewiesen haben. *b)* Überhaupt wäre es eine Fälschung der Physik und Mechanik, wenn jemand sagen wollte: Die Zentripetalkraft werde nur zu einer Änderung in der Richtung der Tangentialkraft erfordert. Wahr ist dagegen, dass die Komponentenkräfte nicht nur die Richtung, sondern auch *ihre Kraft* bestimmen.

Einwand: Ein anderer beschrieb die ganze Genesis der Kreisbewegung[1] und sagte: „Wenn die Diagonale des ersten Parallelogrammes *verlängert* wird, dann vereinigt sie sich wieder mit der Zentripetalkraft, woraus ein weiterer Teil der Kreisbahn resultiert usw. Der Ursprung der Bewegung kann also *glänzend* durch das Newtonsche Gesetz illustriert werden."

Antwort: Das ist wieder eine von den glänzenden „*petitiones principii*", über die wir im § XI gesprochen haben und nichts anderes. Mit welchem Rechte kann man die Diagonale

---

[1] Wenn man in der letzten Figur alle Parallelogramme ausführt, erhält man die Figur, von der wir hier reden.

des 1., 2., 3. usw.-Parallelogrammes verlängern? Der Gegner sagt: „Weil die Bewegung fortdauert." Aber dann wird vorausgesetzt, was bewiesen werden soll. Die Geometrie kennt nämlich keine Diagonale, die sich über das Parallelogramm hinaus erstreckt.

§ II.
Lösung des grossen Problems der Planetenbewegung. (Woher die Tangentialkraft, welche die Planeten bewegt?)

Nachdem wir gezeigt, dass sich in der Planetenbewegung keine Konstanz der Energien, keine Bewegung ohne Ende und kein „Gleichgewicht der Bewegung" zeige, ist das neue physische System, das neue wissenschaftliche Gebäude unter Dach und Fach gebracht. Es ergibt sich nämlich von selbst, dass die *Tangentialkraft* von einer *gewissen äusseren Ursache* oder aus einer ständig tätigen Energiequelle herrühre. Ein Drittes gibt es nicht.

Keineswegs würde uns nun im eigentlichen Sinne des Wortes die Aufgabe zufallen, diese Tangentialkraft genau zu bestimmen, da deren Entdeckung von dem Fortschritte der astronomischen Wissenschaft abhängt.

Aber mit Gottes Gnade und auf Grund der neuen Bewegungsgesetze fand ich — wie es scheint — die wahre Ursache dieser Tangentialkraft, durch deren Annahme das grosse Problem der Planetenbewegung eine leichte Lösung findet.

Woher die Tangentialkraft der Planeten?

Die Tangentialkraft der Planeten entsteht nämlich — auf gleiche Weise wie ihre Zentripetalkraft — infolge der Anziehung eines gewissen Himmelskörpers.

Beginnen wir zur leichteren Darlegung mit dem Beispiele des Mondes. Es ist nämlich sicher, dass der Mond sich ebenso zur Erde verhält, wie die Erde zur Sonne. Der Mond ist ein Planet (Satellit) der Erde und kreist um die Erde, ebenso wie die Erde ein Planet (Satellit) der Sonne ist.

Wie schon gesagt: Die Zentripetalkraft ist bekannt, es handelt sich nur um die Tangentialkraft.

Wenn wir die Astronomen über die Bewegung der Planeten oder des Mondes befragen, so vermögen sie ausser der Zentripetalkraft (der allgemeinen Anziehung) uns nichts anderes über dieses Naturgeheimnis anzugeben. Der berühmte Astronom Newcomb[1] z. B. sagt in dem Kapitel: „Die kreisförmige Bewegung des Mondes" folgendes: „Wenn ein Mann in einem Dampfwagen fährt und um einen bestimmten Punkt eine kreisförmige Bewegung ausführt, so gibt er das Beispiel des Mondes, welcher ausser der kreisförmigen Bewegung auch eine fortschreitende hat, da er zugleich mit der Erde

---

[1] Astronomy for Everybody. Deutsche Ausgabe 1907, S. 821.

Woher die Tangentialkraft der Planeten? 313

sich weiter bewegt." Diese Erklärung erläutert nur einigermassen die fortschreitende (oder kreisförmige) *Bewegung des Mondes um die Sonne*, berührt aber keineswegs das Problem, von dem hier die Rede ist, nämlich die Bewegung des Mondes *um die Erde*.

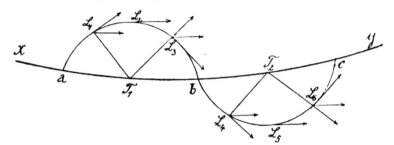

Sei x y ein Teil der Erdbahn, a b + b c eine Lunation oder ein Gesamtumlauf des Mondes. Inmitten der Bahn, von der x y einen Bruchteil darstellt, stehe unsere Sonne, der Punkt T bezeichne die Erde, L den Mond. Nach dem dritten Keplerschen Gesetze[1] könnte der Mond bei einer gleichen Entfernung, wie sie die Erde hat, *in der nämlichen Zeit* (und folglich mit der nämlichen Geschwindigkeit) wie die Erde selbst, einen Umlauf *um die Sonne* ausführen. Daraus ergibt sich unmittelbar, dass, während die Erde den Mond anzieht, zur gleichen Zeit eine gewisse Kraft, den Mond nach der Richtung der Pfeile,

---

[1] „Die Quadrate der Umlaufzeiten der Planeten verhalten sich wie die dritten Potenzen ihrer mittleren Distanzen."

die bei den Punkten L_2 und L_5 gezeichnet sind, hintreibt. Diese Kraft wirkt nun auch bei den Punkten L_1, L_3, L_4, L_6, wird aber dort zerlegt. Das ist also die *ständig wirkende Tangentialkraft,* welche nach den mechanischen Gesetzen zugleich mit der ständig wirkenden Zentripetalkraft die kreisförmige, beziehungsweise spiralförmige Bewegung hervorbringt.

Durch diese Erklärung wurde jedoch *die Lösung* des Problems nur verschoben, *noch nicht ganz herbeigeführt.* Es könnte nämlich einer entgegnen: Die aus dem Kepplerschen Gesetze abgeleitete *Tatsache,* dass der Mond infolge einer äusseren Kraft nicht nur um die Erde, sondern auch um die Sonne sich dreht, ist zwar *unleugbar,* aber es fragt sich gerade, was jene verborgene Kraft sei, die den Mond auch *um* die Sonne bewegt. Die Anziehung der Sonne, in sich betrachtet, sicherlich nicht, weil diese den Mond nur anzieht und hinwiederum nur die Zentripetalkraft gibt . . . Wo ist die Tangentialkraft, welche hier erforderlich ist? . . . Diese Zweifel sind berechtigt und sehr berechtigt und führen uns schliesslich zur Auffindung der Tangentialkraft, welche — bewunderungswerte Wahrheit! — *für alle* Monde und Planeten irgend eines Sonnensystems *die nämliche äussere Kraft* ist.

Sei z. B. x y der Weg der Sonne (folgende Figur). S bezeichnet die Sonne, T die Erde, L

Woher die Tangentialkraft der Planeten? 315

den Mond. Die Sonne bewegt sich in gerader Linie[1] gegen irgend einen äusseren Stern (welcher nach den Astronomen sich im Sternbilde des Herkules oder der *Leier* befindet). Sagen wir es offen: *Die Sonne fällt frei* gegen irgend einen Stern zu. Nach einem physischen Grundsatz,[2] welcher durch Experimente bewiesen ist, fallen alle Planeten und Monde unseres Sonnensystems (von welcher Grösse sie auch immer sein mögen) mit der nämlichen Geschwindigkeit zugleich mit der Sonne in der Richtung x y. Da haben

[1] Die neuesten astronomischen Forschungen bezeugen dies. „Die gewissenhaftesten Beobachtungen konnten *keine Krümmung* im Sternenweg entdecken. Alle Sterne (und folglich auch die Sonne) bewegen sich in gerader Linie, wie eine abgeschossene Kanonenkugel." Newcomb (Astronomy 1907, S. 350—353).

[2] „Die Körper von jedem beliebigen Volumen und jeder beliebigen Dichte fallen im luftleeren Raume aus der gleichen Höhe (Entfernung) mit der *gleichen Geschwindigkeit.*"

wir also die *gemeinsame Quelle* der Tangentialkraft für alle Planeten und Monde irgend eines Sonnensystems. Es erübrigt nur noch, geometrisch die zwei Komponenten zu konstruieren, welche die kreisförmige oder vielmehr spiralförmige[1] Bewegung der Planeten und Monde hervorbringen.

Ein äusserer Stern zieht also alle Teile unseres Sonnensystems an, angefangen von der Sonne bis zum letzen Mond und Planetoiden. Folglich bewegt eine gewisse „Vertikalkraft"[2] beständig die Planeten in der Richtung xy, wie es durch die Pfeile bei den Punkten T_1, T_2, T_3 etc. entsprechend bezeichnet wird.

Wenn nur ein äusserer Stern die Planeten anziehen würde, so fielen diese in gerader Linie parallel mit der Sonne in der Richtung xy. Aber in Wirklichkeit muss diese vertikale Bewegung mit der Anziehung der Sonne zusammen gesetzt werden. (Die Sonne, welche durch die Punkte S_1, S_2, S_3 etc. bezeichnet

---

[1] Ein spiralförmiger Weg sagt mehr als ein kreisförmiger und kann physikalisch auf zweifache Weise entstehen: a) entweder aus der Zusammensetzung einer kreisförmigen mit einer fortschreitenden (direkten) Bewegung, b) oder aus der Zusammensetzung einer schiefen Bewegung mit einer Zentripetalkraft, deren Mittelpunkt im Falle mit dem schiefen Wege gleichen Schritt hält, wie wir bald sehen werden.

[2] Die ganze Erklärung bleibt lediglich dieselbe, wenn auch diese Vertikalkraft die Resultante der Anziehung mehrerer Sterne wäre!

Entstehung der spiralförmigen Bahn. 317

wird, hält im Falle mit der Erde ständig gleichen Schritt.)

Wie entsteht also aus der Zusammensetzung zweier Kräfte eine *spiralförmige Bewegung*? Wenn die Vertikalkraft mit der Zentripetalkraft direkt zusammengesetzt würde, so ergäbe sich kein spiralförmiger Weg, ja auch kein kreisförmiger Weg, sondern der Planet würde sich immer mehr der Sonne nähern. Wenn dagegen diese Vertikalkraft beständig in zwei Komponnenten zerlegt wird, von denen die eine *eine schiefe Bewegung* hervorbringt, so bewirkt diese Bewegung zugleich mit der Zentripetalkraft (welche von einem ständig fallenden Mittelpunkte aus wirkt) einen ganz vollkommen spiralförmigen Weg.

Wie eine schiefe Bewegung entsteht, ist ja genau bekannt.

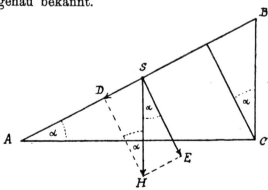

Weil nämlich der *Widerstand* der schiefen Ebene (A B) verhindert, dass die vertikalwirkende Schwerkraft in ihrer eigenen Richtung zur vollen

Wirkung komme, so wird diese in zwei Komponenten (S D und S E) zerlegt, von denen S D die schiefe Bewegung bewirkt, während S E einen Druck auf die schiefe Ebene ausübt, der aber durch einen gleichen und entgegengesetzten Widerstand derselben aufgehoben wird.

Auf ganz gleiche Weise wird die Vertikalkraft, welche sich aus der Anziehung des äusseren Sternes ergibt, wegen des Widerstandes des Äthers oder der kosmischen Luft beständig in zwei Komponenten zerlegt, von denen die eine den *schiefen Weg* des Planeten bewirkt, während die andere einen Druck auf das kosmische Medium ausübt, der aber durch den Widerstand desselben aufgehoben wird. Dieser schiefe Weg setzt sich beständig mit der Zentripetalkraft der Sonne, die in ihrem Falle mit der Erde gleichen Schritt hält, zusammen, und aus der Zusammensetzung der zwei Kräfte entsteht jener schöne und *vollkommene spiralförmige Weg*.[1]

Die Anhänger Newtons werden sicherlich sogleich bereit sein, die Zerlegung der Vertikalkraft „willkürlich" zu nennen. Aber dann widersprechen sie sich selbst, da sie sonst allenthalben lehren, der Äther habe Masse, Trägheit,[2] Wider-

---

[1] Mittels zweier Ruten kann die Entstehung eines derartigen Planetenweges vor Augen geführt werden. Die obere Figur zeigt uns nur den Durchschnitt der Spiralförmigen Bahn.

[2] „Die Ansicht, welche dem Äther Masse und Trägheit zuschreibt, ist zu bevorzugen." Dressel II. 1022.

Entstehung der spiralförmigen Bahn. 319

stand und grosse Elastizität. Und das genügt zur notwendigen Zerlegung der Vertikalkraft. Glaube niemand, ein luftförmiger Körper (Äther oder kosmische Luft) könne nicht die hinreichende *Härte* bekommen, um die Vertikalkraft zu zerlegen! *Zusammengepresste* Luft oder *zusammengepresstes* Gas ist härter als Stein und Eisen, wie die Explosionen der Feuerwaffen oder auch der Weg des Blitzes[1] dartun. Nun presst aber die gewaltige Masse der Planeten, da sie dazu mit einer Geschwindigkeit von 30—50 Kilometer in der Sekunde fällt, sicher das hinderliche kosmische Medium gewaltig zusammen.[2]

---

[1] Dieser wird auf ähnliche Weise infolge des Zusammenpressens der Luft beständig von seiner Richtung abgelenkt.

[2] Die Schwierigkeit, dass der Widerstand des Mediums eine gleiche Geschwindigkeit bei der Fortbewegung des gesamten Sonnensystems unmöglich mache, weil die verschiedenen Teile des Systems verschiedene Volumen und Dichte haben, findet ihre Lösung durch das, was in § V und unter Punkt 3 des Teiles C des § III ausgeführt wird. Wenn sich nämlich auch in der *absoluten Bewegung* der Planeten und Monde eine sehr grosse Verschiedenheit vorfindet, so vollzieht sich doch die *fortschreitende Bewegung* aller Planeten mit der gleichen Geschwindigkeit, ebenso wie jene der Sonne. Dies muss schon durch die harmonische Anordnung der Volumen, Abstände etc. durch den höchsten Weltenbaumeister eingerichtet worden sein, der „alles nach Zahl, Mass und Gewicht" bestimmt hat. Die Spiralbahn bietet, wie auf Seite 322 und später gezeigt wird ein weites Feld zum Ausgleich verschiedener Geschwindigkeiten.

Wenn schliesslich durch L_1—L_2—L_3 der Mond bezeichnet wird, so ergibt sich klar, wie die gleiche Vertikalkraft in einem spiralförmigen Weg den Mond um die Erde bewegt, infolge dessen der Mond auch zugleich mit der Erde um die Sonne bewegt wird. (Näheres hierüber im § VII im 10. Punkte des II. Teiles.)

Das ist die wahrscheinliche und vielleicht einzig richtige (wie im nächsten § gezeigt wird) Lösung des grossen Poblems, über das die Naturforscher schon seit vier Jahrhunderten nachdenken.

* * *

Ich unterbreitete diese Lösung der Planetenbewegung einem Universitätsprofessor der Astronomie, der zugleich Direktor eines astronomischen Observatoriums ist. Gegen die astromechanische und geometrische Ableitung der Spiralbahn hatte er nichts auszusetzen. Dagegen brachte er — da er das erste Buch damals noch nicht gelesen hatte — einige aus der Newtonschen Physik stammende Schwierigkeiten, die im ersten Buche bereits gelöst sind. Sie mögen hier folgen:

1. Einwurf: Eine ständig wirkende Kraft müsste ständige Acceleration hervorbringen.

Antwort: Im § VIII wurde graphisch und durch kosmische Beispiele gezeigt, dass die ständig wirkende Kraft *nur im Anfange* Acceleration hervorbringt, die bald in gleichförmige Bewegung übergeht. Im § XIV wurde dasselbe experimentell bewiesen. Das zitierte Axiom steht oder fällt mit dem ersten Gesetze Newtons.

2. Einwurf: Weil der Äther imponderabel ist, mithin ist sein Widerstand unmerklich.

Antwort: Ponderabilität und Widerstand sind zwei ganz verschiedene Dinge! Ponderabel zu sein, heisst angezogen zu werden, wozu eine bestimmte positive Kraft erforderlich ist, welche im Äther nach der allgemeinen Lehre der Physik fehlt. Um aber einem anderen Körper Widerstand bieten zu können, braucht der Äther nur Masse und Trägheit zu haben. Und das hat er auch, sonst wäre er kein Körper. „Die Meinung, welche dem Äther Masse und Trägheit zuschreibt, dürfte den Vorzug verdienen." (Dressel II, S. 1022.) Die mit enormer Geschwindigkeit sich bewegenden Himmelskörper müssen die Äthermassen aus dem Wege schaffen (verdrängen). Das geschieht aber *auf Kosten ihrer Bewegungsenergie.* Das und nichts anderes[1] ist der „Widerstand" des Mittels auch in den irdischen Fällen. Es ist also *a priori* sicher, dass der Äther, wie dünn er auch sein mag, bei enormer Geschwindigkeit eine Resistenz bietet. Und wenn die Spiralbahn der Planeten nur durch den Widerstand des Äthers erklärbar

---

[1] Der Äther braucht also gar keinen *positiven* Widerstand zu bieten, es genügt jene seine *negative* Beschaffenheit, die Trägheit nämlich, um die Teilung der „Vertikalkraft" in zwei Komponenten zu bewirken.

ist, dann ist dieser Widerstand a posteriori *ein Postulat* der Physik und der Astronomie, welches durch Eintagshypothesen über die Natur des Äthers nicht umgestossen werden kann.

3. Einwand: Auf alle Fälle müsste der Widerstand des Äthers, bei einem Kolosse wie Jupiter, ganz anders wirken, wie bei einem Planetoiden.

Antwort: *a)* Der hemmende Widerstand des Mittels hängt nicht von der *absoluten* Masse,[1] sondern von der *relativen,* d. h. vom spezifischen Gewichte (oder Dichte[2]) des Körpers ab. *b)* Bei der enormen Bewegungsenergie der Himmelskörper und geringen Dichte des Äthers fällt diese Differenz auf einen relativ geringeren Bruchteil der ganzen Bewegungsenergie, wie beim Fallen in der Luft. *c)* Wie im § V gezeigt wird, kann ein Planet in derselben Entfernung von der Sonne innerhalb bestimmter Grenzen einen längeren oder kürzeren Weg einschlagen, je nach der Grösse der bewegenden Kräfte. *Die Differenzen* also, welche in der Geschwindigkeit der Planeten durch die Verschiedenheit der Dichte bewirkt werden, *sind vollauf gedeckt* durch die wunderbare Einrichtung der Spiral-

---

[1] Vgl. hierüber Korollar 2 im II. Teile des § XIV.

[2] Über die Dichte des eigentlichen Kernes der Planeten wissen wir nichts absolut sicheres, wie Newcomb bemerkt.

bahnen. Bewegen sich doch die Planeten schon wegen ihrer verschiedenen Distanz von der Sonne mit verschiedener Geschwindigkeit und doch schreiten sie mit der Sonne immer in derselben Gesichtslinie fort im Weltraume!

§ III.

Erklärung (Begründung) des neuen Sonnensystems.

Durch die Tangentialkraft werden wir zu dem Hauptgliede, zu dem *Hauptbeweger* unseres ganzen Sonnensystems geführt. Dadurch wird der Umfang dieses Systems bedeutend erweitert, so dass man mit Recht von einem „neuen" Sonnensystem (oder von einem neuen und vollkommeneren Begriff desselben) reden kann. *a)* Haben wir doch durch die Tangentialkraft nicht nur ein *neues* und zwar das *Hauptglied* des Sonnensystems bewiesen, sondern *b)* auch die *Grenzen* dieses Systems ausgedehnt bis zum aussenstehenden Sterne, der unser System anzieht und folglich *ein* System mit demselben bildet. *c)* Ausserdem werden durch die gegebene Erklärung *neue Gesetze* und zwar über die absolute Bewegung der *Planeten* aus den Angaben der modernen Astronomie abgeleitet.[1] *d)* Endlich werden die *verschiedenen Bewegungen* der Planeten (die Bewegung sowohl um das Zentrum, als auch um

---

[1] Siehe im § V.

Die Solidität und Einfachheit des Systems.

die eigene Axe) aus *stetig wirkenden Ursachen* erklärt, nicht — wie bisher — aus ein-für allemal empfangenen Anstössen.

Wenn man auch die gegebene Erklärung der Planetenbewegung blos als *Hypothese* betrachten wollte, so muss man doch zugeben, dass sie *alle Bedingungen einer guten Hypothese* erfüllt.

A) Die vorgeschlagene Hypothese stützt sich nämlich auf eine **solide Grundlage.** Beruht sie doch 1. auf dem dritten Keplerschen Gesetze von dem wir ausgegangen sind; 2. auf dem Gesetze vom freien Fall, nach welchem die Körper verschiedener Grösse aus derselben Entfernung mit derselben Schnelligkeit fallen. 3. Stützt sie sich auf die nunmehr von allen anerkannte Tatsache, dass nämlich die Planeten eine Spirale und nicht einen blossen Kreis (oder Elipse) durchlaufen; 4. während die Sonne und die Sterne sich auf gerader Linie fortbewegen.

B) Ausserdem hat die vorgeschlagene Hypothese einen anderen Vorteil: Sie ist nämlich **klar und einfach.** Kann man denn eine klarere und einfachere Erklärung der Planetenbewegung wünschen, als die, welche die Tangentialkraft aller Planeten *aus einer Quelle* ableitet, ebenso wie auch die *Zentripetalkraft* aus einer Quelle herrührt? Die Naturwissenschaft hat schon lange die Erfahrung gemacht — und daran erkennt man die Weisheit des Schöpfers im Haushalte der Natur — dass die Natur mit möglichst wenigen und einfachen Mitteln die grössten und kompliziertesten Wirkungen erzielt; deshalb zieht auch die Naturwissenschaft unter allen Erklärungen immer die vor, welche sich durch *Klarheit und Einfachheit* auszeichnet!

C) Doch ihren Hauptwert erlangt diese Hypothese dadurch, dass sie **mit allen Tatsachen übereinstimmt,** welche man an der Bewegung der Planeten beobachtet hat.

1. Sie gibt vor allem den inneren *Grund* des III. Keplerschen Gesetzes an. Viele haben sich schon über dieses Gesetz gewundert, nach welchem die *Zeit* (und folglich auch die Schnelligkeit) eines vollständigen Umlaufes *nicht von der Masse* der Planeten, sondern einzig von der Entfernung desselben abhängt.[1] Wenn aber einmal nicht nur die Zentripetalkraft, sondern auch die Tangentialkraft aus der *Gravitation* herrührt, dann versteht man das leicht. Denn es ist der Gravitation eigen, aus derselben Entfernung mit derselben Schnelligkeit die Körper anzuziehen, *welche Masse sie auch immer haben mögen.*

Wir können demnach aus dem III. Keplerschen Gesetze einen Beweis für unser System bilden; wenn auf die Schnelligkeit der Bewegung aller Planeten und Monde die Masse derselben keinen Einfluss ausübt, so ist das ein Zeichen,

---

[1] Im allgemeinen ist die Schnelligkeit indirekt proportioniert der zu bewegenden Masse.

dass nicht nur die Zentripetal-, sondern auch die Tangentialkraft von der *Gravitation* herrührt und nicht von einem ersten Anstoss.

2. Die vorgeschlagene Erklärung stimmt überein *a)* mit der nunmehr von der ganzen modernen Astronomie anerkannten Tatsache, dass nämlich die Sonne sich auf *gerader Linie* fortbewegt. Denn während die Planeten einer zweifachen Attraktion unterworfen sind, so unterliegt die Sonne blos einer einzigen wirksamen,[1] nämlich der Attraktion eines aussenstehenden Sternes. Sie fällt also in gerader Linie gegen einen Stern des Herkules oder der Leier ebenso, wie ein Stein aus der Höhe fällt. *b)* Die Planeten dagegen beschreiben alle eine *Spirale,* welche aus der Zusammensetzung der Zentripetalkraft und der schiefen Bewegung (welche von dem aussenstehenden Stern herrührt) entsteht. Eine andere auffallende Tatsache ist die, dass alle Teile (angefangen von Jupiter bis zum kleinsten Planetoiden) unseres Sonnensystems, mögen dieselben sich auch in verschiedenen Entfernungen befinden, mögen sie auch von verschiedenem Volumen und von verschiedener Dichtigkeit sich gleichermassen mit der Sonne fortbewegen. Denn in unserem System kann die Schnelligkeit der Länge des Weges so angepasst werden (wie wir

---

[1] Die Attraktion der Planeten in Bezug auf die Sonne ist nicht wirksam; dazu ist — wie es scheint — die Fortbewegung der Sonne zu gross.

noch näher im § V sehen werden), dass alle mit der Sonne Schritt halten können.

4. Die *Richtung der Bewegung* der Planeten findet in unserem System eine gute Erklärung. Man muss die Richtung der Fortbewegung (des ganzen Systems) unterscheiden von der Kreisbewegung (des Planeten nämlich um die Sonne oder des Mondes um den Planeten). Die Richtung der Fortbewegung ist ohne Zweifel dieselbe für das ganze System, nämlich gegen den Leitstern hin.

Die Richtung der Kreisbewegung aber lässt in dem neuen System eine grosse Verschiedenheit zu. Wie vorletztere Figur zeigt, kann die Spirale um die Sonnenbahn *nach beiden Richtungen* hin sein; denn *für die Vertikalkraft ist es einerlei,* ob der Planet von Westen nach Osten oder von Osten nach Westen kreist; immer wird sie in zwei Komponente zerlegt. Die Richtung wird also blos von den *Umständen,* welche *beim Anfang der Bewegung* mitwirkten, bestimmt und bleibt dann hernach immer dieselbe.[1] Der Neptun-Mond also, welcher die Achillesferse der Laplaceschen Theorie ist, macht unserem System gar keine Schwierigkeit.

5. Was ist nun zu sagen von der *Beschleunigung* und *Verzögerung* der Planetenbewegung, welche beim Perihel und Aphel

---

[1] Dank der Reserveenergie der Bewegung, welche bei dieser Art von Bewegung immer in bestimmter Quantität da ist.

periodisch wiederkehren? *Letzte Ursache* dieser periodischen Veränderung ist die Natur der Kreisbewegung. Über die Kreisbewegung lehrt die Physik folgendes: Die Figur der Kreisbewegung hängt ab von dem Verhältnis zweier Komponenten (der Zentripetal- und der Tangentialkraft). „Nach dieser Proportion ist die Bahn zuerst eine Elipse, dann wird sie ein Kreis, hernach wieder eine Elipse und endlich eine Parabel und Hyperbel." (Dressel I. 82.) Wenn demnach das Verhältnis der Tangential- und der Zentripetalkraft dasselbe bleibt, dann bilden auch die Bahnen der Planeten dieselbe Figur. Nun ist aber in dem neuen System dieses Verhältnis für denselben Planeten stets das gleiche.[1] Daher bleibt auch die relative Bahn der Planeten um die Sonne stets eine Elipse.

Wenn nun die Zentripetal- und Tangentialkraft immer in derselben horizontalen Ebene bliebe, dann wäre die Planetenbahn eine einfache Elipse (wie Keppler noch annahm). Da aber von den zwei Komponenten die Tangentialkraft immer eine schiefe Richtung hat und ausserdem das Zentrum der Zentripetalkraft immer fällt, so ist die *absolute Bahn* der Planeten eine Spirale, welche von der Elipse blos die Ex-

---

[1] Wegen der grossen Entfernung des Herkules (oder Vega) merkt man in 1000—2000 Jahren keinen Unterschied in der Anziehung. Ausserdem ist es ja nicht ausgeschlossen, dass Herkules sich auch fortbewegt.

zentrizität beibehält. Haben wir einmal die Exzentrizität der Planetenbahnen, dann haben wir auch die *nächste Ursache* der Beschleunigung und der Verzögerung. Wenn sich nämlich die Erde der Sonne nähert, dann wird eine Kraft (die Zentripetalkraft) grösser und folglich wird auch die Resultante (oder die Bewegung der Planeten) schneller; wenn sich aber die Erde von der Sonne entfernt, dann findet das Gegenteil statt.

6. Endlich sind hier aufzuzählen die im § VII erörterten *zehn eklatanten Tatsachen*, welche in der bisherigen Astronomie als ebensoviele ungelöste Rätsel dastanden und die nur in der *neuen Astromechanik* ihre Lösung finden und zwar nach den Prinzipien der exakten Mechanik.

D) Doch das neue Sonnensystem stimmt nicht nur mit den von der Astronomie gegebenen Tatsachen überein, sondern wir haben ausserdem noch Beweise, welche demselben eine gewisse Ausschliesslichkeit verschaffen und welche die Newtonsche Erklärung der Bewegung der Planeten als *evident unmöglich* dartun. Hierdurch wird die Hypothese zur *These*.

Schon im § I brachten wir mehrere Beweise, welche zeigen, dass die Bewegung der Planeten nach den Axiomen des Newtonschen Systems nicht erklärt werden kann. Ausserdem wollen wir noch folgende Beweise anführen:

1. Beweis. Die Zentripetalkraft rührt her

von der Gravitation, von stetiger Anziehung. Also verlangt die *physische Parität,* dass auch die andere Komponente, die Tangentialkraft nämlich, ebenfalls von der Attraktion herkommt. Nun führt die gegebene Erklärung eine hinreichende Ursache an, aus deren Anziehung die Tangentialkraft beständig herkommen kann.

2. Beweis. Dass die absolute Bahn der Planeten eine Spirale ist, muss nunmehr als Tatsache anerkannt werden. Nun kann aber, wie wir oben gesagt haben, *eine Spirale blos auf zwei Weisen* entstehen: entweder durch Zusammensetzung der Kreisbewegung mit der Fortbewegung oder durch die Zusammensetzung der schiefen Bewegung mit der Zentripetalkraft, deren Zentrum beständig fällt.

Nun kann aber *a)* auf die erste Art die Bahn der Planeten nicht entstehen. Denn zur Kreisbewegung wird bereits eine stetig wirkende Tangentialkraft erfordert.

Da nun aber diese Tangentialkraft, die beständig ihre Richtung *ändert,* nicht entstehen kann aus einem ersten Anstoss, wegen der Argumente, welche wir im § I vorgebracht haben, so müsste die Bahn der Planeten von so vielen Sternen, welche ihre Anziehungskraft ausüben, umgeben sein — um so zu sagen — als tangentiale Anstösse notwendig sind, die ganze Bahn zu durchlaufen. Eine solche Einrichtung wäre aber unglaublich kompliziert. *b)* Und selbst wenn man die Kreisbewegung hätte, dann hätte man noch keine *hinreichende physische Ursache* für die parallele Fortbewegung aller Teile unseres Sonnensystems. Denn es ist leicht zu sagen, dass die Planeten sich mit der Sonne fortbewegen, dank eines ersten Anstosses, für den man aber *keine genügende Ursache* angeben kann.

Die Spiralbahn der Planeten kann demnach nur auf die zweite Weise, durch die Zusammensetzung der schiefen Bahn, nämlich mit der Zentripetalkraft, entstehen. So hat *a)* zuerst eine physische Ursache die Fortbewegung des ganzen Systems, die „Vertikalkraft" nämlich oder die Anziehung, welche von dem aussenstehenden Sterne herrührt. *b)* So hat man auch eine Tangentialkraft, die beständig wirkt und die Kreisbewegung hervorruft, weil, während die Sonne in gerader Linie (in der Richtung der Vertikalkraft) fortschreitet, werden die Planeten blos von einer Komponente dieser Vertikalkraft bewegt (die immer eine tangentiale Richtung in Bezug auf die Planetenbahn hat), die durch Zusammensetzung mit der Zentripetalkraft eine spirale Bahn bewirkt. *c)* Diese zweite Art des Ursprunges der Planetenbahn stimmt auch mit der Tatsache überein, dass der Mittelpunkt der Zentripetalkraft (die Sonne) in demselben Masse als die Planeten fällt (er bewegt sich in gerader Linie).

3. Beweis. Ein Axiom der Physik sagt, dass ein und derselbe Körper zu gleicher Zeit blos *einer Bewegung* unterworfen sein kann. Wenn aber nun die Bewegung der Planeten aus der Trägheit (nach dem ersten Gesetze von Newton) erklärt werden muss, dann wäre unser Mond zum Beispiel zu gleicher Zeit zwei Bewegungen[1] unterworfen. Er müsste nämlich eine tangentiale Bewegung in Bezug auf seine eigene Bahn und eine Fortbewegung in Bezug auf die Sonne haben. Die Erklärung Newtons von der Planetenbewegung ist demnach evident absurd.

Vergebens würde jemand die Fortbewegung des Mondes der Sonne zuschreiben, die wie ein „fortschreitender Magnet" alle Teile unseres Systems mit sich zieht. Denn von der Sonne kann, wie von einem Magneten, *blos die Anziehung herrühren.* Die „Weiterbewegung" aber des Magneten (und so der Sonne) und so *mittelbar* auch die der angezogenen Körper kann nur von einer äusseren *stetig* wirkenden Kraft herkommen; denn wenn der Magnet (oder die Sonne) blos einen ersten Anstoss erhalten hat, dann wird ihre Weiterbewegung wegen der Körper, die sie nachziehen muss (die in der

---

[1] Wohl kann ein und derselbe Körper zwei Kräften unterworfen sein, aber das erste Gesetz von Newton bezieht sich auf die eigentliche Bewegung.

Weiterbewegung ein Hemmnis bilden), bald aufhören.

* * *

Bis jetzt war nur die Rede von dem „Zentralstern" unseres Sonnensystems. Doch der bewegende Stern (der sich im Herkules oder in der Leier befindet) kann keineswegs als Mittelpunkt unseres Systems angesehen werden. Er wird deshalb besser *Leitstern* unseres Systems genannt. Und wenn wir unser System mit einer lebenden Familie vergleichen wollen, dann übt die Sonne das Amt der *Henne* aus, welche unter ihren wärmenden Flügeln ihre Kleinen (die Planeten) schützt und durch die kalten Räume der Ätherwelt führt. Der Leitstern aber übt das Amt des *Hahnes* oder des Familienvaters aus, der sowohl die Henne, als auch die Kleinen ruft und *zu sich oder nach sich zieht*. (Wie gesagt, ändert an der Hypothese die Möglichkeit — dass die äussere Anziehung eine Resultante mehrerer Anziehungen wäre — nichts.)

Schliesslich wollen wir noch kurz andeuten, wie in dem neuen System die neuen *Bewegungsgesetze* verifiziert werden. (Cf. § IV im I. Buch.)

1. In diesem System tritt die *Trägheit* der Körper klar zutage. Denn so entsteht sowohl die Fortbewegung als auch die Kreisbewegung der Planeten (wie wir im § VI sehen werden) aus stetig wirkenden Ursachen und nicht aus

einem ersten Anstoss. Eine *Trägheit der Bewegung* im Sinne von Newton gibt es also nicht.

2. Die Geschwindigkeit der Planeten ist verschieden, da die eine Komponente, nämlich die Anziehung des Mittelpunktes je nach der mittleren Distanz, verschieden ist.

3. In der Perihelie muss *Beschleunigung*, in der Aphelie *Verzögerung* eintreten, weil dort die Bewegungsenergie grösser, hier kleiner ist.

§ IV.

Das Problem der Bewegung der Sterne.

Nach den Worten von Newcomb muss man als eine der grössten Errungenschaften der Wissenschaft jene These der modernen Astronomie betrachten, dass auch die „Fixsterne" sich bewegen.[1] Aber da nicht einmal die Bewegung der Planeten eine genügende Erklärung bis jetzt gefunden hat, so haben noch viel weniger die Astronomen etwas Bestimmtes über die Bewegung der Sterne vorbringen können. „Das Problem der Bewegung der Sterne also — schliesst Newcomb — bleibt unseren Nachkommen zu lösen."

Von der experimentellen Astronomie wurden im vorigen Jahrhundert eine grosse Anzahl von erstaunenswerten Beobachtungen gesammelt, welche die Bewegung sehr entfernter Sterne klar dartun. Und dennoch wagt die spekulative Astronomie es nicht, etwas Bestimmtes über den Zusammenhang der verschiedenen Gestirne zu schliessen. *Das Hemmnis des Fortschritts* in diesem Teile der Astronomie *a)* ist zum Teile in

---

[1] Astronomy for Everybody, S. 349.

Fremde Planetensysteme. 337

dem Newtonschen System der Physiker zu suchen; b) zum Teil darin, dass die Astronomie überall, auch in der Sternenwelt, Planetensysteme sucht. Man hatte auch nicht den Begriff von einem Zusammenhang der Sterne, der anderer Natur wäre, als der Zusammenhang der Planeten mit ihrem Zentrum, um den sie ihre Kreisbahnen beschreiben.

Sicher ist unser Sonnensystem nicht das einzig dastehende im Universum. Noch viele andere Himmelskörper, und nicht nur „erkaltete", sondern auch solche, die noch leuchten,[1] bilden um einen gemeinsamen Mittelpunkt ein Planetensystem.

Man muss es als einen grossen Ruhm der modernen Astronomie betrachten, dass sie mit ihrem Teleskope die „fremden Welten" der Sterne durchforscht und in so entlegenen[2] Regionen des Weltalls ganze Planetensysteme entdeckt, ja sogar die Bahnen der Planeten und die Dauer ihres Umlaufes mehr oder minder genau bestimmt hat.[3]

---

[1] Deshalb ist auch der Begriff von Sonne und Planet in der modernen Astronomie nicht mehr so adäquat verschieden, wie vor 2 bis 3 Jahrhunderten. Auch eine Sonne, d. h. ein Himmelskörper, der eigenes Licht hat, kann Planet einer grösseren Sonne sein.

[2] Der Stern, welcher unserem System am nächsten steht, befindet sich in einer Entfernung von 416 Lichtjahren oder 44 Billionen Kilometer.

[3] Siehe z. B. in der Astronomie von P. Müller S. J. Rom, Desclée 1904.

Deshalb waren nach Mädler viele Astronomen bemüht, die Zentralsonne unseres Systems zu suchen, um die sich dasselbe mit noch anderen Sternen bewege; manche dachten sogar an eine Zentralsonne des ganzen Weltalls. Doch wegen der allzugrossen Entfernung der Sterne ist eine solche Struktur und ein solcher Zusammenhang des ganzen Weltalls, ja auch nur einiger Sterne ganz unmöglich, weshalb auch die Mädlersche Ansicht von der neueren Astronomie aufgegeben ist. „Es ist unmöglich", sagt Newcomb (S. 353), „sich auch nur die Grösse jenes Himmelskörpers zu denken, der aus solcher Entfernung das ganze Weltall bewegen könnte. Ja der Stern, der auch nur den Arcturus bewegen könnte, würde genügen, um jenen Teil des Weltalls, in dem wir uns befinden, auf den Haufen zu werfen."

Wenn man aber in die Astronomie jenen *neuen Begriff* einführt, den wir aus der Erklärung der Planetenbewegung gewonnen haben, nämlich jene *einfachere Verbindung* der Gravitation, wodurch unser System mit seinem Leitstern zusammenhängt, dann verschwinden alle jene Schwierigkeiten, und eine ganze Anzahl von Facta, welche die moderne Astronomie entdeckt hat, werden mit einem Schlage erklärt. *a)* Denn damit der Leitstern unser System in gerader Linie an sich ziehe, muss seine Masse nicht allzu gross sein, wie sie sein müsste, wenn er der Mittelpunkt *mehrerer* Systeme wäre, sondern es genügt, dass sie *grösser* sei, als die von unserem System. Nun gibt es aber nach der modernen Astronomie Sterne, die 1000, ja 100.000 Mal grösser sind, als unsere Sonne. Und eine auch noch so grosse Entfernung kann die Gravitation nicht vollständig erlöschen. Denn wenn das Licht von den Sternen zu uns kommen kann, warum dann nicht auch die Anziehungskraft. Und wenn unsere Sonne die Asteroïden (die hinter dem Mars sich befinden), die eine so geringe Masse haben, ungeachtet ihrer grossen Entfernung, mit derselben Genauigkeit bewegen kann, wie den grossen Jupiter, dann ist sicher das Missverhältnis zwischen unserem Sonnensystem und dem Leitstern[1] nicht viel grösser. b) Mit diesem einfachen Zusammenhang der Gravitation, wie wir ihn in diesem Buche dargelegt haben, stimmen die unzähligen Facta, welche die moderne Astronomie entdeckt hat, überein. Bis an 4000 reicht schon die Zahl (und sie wird noch von Tag zu Tag grösser) derjenigen Sterne, welche den genauesten Forschungen nach, sich in *gerader Linie* bewegen und nicht die geringste Beugung oder Kreisbewegung zeigen.

So können wir also in der Kenntnis des Aufbaues des Weltalls um einen Schritt weiter rücken. *Der erste Aufbau* (gleichsam der ele-

---

[1] Auch unsere Sonne würde einem Beobachter auf dem Neptun nicht grösser, als ein Stern erster oder zweiter Grösse erscheinen.

mentare) ist eine Verbindung mehrer Körper zu einem *Planetensystem*. Die Planetenverbindung kann (wie das Beispiel der Monde zeigt) erster oder zweiter Ordnung sein. Aber wegen der Tangentialkraft[1] kann sie die erste oder zweite Verbindung kaum überschreiten, sondern die Natur muss von der Planetenverbindung zur *Sternenverbindung* übergehen. Ein grösserer Stern[2] nämlich zieht unser ganzes System an. Zwei und zwei Sterne also, die noch nahe genug bei einander sind,[3] bilden ein *geschlossenes System*. Es ist dies ein Sternensystem im eigentlichen Sinne und nicht eines jener, durch die Projektion und auf der Himmelskarte nur scheinbar verbundenen, wie z. B. der grosse Bär, der Fuhrmann, der Centaurus usw.

Welcher Stern ist denn nun eigentlich der Leitstern von unserem System? Es ist der Stern, dem unser System sich nähert. Die Art und Weise, wie dieser Stern bestimmt wird, beschreibt P. Müller. (S. 572.) Nach sorgfältigen Berechnungen glaubte man ihn noch vor einigen Jahr-

---

[1] Damit nämlich die „Vertikalkraft" ihre Wirkung ausüben kann, dürfen die Planeten keine allzu horizontale Bewegung haben (deshalb werden Merkur und Venus wahrscheinlich keine Monde haben).

[2] Wie schon bemerkt, kann diese Anziehung eine Resultante der Anziehung mehrerer Sterne sein.

[3] Die Entfernung der Sterne darf man nicht nach deren Lichtstärke bemessen! Denn nichts ist mehr relativ, als die Entfernung aus der Grösse bemessen.

zehnten im Sternbild des Herkules zu finden. Doch die neueste Astronomie stellt denselben in das Sternbild der Leier und zwar glaubt man, dass es deren Stern a^1 ist. Man muss bei diesen Untersuchungen Rücksicht nehmen auf die Axe unserer Sonne. Weil, nachdem, was wir im § V und VI gesehen haben, der *Polarstern der Sonne* wahrscheinlich unser *Leitstern* ist und dass er der Pol unseres Systems ist, auf den unser Weg, wie der Magnet auf seinen Pol gerichtet ist. (Vgl. hierüber die Note zum 8. Punkt im II. Teile des § VII.)

Nach dem, was wir im § VIII des I. Buches über die Wirkung einer stetig wirkenden Kraft gesehen haben, ist es nicht schwer auf die Frage, ob die Bewegung der Sonne und unseres ganzen Planetensystems zu seinem Pole hin gleichmässig oder beschleunigt ist, zu antworten. Wir antworten direkt und ohne Zaudern: Möge auch jene Bewegung von der Gravitation herrühren (und der Bewegung der fallenden Körper durchaus ähnlich sein), so ist sie doch *gleichmässig*.[2] Denn noch niemand hat bewiesen, dass das von

---

[1] a Der Leier heisst Vega. Er ist ein Stern erster Grösse. Seine Entfernung 20·4 Lichtjahre, also ungefähr 180 Billionen Kilometer.

[2] Die neueste Astronomie beweist auch durch die sorgfältigsten Berechnungen, dass die Fortbewegung der Sonne und unseres ganzen Sonnensystems *gleichmässig* ist. (15—30 km in der Sekunde.)

Galilei aufgestellte Gesetze von der gleichmässig beschleunigten Bewegung, *unbeschränkt* von dem freien Falle gelte, oder, dass eine unbegrenzte Beschleunigung bei der Bewegung der fallenden Körper stattfinde. Die Experimente, die Galilei am Turme von Pisa gemacht hat, geben sicher kein Recht, zu solch weitgehenden Schlussfolgerungen. Dagegen zeigt die richtige Analyse der beschleunigten Bewegung (cf. § VIII), sowie alle Bewegungen, die von stetig wirkenden Ursachen herrühren, dass *blos der Anfang* dieser Bewegungen beschleunigt ist (wegen des Überganges von der Schnelligkeit o zur Schnelligkeit, welche der bewegenden Kraft entspricht), dass aber die eigentliche Wirkung der stetig wirkenden Kraft eine gleichmässige Bewegung ist. Dasselbe beweisen auch die Bewegungen der kosmischen Körper (Regen, Hagel, Meteorsteine) a posteriori.

Unser Sonnensystem nähert sich also mit gleichmässiger Bewegung unserem Leitsterne. Die Schnelligkeit könnte nach den Gesetzen der Gravitation blos wegen der grösseren Nähe wachsen (obwohl sie für menschliche Berechnung vielleicht gleichmässig bliebe), doch hat die moderne Astronomie, bei einer solchen Entfernung und einem solch geringen Zeitraume kaum eine Änderung der Schnelligkeit (während des Zeitraumes von 2—3 Jahrhunderten) merken können. Wenn aber noch zu gleicher Zeit wie unser

System, auch unser Leitstern (vielleicht mit derselben Schnelligkeit) fortschreitet[1] und zwar in derselben Richtung, dann wird niemals eine Änderung in der Schnelligkeit unserer Sonne eintreten.

---

[1] Nach den Astronomen bewegt sich Vega auch in gerader Linie.

§ V.

Die Gesetze der absoluten Bewegung der Planeten. Vier neue Gesetze von den Planeten.

Als die astronomischen Wissenschaften noch in ihren Kinderschuhen steckten, damals kannten die Gelehrten blos die *Scheinbewegung* der Planeten. Alle kennen das ptolomäische Planetensystem mit den Epicyclen, mit der progressiven und retrograden Bewegung, welches bis zu Kopernikus das herrschende war, allerdings ohne genügende Erklärung und Motivierung.[1] Mit Kopernikus trat die Astronomie in die Zeit ihrer blühenden Jugend. Sie fand nämlich den eigentlichen Mittelpunkt des Planetensystems und damit den richtigen Ausgangspunkt für die wissenschaftliche Astronomie. Seit der Zeit (seit dem XVI. Jahrhundert) forschten die Astrono-

---

[1] Je weiter die Wissenshaft von der natürlichen Wahrheit der Dinge entfernt ist, um so dunkler und verwickelter ist sie; je mehr sie jedoch mit dem tatsächlichen Verhalten der Natur übereinstimmt, um so klarer und einfacher wird sie.

men mit grossem Fleisse nach der *relativen Bewegung* der Planeten (oder nach ihrer Bewegung um die Sonne) und Keppler stellte in der Tat drei Gesetze[1] von der relativen Bewegung der Planeten auf.

Aber die Astronomie wird ihr Mannesalter erst dann erreichen, wenn sie die *absolute Bewegung* der Planeten kennen wird! Es ist eine von der modernen Astronomie allgemein anerkannte Tatsache, dass die Sonne nicht steht, sondern sich fortbewegt. Daraus folgt, dass die Planeten sich nicht blos um die Sonne bewegen, sondern auch mit der Sonne fortschreiten, ebenso, wie die sieben Monde des Jupiter, oder die Monde des Saturn mit ihrem Hauptplaneten sich weiterbewegen. Da aber nach dem Axiom der Physik jeder Körper zu gleicher Zeit blos eine Bewegung ausüben kann, so folgt, dass die *eliptische Bewegung* der Planeten um die Sonne blos *eine relative* Bewegung ist. Die eigentliche und *absolute Bewegung* der Planeten, d. h. die, welche die Planeten im Weltraume beschreiben, ist eine *Spirale* und dieselbe entsteht aus der Zusammensetzung der Zentripetal- mit der Tangentialkraft. Nachdem wir die Tangentialkraft einmal kennen, können wir auch einen Einblick tun in die absolute Bewegung der Planeten, so dass wir sozusagen mit vollkommener Sicherheit die

---

[1] Siehe bei A. Müller, Astronomia I. 353.

folgenden vier neuen Gesetze von der Bewegung der Planeten aus dem Vorhergehenden ableiten können.

I. *Die absolute Bahn der Planeten (d. h. ihr Weg im Weltraum) ist eine fortschreitende[1] Spirale, in deren Mitte die Sonne (oder der zentrale Himmelskörper) sich bewegt.*

Dieses Gesetz ist nicht ganz neu und deshalb wird wohl niemand ihm widersprechen. Doch es war bis jetzt noch nicht „offiziell" als Gesetz formuliert und ausgesprochen und was noch mehr ist, es war bis jetzt noch nicht begründet (mit Beweisen versehen). In dem Beispiele des Saturnus- oder Jupiter-Systems (mit ihren Monden) erscheint dieses Gesetz verkörpert, ja auch von unserem Monde lehrt die moderne Astronomie dasselbe. Für die Planeten folgt *durch Analogie* dasselbe, besonders seitdem es

---

[1] Man muss wohl unterscheiden eine *zurückkehrende* Epiciclallinie (oder mit der Schlinge), welche z. B. ein Punkt von einem fortlaufenden Rad beschreibt von der *fortlaufenden* Epiciclallinie, welche die Planeten beschreiben. Alle Punkte der ersten liegen in derselben Ebene; während leztere nicht einmal zwei Punkte hat, die vollständig in derselben Ebene liegen, weil sie beständig sich windet. Doch der Hauptunterschied liegt darin, dass erstere regelmässige Rückläufe (Schlingen) hat, während letztere nie zurückläuft (sie ist ohne Schlingen) sondern beständig fortschreitet und — wenn sie sehr gezogen ist — sich sehr einer geraden Linie nähert.

Erstes Planetengesetz. 347

in der Astronomie feststeht, dass die Fixsterne (und so auch unsere Sonne) sich bewegen.

Die Tangentialkraft bietet einen *hinreichenden Grund* (Motivierung) für dieses Gesetz. Der Planet ist nämlich einer zweifachen Hauptanziehungskraft unterworfen: Der Anziehungskraft des Leitsternes und der Anziehungskraft der Sonne.[1] Die Vertikalkraft, welche von dem Leitsterne herrührt, kann *wegen der anderen Anziehungskraft* (der Sonne nähmlich) eine Bewegung in ihrer Richtung nicht hervorrufen, sondern wird mit der Zentripetalkraft komponiert. Allerdings wird sie wegen dem Widerstand[2] des Äthers nicht direkt mit derselben komponiert, sondern wird zuerst — wie wir im § II gezeigt haben — zerlegt,[3] und die eine Komponente, die allein eine schiefe Bahn hervorrufen würde,

---

[1] Weil bei den Monden die Zentripetalkraft von dem betreffenden Planeten herrührt, deshalb heisst es im Gesetze „in der Mitte bewegt sich die Sonne oder der *zentrale Himmelskörper*".

[2] Auf den Einwurf also, warum die Vertikalkraft, durch die die Sonne angezogen wird, nicht zerlegt wird, ist leicht zu antworten: Deshalb, weil die Sonne nicht einer zweifachen Anziehungskraft unterworfen ist. Wie demnach die Körper, welche in unserer Atmosphäre fallen — trotz der Widerstandskraft der Luft, gerade fallen, ebenso die Sonne im Äther.

[3] Ähnlich wird auch beim Pendel die Attraktionskraft zerlegt (S. § I). Doch hier wirkt blos eine Kraft und eine Widerstandskraft (der Faden); dort aber wirken zwei Kräfte und eine Widerstandskraft (der Äther).

bewirkt zugleich mit der Zentripetalkraft (welche von dem stetig fallenden Zentrum herrührt) eine vollkommene Spirale.[1]

Diese herrliche Bahn der Planeten kann man sich leicht vorstellen. Man denke sich eine vertikale Linie als *gemeinsame Axe* mehrerer Zylinder (deren Radien der mittleren Entfernung der einzelnen Planeten von der Sonne entspricht). Diese gerade Linie (die Axe des ganzen Systems) ist die *königliche Bahn* der Sonne. Auf der Oberfläche dieser Zylinder laufen in regelmässigen Serpentinlinien die absoluten Bahnen der Planeten. Weil die mittlere Entfernung der Planeten von der Sonne konstant ist, deshalb haben wir im Gesetze gesagt: „in deren Mitte[2] die Sonne sich bewegt."

II. Die Planeten desselben Systems befinden sich im Weltraum in jedem Augenblick in derselben Höhe mit der Sonne.

Wenn man die Bewegung des Sonnensystems zu dem Leitsterne hin, als eine Bewegung des freien Falles betrachtet (wie es zum Teile auch ist) dann kann man *die Bahn der Sonne*

---

[1] Es ist interessant zu sehen, wie der Fortschritt der Naturwissenschaft uns von den geschlungenen Epizyklen des Ptolomäus zu den ungeschlungenen Epizyklen führte.

[2] Es ist beachtenswert, dass die relativen Bahnen der Planeten *nicht der Gestalt nach* von einem Kreise verschieden sind (sie sind beinahe vollkommene Kreise), sondern durch ihre Exzentrizität.

Zweites Planetengesetz.

als eine vertikale Linie betrachten. Die Ebene der Planetenbahn, welche diese vertikale Linie unter einem Winkel von 90⁰ schneidet, gibt jeden Augenblick *die Höhe des Planeten* an.

Es ist allerdings wahr, dass die Planetenbahnen nicht alle in dieselbe Ebene fallen. Doch ist diese Abweichung[1] — im Vergleich zu den Entfernungen im Weltraume — so gering, dass sie zur grösseren Einfachheit des Gesetzes besser nicht beachtet wird, (höchstens könnte man dieselbe im Kommentar erwähnen).

Um so eher kann man diese kleine Abweichung unbeachtet lassen, als es in diesem zweiten Gesetze besonderes darauf ankommt, die Tatsache festzustellen, dass die Planeten mit der Sonne *Schritt halten.* Man muss das feststellen, besonders wegen der falschen Ansicht, die man sicher leicht wegen der bekannten Figur der relativen Bahn der Planeten bilden könnte, als ob nämlich die Planeten bald der Sonne voraneilten, bald hinter ihr zurückblieben! Wenn man die Höhe der Planeten anstatt durch eine geometrische Ebene durch eine Scheibe darstellen würde, deren Dicke auch die äussersten Kulminationspunkte der Planeten einschliessen würde,[2] dann gilt das Gesetz wörtlich.

---

[1] In Bezug auf die Planeten der Sonne variiert sie zum Beispiel 1⁰—7⁰. Am grössten ist sie bei den Satelliten Jupiters.

[2] Diese Scheibe kann im Vergleich zu den gewöhnlichen Dimensionen des Weltalls sicher als geometrische

Zweites Planetengesetz.

Die *Grundlage* für dieses Gesetz bilden zwei aus der Astronomie schon bekannte Tatsachen: *a)* dass die Bahnen der Planeten mehr oder weniger in dieselbe Ebene fallen. *b)* Und dass die Planeten die Ebene ihrer eigenen Bahn aus sich selbst nicht verändern können. In dem neuen Sonnensystem finden wir leicht eine Erklärung dieser Tatsachen, welche bis jetzt blos „trocken", das heisst a posteriori festgestellt worden waren. Die Bewegung des freien Falles (in vertikaler Richtung) bringt es mit sich, dass die Körper an und für sich (wenn auch ihr Volumen oder Dichtigkeit verschieden ist) gleichmässig sich bewegen. Höchstens bleibt noch zu erklären, wie die Planeten, obgleich sie einen längeren[1] Weg als die Sonne zurücklegen, doch mit der Sonne Schritt halten können.

Die *Begründung* dieser Tatsache und so des ganzen zweiten Gesetzes ist sehr einfach. Während nämlich die Sonne einer einzigen wirksamen Anziehungskraft unterworfen ist (welche nämlich vom Leitsterne herrührt), werden die Planeten ausser von der Tangentialkraft, die von dem Leitsterne herrührt, auch von der Zentripetal-

---

Ebene betrachtet werden! Diese Ebene kann *absolute* Ekkliptik genannt werden (die bisher bekannte Ekkliptik ist sehr relativ).

[1] Die Spiralen, welche um die gemeinsame Axe laufen, sind sicher länger als die Axe selbst.

Zweites Planetengesetz. 351

kraft[1] der Sonne angezogen. Die Bewegung der Planeten rührt also aus einer *doppelten Ursache* her und ist demnach grösser als die der Sonne. Die Planeten können also, obgleich sie einen längeren Weg zurücklegen, doch mit der Sonne Schritt halten.

Eine herrliche Aussicht würde sich vor unseren Augen öffnen, wenn wir von einem Punkte aus, der auserhalb unseres Sonnensystems liegt, die Bewegung der ganzen Planetenfamilie beobachten könnten! Wir würden sehen, wie die ganze *Planetenfamilie* unter der Leitung der Sonne *in einer Gesichtslinie* dem Herkules (oder der Vega) zueilt; wie der gigantische Jupiter sich bemüht, Schritt zu halten mit dem schnellen Merkur, wie das ganze Planetensystem — ungeachtet des grossen Unterschiedes der Wege und Schnelligkeit — immer in derselben Ebene fällt.

Nach den im § VII Gesagten existieren die „Ebenen" der Planetenbahnen in der Wirklichkeit nicht, noch weniger „neigen" sich diese „Ebenen" zueinander. Diese technischen Ausdrücke der modernen Astronomie gehören zu den Überbleibseln des Ptolomäischen Systems, d. h. des Systems der scheinbaren Bewegungen. Deshalb kann das zweite Gesetz von der absoluten

---

[1] Man kann annehmen (und zwar mit Recht wegen der grösseren Nähe), dass die Anziehungskraft der Sonne grösser ist, als die des Leitsternes.

Bewegung der Planeten wissenschaftlicher folgendermassen folmuliert werden:

Die Planeten irgend eines Systems bewegen sich alle in der Äquatorebene[1] *des Zentralkörpers, abgesehen von der periodischen Ungleichheit ihrer Höhen, die von der Ungleichheit ihrer Bewegung herrührt.* (Vgl. hierüber den 9. Punkt im zweiten Teile des § VII.)

III. Der absolute Weg eines ausseren Planeten ist immer kürzer als der absolute Weg eines inneren Planeten.

Wer noch in der eliptischen Welt der relativen Bewegung der Planeten lebt, in der wir erzogen worden sind, kann sich im ersten Augenblick nicht vorstellen, wie z. B. Jupiter, der sich in einer dreizehnmal *grösseren Entfernung* um die Sonne bewegt *als Merkur,* doch einen *kürzeren Weg* zurücklegt als jener. Doch wir müssen unseren Gesichtskreis erweitern! Vollführt sich die wahre (absolute) Bewegung der Planeten doch nicht in konzentrischen Kreisen (deren Umfang allerdings im Verhältnis zum Radius wächst), sondern in Spirallinien, die eine gemeinsame Axe haben. Und bei den Spirallinien findet man solch eigentümliche Verhält-

---

[1] Diese Ebene ist auch keine fixe und steife Ebene im Weltraume, sondern eine stets sinkende, resp. vorausschreitende, wie sie z. B. durch drei mit gleicher Schnelligkeit fallende Körper gebildet wird.

Drittes Planetengesetz. 353

nisse, die selbst die Mathematiker in Staunen setzen.

Wenn wir die Verhältnisse der Spirallinien (die eine gemeinsame Axe haben) untersuchen, dann werden wir sehen, dass: *alle um dieselbe Axe sich windenden Spirallinien von irgend welchem Radius dieselbe Länge haben, wenn die Entfernung[1] der einzelnen Drehungen von einander im Verhältnis zum Radius wächst, die Zahl der Drehungen aber in demselben Verhältnis abnimmt.* Es ist dies eine *neue These in der Geometrie,* wie überhaupt die Natur der Spirallinien ein unbebautes Feld in derselben ist. Das Studium der absoluten Bahnen der Planeten (das einzige Beispiel, das wir in der Natur von einer ungeschlungenen Spirale haben), wird sicher auch diesen Zweig der Geometrie zur Blüte bringen. Die nachstehende Figur gibt die Projektion dreier Spirallinien, die sich um dieselbe Axe winden. Die Radien dieser drei Linien stehen zueinander wie 1 : 2 : 4; nach der Formel des Kreises ($2 r \pi$) stehen die Umkreise (oder die Windungen) in demselben Verhältnis zueinander. Doch während die Spirale, deren Radius am grössten ist, blos einen Halbkreis beschreibt, beschreibt die mittlere Spirale einen ganzen

---

[1] Diese Entfernung ist gleich der Axe einer Drehung (oder Umkreises).

354   Drittes Planetengesetz.

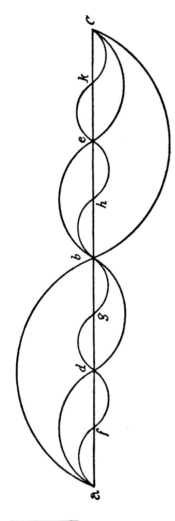

Kreis und die kleinste Spirale zwei Kreise. Man kann dies ganz klar in der Figur sehen. Daraus folgt, dass die absolute Länge dieser drei Spirallinien genau gleich ist! Diese These gilt nicht blos von der Projektion der Spirallinien (welche durch die Figur gezeigt wird), sondern auch von den Spirallinien selbst. Ein jeder kann sich selbst durch ein einfaches *Experiment* von dieser Wahrheit überzeugen. Er nehme drei Zylinder (aus Papier) deren Radien sich gegenseitig verhalten wie $1:2:4$; dann zeichne[1] er auf der Oberfläche dieser Zylinder Spirallinien (deren Entfernung zum Radius propor-

---

[1] Bevor er dieselben aufrollt.

Drittes Planetengesetz.

tioniert ist) und messe dann die Länge derselben; er wird finden, dass sie genau gleich lang sind.

Aus der These, die wir soeben bewiesen haben, folgt, dass Spirallinien, welche zwar verschiedene Radien, aber dieselbe Axe haben, in *dreifachem Verhältnis* zu einander stehen können. *a)* In dem Verhältnis, das wir soeben angeführt haben, so nämlich, dass die Länge der Axe einer Drehung in direktem Verhältnis zum Radius wächst, die Zahl der Drehungen (Kreise) aber in demselben Verhältnis abnimmt; in diesem Falle ist die Länge der Spirallinien *gleich*. *b)* Wenn aber die Axe einer Drehung einer äusseren Spirale (die nämlich einen grösseren Radius hat) kleiner ist, als das angegebene Verhältnis es verlangt, dann ist die äussere Spirale *länger* als die innere. *c)* Wenn endlich die Axe einer Drehung grösser ist, als das Verhältnis der Radien es verlangt, dann ist die äussere Spirale *kleiner* als die innere.

Da die relative Grösse der Axe für die einzelnen Planeten aus der *siderischen Revolution* eines jeden derselben bekannt ist, so kann man aus dem Vorhergesagten leicht schliessen, welches von den drei angegebenen Verhältnissen hier gilt? Es genügt, dass man nur einmal die Tabelle von den Monden des Jupiter z. B. oder von den Planeten ansieht und man wird gleich bemerken, dass bei dem ganzen Planetensystem das dritte Verhältnis gilt. Die Zeit einer side-

Drittes Planetengesetz.

rischen Revolution eines äusseren Planeten ist immer länger (und so auch die Axe einer Drehung), als das Verhältnis der Radien es verlangt. Man kann also mit voller Sicherheit das Gesetz aufstellen, dass der absolute Weg eines äusseren Planeten immer kleiner ist, als der absolute Weg eines inneren Planeten.

Hier die Tabelle[1] von den Monden des Jupiter:

Mond	Mittlere Entfernung (= r)	Zeit einer Revolution
I.	170.500 km	0 Tage 12 Stunden
II.	401.000 „	1 „ 18 „
III.	638.000 „	3 „ 13 „
IV.	1,017.000 „	7 „ 04 „
V.	1,789.000 „	16 „ 17 „
VI.	9,500.000 „	200 „ — „
VII.	11,000.000 „	250 „ — „

Hier die Tabelle[1] von den Planeten unseres Sonnensystems:

Planet	Mittlere Entfernung (= r)	Zeit einer Revolution
Merkur	58 Millionen km	88 Tage
Venus	108 „ „	225 „
Erde	149 „ „	365 „
Mars	228 „ „	687 „
Jupiter	778 „ „	4.332 „
Saturn	1.426 „ „	10.756 „
Uranus	2.869 „ „	30.586 „
Neptun	4.495 „ „	60.188 „

---

[1] Cf. Dr. J. Pohle: Die Sternenwelten. S. 586.

Wenn jemand Schwierigkeiten hat, dieses Gesetz einzusehen, so nehme er ein konkretes Beispiel. Wenn man die absolute Bahn der Planeten, die sie in dem Zeitraume von 1000 Erdentagen durchlaufen, messen würde, dann würde man finden, dass die Erde z. B. einen längeren Weg zurücklegt, als Jupiter in derselben Zeit zurücklegt; oder im allgemeinen, dass Merkur den längsten, Neptun den kürzesten Weg zurücklegt, so dass sein Weg dem der Sonne beinahe gleichkommt,[2] die in der Mitte geht.

Die *Begründung* dieses Gesetzes ist nicht schwer. Eine von den Komponenten, welche den Planeten bewegen, die Zentripetalkraft nämlich, nimmt ab mit dem Quadrat der Entfernung. Je mehr aber die Zentripetalkraft abnimmt, desto mehr herrscht die Tangentialkraft vor, und diese zieht die äusseren Planeten in eine Bahn, die der Bahn der Sonne mehr parallel und deshalb kürzer ist. Ein äusserer Planet legt also immer einen kürzeren Weg zurück und bewegt sich deshalb auch mit geringerer Schnelligkeit im Weltraume, als ein innerer Planet; er hält doch Schritt mit dem inneren Planeten (und mit der Sonne), weil er eine kürzere Bahn durchläuft.[3]

---

[1] Pohle. S. 306.

[2] Er ist nämlich beinahe parallel mit ihm.

[3] Wenn man blos die Fortbewegung der Planeten betrachtet, die sie *mit* der Sonne vollführen (und die ebenso *relativ* ist, als ihre Bewegung *um* die Sonne),

IV. Das Quadrat des absoluten Weges eines Planeten ist gleich dem Quadrate des relativen Weges, plus dem Quadrate der Axe des absoluten Weges.

Dieses Gesetz kann man einfacher und praktischer so ausdrücken:

Der absolute Weg der Planeten ist gleich der relativen Bahn dividiert durch den Sinus des Inklinationswinkels.

Nehmen wir der Einfachheit halber an, die relative Bahn der Planeten sei ein vollkommener Kreis. Dann haben wir nach dem angegebenen Gesetze (wenn **S** eine Windung der absoluten Planetenbahn ist).

$$S = \frac{2r\pi}{\sin a \sphericalangle}$$

Wir kommen also zur Krone und zum Hauptzweck der neuen Gesetze: Wir haben eine mathematische Formel, um die absolute Bahn der Planeten zu bemessen. Die geometrische Deduktion dieser Formel ist klar und irrtumfrei. Man ziehe z. B. die Seitenfläche eines Zylinders, dessen Höhe 21 cm und dessen Umfang 34 cm

---

dann ist diese Bewegung *gleich* der der Sonne für das ganze System, sowohl in Bezug auf den Weg als auch auf die Schnelligkeit. Die *relative* Bewegung der Planeten um die Sonne dagegen ist *ungleich,* was man schon durch die Kepplerschen Gesetze weiss. Also ist *die absolute Bewegung,* die aus beiden relativen hervorgeht, schon nach dieser Erwägung *ungleich.*

beträgt, ab, und man wird ein Rechteck bekommen, das dieselben Seiten hat[1] (21 ✕ 34). Und dann wird man sehen, dass eine Spirale, die *einmal* um die Oberfläche eines Zylinders läuft, nichts anderes ist, als die *Diagonale* eines Rechteckes. Diese Diagonale bildet mit der Höhe des Zylinders (= die Axe der Spirale) und mit dem Umfang desselben ein rechtwinkeliges Dreieck. Wenn man auf dieses Dreieck den pithagoräischen Lehrsatz anwendet, dann bekommen wir das vierte Gesetz in seiner ersten Fassung: Das Quadrat der Diagonale oder der Hypotenuse (= der absolute Weg der Planeten) ist gleich der Summe der Quadrate der Kateten (= die Axe + die relative Bahn). Wenn man nun ein trigonometrisches Prinzip auf dieses Dreieck anwendet, dann haben wir

$$\sin a = \frac{2 r \pi}{S}$$

Also $S = \dfrac{2 r \pi}{\sin a \sphericalangle}$

Wie man sieht, hat bei der Berechnung des absoluten Weges der Planeten der *Inklinationswinkel,* den der absltute Weg mit dem Wege der Sonne bildet,[2] eine grosse Bedeutung.

---

[1] Die Seitenfläche eines Zylinders ist, wie aus der Geometrie bekannt ist, nichts anderes als ein Rechteck (rechtwinkeliges Parallelogramm).

[2] Dieser Winkel ist für jeden Planeten konstant und für jeden ein anderer; man kann denselben jeden

Inklinationswinkel der Planetenbahn.

Für diejenigen Spirallinien, bei welchen jenes ideale Verhältnis besteht (wenn nämlich die Entfernung zwischen den einzelnen Umläufen im Verhältnis zum Radius steht), ist dieser Winkel gleich (die zylindrischen Dreiecke sind in diesem Falle übereinstimmend, d. h. sie haben dieselben Winkel). Wenn aber die Spirallinien dem zweiten oder dritten Verhältnisse folgen (siehe das dritte Gesetz), dann sind diese Winkel nicht gleich. Es ist demnach sicher, dass ein bestimmtes und gesetzmässiges Verhältnis besteht zwischen dem Inklinationswinkel und der Länge des absoluten Weges.[1]

Doch wie können wir den Inklinationswinkel der Planetenbahnen wissen?! Leider hat die Astronomie hier noch nicht geforscht, wie überhaupt der absolute Weg der Planeten ein *unbekanntes Gebiet* in der astronomischen Wissen-

---

Augenblick bekommen, wenn man den Weg des Planeten mit einer Linie schneidet, die parallel zur Axe des Planetenweges (= die Bahn der Sonne) steht. In der letzten Figur dieses Werkes sind drei Planetenwege projiziert: X M, X N, X O; die ihnen entsprechenden Inklinationswinkel sind M X Y ∢, N X Y ∢ und O X Y ∢.

[1] Daher folgt aus dem vierten Gesetze ein anderes untergeordnetes Gesetz; dass nämlich die Drehungen des absoluten Weges der Planeten, die zu demselben System gehören, sich zu einander verhalten, wie die Quotienten, die man erhält, wenn man die relative Bahn mit dem Inklinationswinkel dividiert.

schaft ist. Vielleicht steht der betreffende Winkel in engem Zusammenhange mit dem Inklinationswinkel der Planetenaxe, wovon im folgenden Paragraphe die Rede sein wird.

So lange man also den Winkel des Weges der Planeten nicht kennt, wird man keine sicheren Berechnungen anstellen können über den absoluten Weg und über die Schnelligkeit der Planeten. Mit der ersten Formel dieses Gesetzes kann man einstweilen auch blos eine *relative Messung* der Planetenbahnen vornehmen. Denn von der Länge der Axe der einzelnen Drehungen wissen wir das blos, dass die respektiven Axen zueinander in demselben Verhältnisse stehen, wie die Umlaufszeiten. Für unseren Mond z. B. können wir die *relative Länge* der Axe eines Umlaufes erhalten, wenn wir die Zeit der Drehung der Erde dividieren durch die Zeit der Drehung des Mondes und dann mit diesem Quotienten den Weg der Erde dividieren. Doch die Bahn der Erde um die Sonne, die man allerdings kennt, ist nicht deren absolute Bahn; deshalb ist die Berechnung der Axe auch blos relativ. Überhaupt sehen wir im Lichte der neuen Planetengesetze, dass die astronomischen Berechnungen, die sich auf die Schnelligkeit und den Weg der Planeten beziehen — mit Ausnahme der Entfernung der Planeten von der Sonne — alle blos *relativ* sind. Nun hat die Astronomie der kommenden Zeiten die Pflicht, diese relativen[1] Bemessungen in *Absolute um-zuändern*.

---

[1] Der Weg des äussersten Planeten ist der Länge nach dem der Sonne am meisten nahe. Einstweilen kann man also den relativen Weg und die relative Schnelligkeit dieses Planeten *approximativ* als den Weg und die Schnelligkeit der Sonne nehmen.

§ VI.
Studien über die Rotation der Planeten.
Die Rotation der Planeten wird aus gegenwärtig wirkenden Ursachen erklärt.

Sobald die ersten vier Thesen dieses Buches veröffentlicht waren, fragten mich viele ganz unwillkürlich: Was ist denn dann von der Rotation der Planeten um die eigene Axe zu halten?! Wahrhaftig es braucht kein besonders tiefes Nachdenken, um herauszubringen, dass das Problem der Rotation der Planeten im *engsten Zusammenhange* steht mit den Problemen, die im Vorausgehenden ihre Lösung fanden.

In der Tat ist der Umlauf der Planeten um die eigene Axe der letzte Ring der astronomischen Fragen, die eine Revision der physikalichen Axiome aufwarf. Auch dieses Problem muss im Zusammenhange mit den vorausgehenden, d. h. *im selben Systeme* gelöst werden. Wenn die Revolution (Fortbewegung) der Planeten einer beständig wirkenden Energiequelle bedarf, so kann auch die Rotation derselben um die eigene Axe durch einen Antrieb, den sie vor unzählbaren Millionen von Jahren erhielten, nicht erklärt werden, sondern nur durch *jetzt wirkende Ursachen*. Sobald wir also dieses Problem gelöst haben, ist das neue Sonnensystem unter Dach und Fach gebracht.

Aber das eben angedeutete Problem ist von allen das schwierigste und verwickeltste. Es fehlen nämlich genauere Studien über Beispiele von Kreisbewegung, die auf der Erde sich vorfinden. Und was das Schlimmste ist: die astronomischen Angaben über die Rotation der Planeten sind noch nicht vollständig. Denn die Neigung der Axe und zum Teile die Rotationszeit von vier Planeten kennen wir nicht, wie die folgende Tabelle zeigt:

Planet	Neigung der Axe zur eigenen Ekliptik	Umlaufszeit		Dichte
Merkur	70^0 (?)	88	Tage	1·04
Venus	35^0 (?)	23·57	Stunden	0·87
Erde	$66^1/_2{}^0$	23·56	„	1·—
Mars	65^0	24·37	„	0·71
Jupiter	87^0	9·50	„	0·23
Saturn	64^0	10·38	„	0·13
Uranus	32^0 (?)	$8^1/_4$ (?)	„	0·23
Neptun	34^0 (?)	?	„	0·20

Hier wird also nur der *Schlüssel zur Lösung* gegeben: Es wird nämlich die physische Ursache aufgedeckt, aus der aller Warscheinlichkeit nach der Umlauf der Planeten und der Sonne selbst entsteht und es werden *einige Momente* dieser Bewegung angedeutet, die den Anschein einer gewissen Gesetzmässigkeit an sich tragen, ohne dass wir auf die kleinsten Einzelheiten dieses Problems eingehen — aus dem oben erwähnten Grunde.

Es ist zu verwundern, wie in dieser Sache — um mich so auszudrücken — der Newtonsche Aberglaube von der Trägheit der Bewegung so lange die Astronomen und Physiker hintanhalten konnte.

Da einerseits jede Analogie in der Natur dafür fehlt, dass eine *Kreisbewegung*[1] ohne Ende fortdauere ohne wiederholten Antrieb oder ohne eine beständig wirkende Energiequelle, andererseits aber es eines der einfachsten Probleme der modernen Technik ausmacht: Eine in gerader Richtung beständig wirkende Kraft in *Kreisbewegung*[2] zu *verwandeln*.

Aber vor allem sind es die *geflügelten Samen des Ahornbaumes,* die mich zur wahren Ursache des Kreislaufes der Planeten führten.

---

[1] Wenn die Rede wäre wenigstens von geradliniger Bewegung, so könnte das angehen.

[2] War nicht das das Problem des James Watt? das ist ebenso das Problem der „dynamischen" Elektrizitätsmaschine, welche 100—300 Kreisbewegungen in einer Minute hervorzubringen vermag. Ebenso pflegt man Springbrunnen zu errichten, bei welchen die geradlinige Bewegung des Wassers durch die geschickte Konstruktion der Röhre in eine sehr schöne Kreisbewegung verwandelt wird.

Wer kennt nicht die Samen des Ahornbaumes, der beinahe 50 Arten zählt?

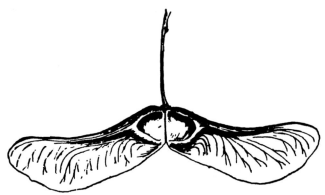

Die Samen dieses Baumes sind immer zweifach von Natur aus, sie können jedoch leicht in der Mitte in je zwei Samen geteilt werden. Wenn man diese Samen von der Höhe herabfallen lässt *ohne jeglichen Antrieb zu einer Drehung*, so bekommen sie eine wunderschöne und regelmässige Kreisbewegung um ihre eigene Axe.[1] Was nun? Was ist die Ursache dieser Kreisbewegung? Keine andere als die Luft oder der *Widerstand des Mittels!*

Es ist dies eine physische Ursache, die *unaufhörlich wirkt*. Man darf also keine andere Ursache für den Kreislauf der Planeten suchen,

---

[1] Auch trockene, *zusammengerollte* Blätter machen im Falle eine Kreisbewegung. Es gibt auch andere geflügelte Samen (z. B. der Ailantus grandifolis), die eine andere Art von Kreisbewegung im Falle zeigen.

als den Widerstand
jenes Mediums, in
dem die Planeten
und das ganze Pla-
netensystem sich
bewegen: nämlich
den Widerstand des
Äthers[1] (oder der
kosmischen Luft,
wenn man will).
Die *Trägheit* der
Körper ist weit ent-
fernt davon, so gewaltige Bewegungen der Planeten erklären zu können!

Die Trägheit ist nur eine negative Bedingung, dass die gewaltigen, in der Natur wirkenden Kräfte diese Bewegung hervorbringen.
Das ganze Sonnensystem fällt nämlich mit grosser
Geschwindigkeit (10—70 km in der Sekunde)
gegen den Leitstern, das ist eine Kraft. Das
Mittel (Äther) aber setzt schon wegen der Trägheit,[2] noch viel mehr aber wegen der Elastizität

---

[1] Der Äther ist gewiss im ganzen luftleeren Raum
des Weltalls erfordertlich, um das Licht und die Schwerkraft fortzupflanzen. Und dass er Widerstandsfähigkeit
und Elastizität besitzt (auch nach der Lehre der modernen
Physik), haben wir genauer im § II gesehen.

[2] Die Trägheit des Mittels nämlich genügt schon,
dass der fallende Planet bei der Wegschaffung der
ätherischen Massen etwas von seiner Energie beständig
verliere und so schon in der Trägheit des Äthers *gleich-*

einen grossen Widerstand entgegen, das ist die andere Kraft. Aus dieser entsteht auf gleiche Weise wie beim Ahornsamen die Kreisbewegung der Sonne und der Planeten.

Ob ausser dem Widerstand des Mittels der besondere Bau der Planeten (z. B. die Exzentrizität der Masse, die Atmosphäre, die nach Art von Flügeln tätig ist, wie man dies beim Ahornsamen sehen kann, ja sogar Berge) teilnehme an der Erzeugung der Kreisbewegung oder nicht, das werden genauere Studien dieses Problems zeigen.

Es erübrigt nur noch einige *Rotationsmomente* der Planeten hervorzuheben, die den Schein einer gewissen Gesetzmässigkeit aufweisen und mit der gegebenen Lösung gut übereinstimmen und die weiterer Untersuchungen der Astronomen würdig sind.

1. Die Stellung der Planetenaxe ist, wie aus hinlänglicher Induktion feststeht, unbeweglich. Die Axe der Sonne und aller Planeten bleibt *sich* — trotz des beständigen Fortschreitens, ja sogar der Kreisbewegung —‘immer

---

sam ein Hindernis (Widerstand) finde. Widerstand ist im gewöhnlichen Sinne eine entgegengesetzte Kraft (z. B. hier die Elastizität des Äthers). Die Trägheit des Äthers wird *gleichsam* Widerstand oder gleichsam Hindernis genannt, weil es für die bewegende Kraft gleichgiltig ist, ob sie ihre Energie verliert, um einen trägen Körper zu bewegen oder *entgegengesetzte Kräfte* zu überwinden.

Stellung der Planetenaxe. 369

parallel, und somit hat sowohl die Sonne als auch jeder einzelne Planet gewisse Polarsterne (sowohl nördliche als auch südliche), die sie — abgesehen vorläufig von kleinen Änderungen — immer beibehalten.

Diese Tatsache kann, was die Sonne betrifft, aus der gegebenen Lösung leicht erklärt werden. Denn die Sonne fällt in *geradliniger* („vertikaler") *Bewegung* gegen den Leitstern. Wie also der Samen des Ahornbaumes die Drehungsaxe *in vertikaler Richtung* unverrückbar beibehält, so behält auch unsere Sonne in der Rotation, welche von dem Widerstande des Mittels verursacht wird, die vertikale Richtung ihrer Axe beständig bei. Die Planeten hingegen fallen nicht in vertikaler, sondern in *spiralförmiger Linie* herab. Infolge dessen wird die Rotationsaxe der Planeten notwendig *schief* sein.

Theoretisch (unter sonst gleichen Umständen) müsste die Neigung der Rotationsaxe (die schwankt zwischen 90^0 bis 0^0) umso grösser[1] sein, je mehr die Bahn des Planeten von der der Sonne ab-

---

[1] „Grösse" bedeutet hier die grössere Neigung zur Ebene der eigenen Bahn, woraus folgt, dass der *Neigungswinkel* zur Bahn umso *kleiner* wird, je grösser die Schiefe ist. Denn diese Schiefe bezieht sich auf die Axe der Sonne, die man als „vertikal" betrachtet (ihre Richtung fällt nämlich zusammen mit der Richtung der fortschreitenden Bewegung des ganzen Systems.

weicht (je grösser nämlich der Neigungswinkel der Planetenbahn zur Sonnenbahn ist). So müssten also die inneren Planeten immer eine schiefere Axe haben, als die äusseren. Wenn wir die oben angeführte Tabelle betrachten, sehen wir in der Tat, dass die Neigung der Axe von der Venus bis zum Jupiter wächst.[1] Beim Saturn wird vielleicht wegen des *Ringes* die Aufeinanderfolge gestört. Die Axenlage der übrigen Planeten aber ist unsicher. Übrigens sei diese letzte Bemerkung nur *theoretisch* gesagt. Wenn sie richtig ist, dann existiert gewiss irgendeine *gesetzmässige Beziehung* zwischen dem *Neigungswinkel der Planetenaxe* und dem *Neigungswinkel der Planetenbahn,* worüber im vorhergehenden Paragraphe die Rede war.

2. Die Geschwindigkeit der Kreisbewegung hängt vielleicht von der Dichte des Planeten ab. Denn aus den Beispielen von Kreisbewegung, die sich auf der Erde vorfinden, kann man dies folgern: Je kleiner die Dichte des fallenden Körpers im Verhältnis zur Luft ist, desto schneller ist seine Kreisbewegung. Gewiss würde

---

[1] Nur der Mars macht eine Schwierigkeit! Auch die Neigung der Venus begünstigt diese Voraussetzung. Aber vielleicht hängt die Neigung der Axe ausser von der Neigung der Bahn auch noch von der Verteilung der Masse ab. Es steht z. B. von der Erde — wie Dana, Winkler, Steentrup und andere behaupten — geologisch fest, dass sie einen eisernen Kern in sich schliesst.

der Ahornsamen eine langsamere Kreisbewegung aufweisen, wenn er aus Eisen nachgemacht würde.

Wenn man in der oben angeführten Tabelle die Dichte der Planeten mit der entsprechenden Rotationszeit vergleicht, so scheint diese Wahrnehmung mit den Tatsachen mehr oder weniger übereinzustimmen.[1] Deshalb führt auch unser Mond, der schon ganz versteinert ist, in 28 Tagen blos eine Kreisbewegung aus.

Unsere Sonne vollbringt zwar nur in 26 Tagen eine Kreisbewegung, trotzdem ist ihre *Winkelgeschwindigkeit* (d. h. die Geschwindigkeit eines Punktes auf ihrer Oberfläche) in der Kreisbewegung grösser als die Winkelgeschwindigkeit irgend eines Planeten.

3. Die Richtung der Kreisbewegung ist ziemlich regelmässig und gleichförmig für alle Planeten. Sie fällt nämlich zusammen mit der westöstlichen Richtung der Längsbewegung selbst der Planeten. Wenn in dieser Richtung aber irgendeine Ausnahme entdeckt wird — die den Newtonianern freilich grosse Sorgen bereitet — so kann sie im neuen System ohne Schwierigkeit erklärt werden. Für die bewegende Ursache (Widerstand des Mittels) ist es gleichgiltig, ob

---

[1] Man darf aber nicht vergessen — wie Newcomb bemerkt — dass die Astronomie über die Dichte der Planeten nichts mit absoluter Sicherheit aussagen kann. Denn wir wissen nicht, einen wie grossen Teil des äusseren Volumens eines Planeten sein *Kern* einnimmt?!

sie den fallenden Körper auf die rechte oder auf die linke Seite wälzt. Die Richtung hängt also vom Beginne der Bewegung ab (von den Umständen dieses)[1] oder von der *Lage* der eigentümlichen *Konstruktion* eines Planeten, die vielleicht zur Erzeugung der Kreisbewegung erforderlich ist.

---

[1] Nachher sichert schon die fortwährend vorhandene Reserveenergie die einmal angenommene Richtung.

§ VII.
Kritik der Kant-Laplaceschen Theorie. Die wahre Kosmogonie. Astromechanische Beweise für das neue Sonnensystem.

„Der Prüfstein jeder kosmogonischen Theorie ist: ob durch sie der Ursprung der Revolution und Rotation der Planeten und Monde nach den Prinzipien der exakten Mechanik erklärt wird oder nicht?!" *Köhler.*

I.

Im Jahre 1755 veröffentlichte **E. Kant** sein Werk: „Die Naturgeschichte des Himmels oder: Die Theorie über den mechanischen Ursprung des Universums nach den Prinzipien Newtons." Dieses Werk gab Veranlassung zu einem neuen Zweig der Naturwissenschaft, nämlich der Kosmogonie. Im Geiste Kants haben zwei astronomische Tatsachen den Gedanken von einem gemeinsamen Ursprung des Sonnensystems wachgerufen; nämlich *a)* die Richtung der Rotation des Zentralkörpers (der Sonne oder des Planeten) fällt zusammen mit der Richtung der Revolution

(Umkreisung) der Planeten oder der Monde. *b)* Die Bahnen aller Planeten liegen mehr oder weniger auf der gleichen Ebene. Nach ihm war also anfangs die Masse z. B. unseres Sonnensystems ein sehr dünner Nebel, der den ganzen Umfang des Systems (also von der Sonne bis zum Neptun und sogar noch darüber hinaus) ausfüllte. Dieser kosmische Nebel besas nur die *Attraktionskraft.* Infolge der Anziehung entstand die *erste Bewegung* dieser Masse, indem die dichteren Teile die weniger dichten anzogen; diese Bewegung war unregelmässig und hatte die verschiedensten Richtungen. Infolge dieser ersten Bewegung enstanden *Zusammenstösse* der verschiedenen Verdichtungszentren und aus diesen Zusammenstössen resultierte die *erste Rotation* des Hauptzentrums.

Unabhängig von Kant veröffentlichte der Mathematiker und Astronom **P. Laplace** seine kosmogonische Theorie.[1] Laplace entwickelte seine Theorie in einer mehr wissenschaftlichen Art und Weise, indem er *38 Fälle von Übereinstimmung* (Konkordanzfälle) zugunsten seiner Theorie aufzählte. Ausserdem erhob er sich über die Schwierigkeit betreffs der *ersten Bewegung,* indem er sie als von Gott mitgeteilt voraussetzte; die Entstehung der Planeten aber erklärte er aus der Depression der Pole (die eine Folge der

---

[1] Exposition du système du Monde. Paris 1796.

Rotation ist) und aus der Bildung von Ringen um den Aequator herum (wofür wir einen schlagenden Beweis noch jetzt in den Ringen des Saturn haben).

Dagegen spricht aber:[1]

1. Dass weder die Planeten der Sonne, noch die Monde irgend eines Planeten tatsächlich sich **in derselben Ebene** bewegen. So weisen zum Beispiel die Planetenbahnen unseres Sonnensystems von dem Sonnenäquator die folgenden Abweichungen auf:[2]

Me	V	T	Ma	J	S	U	N
$2^0\,54'$	$4^0\,9'$	$7^0\,30'$	$5^0\,50'$	$6^0\,24'$	$6^0\,44'$	$7^0\,30'$	$9^0\,7'$

Demnach ist *die allererste Grundlage* der ganzen Theorie *falsch;* es müsste denn einer gleich im Anfang seine Zuflucht zu „ausnahmsweisen Störungen" nehmen, die diese Deklinationen der Bahnen erklärten.

2. Ausserdem vollführen nicht alle Glieder des Sonnensystems ihre **Revolution in der gleichen Richtung** (von Westen nach Osten). Zur Zeit Kants waren nämlich die *Monde des Uranus* noch unbekannt, die mit der Bahn ihres Planeten einen Winkel von 92^0 bilden (also von Norden nach Süden sich bewegen); unbekannt war der *Mond des Neptun,* der einen Inklinations-

---

[1] Und jene bisher ungelösten Schwierigkeiten werden nicht nur von uns gemacht, sondern von allen Physikern.

[2] Vgl. Müller: Astronomia II. 573. Roma, Desclées.

winkel von 145⁰ aufweist, also eine rückläufige Bewegung hat (von Osten nach Westen). Demnach ist auch *das zweite Fundament* der Theorie Kants *falsch*. Und hier suchen die Astronomen die Sache nicht einmal durch „ausnahmsweise" wirkenden Ursachen zu erklären, sondern sind der Ansicht diese Schwierigkeiten seien unlösbar, wenigstens im System Newtons.

3. Dazu kommt noch, dass die verschiedene **Stellung der Planetenaxen** in der Kant-Laplaceschen Theorie ein unlösbares Geheimnis ist. Kant selbst sagt am Ende des § II in dem angeführten Werke: „Ich gestehe es offen ein, dass dieser Teil meines Systems (d. h. der die Stellung der Axen behandet) am wenigsten vollkommen ist, und dass er weit davon entfernt ist, geometrischen Berechnungen unterzogen zu werden." Hier bleibt in der Tat wieder nichts anderes übrig als zu „aussergewöhnlichen Störungen" seine Zuflucht zu nehmen, die so oft in dieser Theorie herbeigezogen werden.

4. Ferner kannte man in jener Zeit noch nicht **die Monde des Mars,** von denen der innere, nämlich Phobos, in 7 Stunden und 39 Minuten seine vollständige Revolution um seinen Planeten vollzieht, während Mars selbst in 24 Stunden und 37 Minuten seine Rotation um seine eigene Axe ausführt. *Demnach besteht kein Zusammenhang* zwischen der Rotation eines Zentralkörpers und der Kreisbewegung (Revolution) seiner Planeten oder Trabanten, wie diese Theorie es fordert.

Die Astronomen haben zwar auch hier gleich eine Erklärung bereit mit einem „Deus ex machina". „Phobos ist nämlich kein Blutsverwandter des Mars (und daher auch nicht der Sonne), sondern ist wahrscheinlich zufällig aus einem anderen System aufgegriffen worden und wird nun hier festgehalten." Im Gegensatz hierzu hat schon Laplace selbst offen zugestanden: *Ein solcher Fall* (dass nämlich die Bewegung des Planeten schneller sei als die Rotation des Zentralkörpers) *komme einer Widerlegung seines Systems gleich!*

5. Grosse Sorge bereitet den Astronomen, die die Kant-Laplacesche Theorie aufrechthalten wollen, **die erste Rotation des Urnebels.** Aus der Anziehung allein — wie Kant wollte — entsteht nämlich niemals eine Rotationsbewegung. Die Anziehung der verschiedenen Teile des Urnebels hätte nur die Verdichtung dieses Nebels und höchstens Wärme hervorrufen können. Die erste Bewegung nun, als von Gott gegeben vorauszusetzen — wie Laplace getan — ist sicherlich eine fromme Ansicht, aber sie scheidet einen bedeutenden Teil der kosmogonischen Entwicklung aus dem Bereiche der Wissenschaften einfach aus.

6. Im besonderen wird die **Bildung der Planeten** aus der Masse der Sonne **nach Art von Ringen** durch die Rotationskraft — wie

378 Ohnmacht der Kant-Laplaceschen Theorie.

Laplace lehrte — heute von den Astronomen und Physikern nicht einmal mehr als Hypothese hingenommen und dies aus verschiedenen Gründen, hauptsächlich aber deswegen, weil sich der Ring um den Äquator der rotierenden Masse zwar bilden kann, aber die Lostrennung des Ringes von der Hauptmasse nicht ohne *äussere Ursache* erfolgt.[1]

7. Endlich wird **die Rotation der Planeten** in der Kant-Laplaceschen Theorie durchaus nicht erklärt; ja, wenn man der Erklärung von Laplace Glauben schenken wollte, würde der grössere Teil der Planeten — wie P. Adolf Müller bemerkt[2] — eine rückläufige Rotation haben.

Unter diesen Umständen kann man mit Recht fragen: Wo sind die „Übereinstimmungen" (die Konkordanzen) für die Kant-Laplacesche Theorie, wenn es so viele Diskordanzen gibt? Wo sind die Regelmässigkeiten (damit man ein System aufbauen könnte), wenn es so viele Ausnahmen gibt?

Mit Recht spricht Köhler nach den am Anfange dieses Kapitels angeführten Worten das Urteil über die Kant-Laplacesche Theorie: „Die Kant-Laplacesche Theorie ist *der Aufgabe*, die Revolution und Rotation der Planeten nach den Prinzipien der exakten Mechanik zu erklären,

---

[1] Vgl. Müller: Astronomie I. 537.
[2] Ebenda S. 544 in der Anmerkung.

nicht gewachsen!" Vergebens hat Kerz[1] versucht, diese Theorie „mathematisch" zu beweisen, Fr. Pfaff[2] und neuestens R. Moulton[3] haben nachgewiesen, dass seine „Beweise" eine „petitio principii" enthalten.

Daher wird nunmehr in der ganzen Naturwissenschaft die Kant-Laplacesche Theorie aufgegeben,[4] und viele verzweifeln auch an der Möglichkeit einer Kosmogonie, d. h. an der Möglichkeit einer mechanischen Entwicklung der anorganischen Welt.

Nun muss man aber die Möglichkeit einer mechanischen Entwicklung des Universums — wie im zweiten Teile nachgewiesen werden wird — durchaus zugeben. Also nicht in der Idee der mechanischen Entwicklung ist der Todeskeim dieser Theorie zu suchen. Aber wo denn? In dem physikalischen System, mit dem diese Kosmogonie vereinigt wurde, auf das sie aufgebaut wurde. Wie wir oben auf dem Titelblatte des Werkes von Kant lasen, wollte Kant „nach den Prinzipien Newtons" (nach seinem ersten Gesetz nämlich) den Mechanismus der Gestirne aus dem

---

[1] „Die Entstehung des Sonnensystems nach der Laplaceschen Hypothese." 1879.
[2] „Die Entwicklung der Welt auf atomistischer Grundlage." 1883.
[3] „Dynamical Criticism of the Nebular hypothesis."
[4] Sicher ist ihr Ruf grösser beim Volke als ihr Wert in den Augen der wissenschaftlichen Welt.

Anstosse erklären, den sie im Anfang erhalten hätten. *Demnach steckt in dem System Newtons die Erbsünde, der Grundfehler der Kant-Laplaceschen Theorie.* Und die Schwäche der Newtonschen Physik tritt in keiner greifbareren Art und Weise zutage als in diesem *unsystematischen System* von Kant-Laplace.

Vergebens suchen in der jüngsten Zeit einige (wie Faye und Braun) die Risse der ersten kosmogonischen Theorie wieder zuzuflicken. Da auch sie auf Grund des Newtonschen Systems eine Kosmogonie aufstellen wollen, so haben sie nichts anderes als vorübergehende Versuche zustande gebracht. „Nach den Prinzipien Newtons" ist jede Kosmogonie unmöglich. Die Newtonsche Physik hat also nicht nur den Fortschritt der Physik selbst und der spekulativen Astronomie gehemmt, sondern auch jede vernünftige Kosmogonie unmöglich gemacht.

Faye (gest. 1902) setzt zur Lösung einiger Schwierigkeiten der Kant-Laplaceschen Theorie voraus: Die inneren Planeten seien älteren Datums als die äusseren,[1] ja sogar als die Sonne selbst. Aber durch diese Modifikation führt Faye — wie P. Müller bemerkt[2] — anstatt eine Unbekannte in der Hypothese zu erklären, eine neue Unbekannte ein, die noch dunkler ist als die frühere.

---

[1] Kant und Laplace setzten das Gegenteil voraus.
[2] II. 538.

P. Braun S. J.[1] (gest. 1907) setzt ausser der Attraktion der wägbaren Materie noch eine zurücktreibende (Repulsions-) Kraft in dem Äther voraus. Anstatt durch die Ringtheorie von Kant-Laplace erklärt er die Bildung der Planeten durch verschiedene von Anfang an gegebenen Verdichtungszentren. Vor allen Dingen aber versucht er die erste Rotation der Sonne aus dem Zusammenstoss von Körpern zu erklären, die von aussen in die Sonne hineinfielen.

Aber *a)* vielen scheint es Willkür, dem Äther Repulsionskraft zuzuschreiben.[2] *b)* Willkür scheint es zu sein — unter der Voraussetzung des ursprünglichen Gleichgewichtes — dem Urnebel eine verschiedene Dichte zu geben, auch an den Enden der Masse.[3] Sicherlich ist aber *c)* durchaus willkürlich die Erklärung der ersten Rotation. Nach P. Braun mussten nämlich die Massen, die aus weiter Ferne gegen die Sonne anstiessen, *alle aus der gleichen Richtung und in der gleichen Richtung der Tangente* die

---

[1] Früher Direktor des astronomischen Observatoriums in Kalocsa (Ungarn). „Kosmogonie", Münster. 1905.

[2] Eine andere Sache ist es, dass der Äther mit Trägheit begabt ist und vielleicht Elastizität aufweist, wenn er zusammengepresst wird.

[3] In der dritten Ausgabe spricht P. Braun selbst schon ziemlich unsicher und indem er sich fast in einen Widerspruch verwickelt hierüber, wenn er sagt: „Die Teile waren in jeder Richtung symetrisch oder fast symetrisch von anderen Teilen umgeben." S. 31.

Zentralmasse bewegen, damit sie in Rotation versetzt wurde.

Nehmen wir also einmal an, ohne es aber zuzugeben, dass jene Zusammenstösse genügt hätten, um eine Rotation hervorzubringen, die ein Jahr dauerte: So entstand diese *bestimmte Richtung* der Zusammenstösse entweder zufällig (durch Zufall) oder wurde von einer mit Vernunft begabten Ursache (von Gott) bestimmt. Die erste Annahme ist unwissenschaftlich; in der zweiten aber wird jeder Zusammenstoss überflüssig; Gott bedarf nämlich nicht solcher „Bomben"; mit seinem blossen Willen kann er die Rotation veranlassen.

In dem physikalischen System Newtons muss man demnach an einer Kosmogonie verzweifeln. Sehen wir einmal zu, ob im neuen Sonnensystem, aufgebaut auf die Prinzipien der *neuen Astromechanik,* sich uns ein Weg eröffnet zur Lösung der hier aufgezählten, bis jetzt ungelösten Probleme.

II.

Vor allen Dingen kann die *Möglichkeit einer Kosmogonie* oder die Möglichkeit einer mechanischen Entwicklung des Sonnensystems und des ganzen Sternenuniversums von niemandem in Abrede gestellt werden. Denn es fände bei dieser Entwicklung kein Übergang von einer metaphysischen Ordnung zu einer anderen statt

Die Möglichkeit einer kosmischen Entwicklung. 383

(und zwar von einer unvollkommeneren Ordnung in eine vollkommenere, was gegen das Kausalitätsprinzip wäre), wie bei der „mechanischen Entwicklung" der Lebewesen.[1] Auch tut es der Weisheit und Allmacht Gottes keinen Eintrag, das Sonnensystem, ja sogar das ganze Universum sich aus einem teleologisch angelegten Urnebel blos durch natürliche Kräfte sich bilden zu lassen. Im Gegenteil, diese mittelbare Art und Weise zu erschaffen, entspricht noch mehr[2] seiner Weisheit und Macht.

Auch *der Kern* der ersten kosmogonischen Hypothese (von Kant-Laplace) ist *ein gesunder*. Alle Glieder eines Sonnensystems konnten recht gut einmal eine einzige Masse bilden, von der sich unter der Wirkung *mechanischer Ursachen* zunächst die Massen der Planeten, und dann von der Masse der Planeten die Monde trennten. Vollkommen richtig sagt darum *S. Günther*:[3] „Der Grundgedanke der Kant - Laplaceschen Theorie wurde schon längst als vernünftig angesehen und gilt auch heute noch als solcher."

Zum *Beweise* dafür, dass unser Sonnen-

---

[1] Daher ist der Darwinismus a priori unmöglich und kann nicht einmal als Hypothese zugelassen werden.

[2] Wie wir alle Gottes Weisheit bewundern, die aus einem kleinen Samen eine herrliche Pflanze durch verborgene Kräfte und eine wunderbare Anordnung der Materie sich entwickeln lassen kann.

[3] Geophysik I. S. 56.

system sich durch mechanische Entwicklung gebildet hat, führt man gewöhnlich die *Identität der Materie* (der Elemente) des ganzen Sonnensystems an, was nunmehr durch die Spektralanalyse nachgewiesen ist. Doch ist dieser Beweis kein zwingender, ebenso wie die Ähnlichkeit in der Struktur bei den verschiedenen Pflanzen- und Tierarten keineswegs deren gemeinsamen Ursprung beweist. Als ein starker Beweis gilt bei den Astronomen der Umstand, dass die Planetenbahnen mehr oder weniger *in derselben Ebene* sich bewegen. Aber auch mechanische Ursachen können es erfordern, dass die Planeten und Trabanten sich mehr oder weniger in der Äquatorebene des Zentralkörpers bewegen.

Hingegen ist ein guter Beweis:

a) Der aus der Geologie hergeleitete, dass nämlich unsere Erde dieselben **Phasen der geologischen Entwicklung** durchlaufen hat, in der sich gegenwärtig der Jupiter und die Sonne befinden. Sie befand sich nämlich im flüssigen, ja sogar gasförmigen Zustand; dieser Umstand spricht für ihre *Verwandtschaft* mit der Sonne und den übrigen Planeten.

b) Vor allen Dingen aber kann man die **Übereinstimmung der Richtung** der fortschreitenden (translatorischen) Bewegung der Planeten mit der Richtung der Rotationsbewegung der Sonne (Westen—Osten) als einen sehr starken Beweis (Wahrscheinlichkeitsbeweis) für die mechanische Entwicklung ansehen. Dies weist nämlich hin auf einen *Zusammenhang* zwischen der Rotation des Zentralkörpers und der Revolution des Planeten, zwar nicht auf jenen Zusammenhang, den die Anhänger Newtons annehmen (nach deren Ansicht die Kreisbewegung des Planeten infolge der Rotation der Sonne entsteht vermittelst eines Anstosses, den er einstmals erhalten hat), sondern auf den Zusammenhang, dass nämlich *die Richtung* der Bewegung durch jenen ersten Anstoss bestimmt wurde.

Alle anderen Momente der Bewegung der Planeten, die man in den kosmogonischen Theorien zu behandeln pflegt, gehören streng genommen nicht zur Kosmogonie, sondern eher zur *Astromechanik*. Aber da die Kosmogonie ohne eine vernünftige Astromechanik keinen Schritt tun kann, so ergreife ich hier die Gelegenheit, um indirekt die Astromechanik des neuen Sonnensystems zu beweisen, indem ich dartue, wie man in dem neuen astronomischen System eine klare und richtige Kosmogonie aufstellen kann und wie alle Momente der Bewegung der Planeten, die in dem alten System ebensoviele „Ausnahmen" bilden, in dem neuen System als *mechanische Notwendigkeiten* — wie Köhler es fordert — von selbst aus den Prinzipien des Systems sich ergeben!!

1. Setzen wir also voraus, dass „im Anfang" **Gott Himmel und Erde geschaffen** hat. „Erde" bezeichnet hier den kosmischen Nebel, aus dem sich unser Sonnensystem hat bilden müssen.[1] „Himmel" möge eine andere entfernte Masse bezeichnen. Zwischen beiden Massen befindet sich der Äther und ist die Gravitationskraft (Anziehung) tätig. Alle diese *drei* hier vorausgesetzten *Faktoren* existieren wirklich: verschiedene Sternensysteme (auch noch im Zustande „des Werdens", d. h. in der Form von Nebel), der Äther und die Gravitation.

2. Da diese drei Faktoren gegeben sind, bereitet die **erste Rotation** unserer kosmischen Masse schon keine Sorgen mehr. Die kleinere Masse fällt nämlich von selbst gegen die grössere und erhält infolge des *Widerstandes des Äthers* eine ganz regelmässige Rotationsbewegung, wie wir im § VI gesehen haben.

3. Wie sich die kleineren Massen von der Hauptmasse **lostrennten,** möge eine offene Frage bleiben! Weil in dem neuen System schon eine *äussere Ursache* vorhanden ist, welche die am Äquator des rotierenden Körpers gebildeten Ringe von der Hauptmasse trennt (nämlich der Widerstand[2] des Äthers) so kann die *Ringtheorie*

---

[1] Diese Masse dehnte sich ursprünglich infolge ihrer ausserordentlich geringen Dichte bis zur Bahn des Neptun (und vielleicht noch weiter) aus.

[2] Es bedarf also keines besonderen Eingreifens Gottes. Auch an Beispielen auf unserer Erde kann man sehr oft sehen, dass kleinere Massen eines fallenden

von Laplace wieder in ihre Rechte eingesetzt werden und die auch von *Plateau* angestellten Experimente können als eine *vollkommene Analogie* der kosmogonischen Entwicklung betrachtet werden. Wenn aber anderen die speziellen Zentren der Verdichtung mehr gefallen, so könnten diese ja in ähnlicher Weise durch den Widerstand des Mittels von der Hauptmasse getrennt werden.

4. Die losgetrennte Masse musste bald vermittelst der Kohäsionskraft eine *Kugel bilden,* weil die Kugelform die *vollkommenste Gleichgewichtsform* materieller Teile ist. So blieb also die Masse des Neptun (des ersten Planeten) in ihrer jetzigen Entfernung von der Hauptmasse, während die Hauptmasse sich fortwährend zusammenzog, um nacheinander auf dieselbe Art und Weise die übrigen Planeten bis zum Merkur herab zu bilden. Dass sich die Monde auf die gleiche Weise bilden konnten, wie die Planeten aus der Sonne, bedarf keiner weiteren Erklärung.

5. Die Kreisbewegung, oder besser gesagt, *die Spiralbewegung* des schon losgetrennten Planeten steht in *keinem kausalen Zusammenhang* mit der Rotation des Zentralkörpers (der Sonne oder des Planeten). Tatsachen aus der Astronomie beweisen dies. Schon die Rotation

---

Körpers (besonders wenn die Kohäsion geringer ist) leicht abgebrochen und durch den Widerstand der Luft losgetrennt werden.

der Sonne selbst ist, wie schon Laplace beobachtet hat, viel zu langsam, um zu einem solchen kausalen Zusammenhang zu genügen. Besonders aber schliesst dies evident der Mond I. des Mars (Phobos) aus. *Wir* brauchen auch gar nicht einen derartigen kausalen Zusammenhang, sondern nur die Anhänger Newtons. In dem neuen Sonnensystem wird nämlich die Bewegung der Planeten *aus jetzt wirkenden Ursachen* erklärt. Denn die Anziehung der Sonne (als Zentripetalkraft) und die von der äusseren Anziehung herrührende schiefe Tangentialkraft (wie im § II nachgewiesen worden ist) bewirkt „nach den Prinzipien der exakten Mechanik" eine durchaus vollkommene Spiralbahn der Planeten, einerlei, ob sich die Planeten von der Sonne lostrennten oder von Gott in ihrer jetzigen Entfernung von einander aufgestellt wurden.

Was sagen wir aber von den **Monden?** Nach dem dritten Kepplerschen Gesetze müsste jeder Mond dieselbe Bahn für sich um die Sonne herum durchlaufen, wie ein Planet, der sich in derselben Entfernung befindet. Aber infolge der *dritten Attraktion*, nämlich von seiten des Planeten, verbindet sich diese Spiralbahn mit der Zentripetalkraft des Planeten und so muss „nach den Prinzipien der exakten Mechanik" eine *doppelte Spiralbahn*[1] (in Figur 2, § II durch die

---

[1] Wir können uns leicht eine lange Spirallinie denken, mit kleinen, gleichen Krümmungen und diese

Projektion P Q angedeutet) herauskommen, die eben die Bahn aller Monde ist. Die grössere *Geschwindigkeit* der Monde (die sicher die Geschwindigkeit des Planeten überholt) wird eben durch jene dritte Attraktion hervorgerufen und aufrechterhalten.

6. Die verschiedene **Geschwindigkeit,** die aber mit der Entfernung regelmässig abnimmt, darf nicht aus so dunklen und geradezu unmöglichen Gründen hergeleitet werden, wie man solche in den Kosmogonien des verflossenen Jahrhunderts angegeben fand, sondern sie erklärt sich einfach und klar unmittelbar *aus dem Gesetze der Gravitation*. Die „Vertikalkraft", aus der die Tangentialkraft sich herleitet, ist zwar für alle Planeten die gleiche, aber die andere Komponente, nämlich die Zentripetalkraft, nimmt mit dem Quadrate der Entfernung ab. Deshalb bewegen sich die äusseren Planeten ganz natürlich langsamer.

7. Auch die **Richtung der Rotation** der Planeten hängt nicht unbedingt von der Rotationsbewegung des Zentralkörpers ab.[1] Für die Zentripetal- und Tangentialkraft bleibt es sich gleich,

---

ganze Linie kann wiederum in grösseren Biegungen spiralförmig gedreht werden. Es existiert nicht einmal ein Name für diese so interessante Linie, so unbekannt war bisher die Natur solcher Spirallinien.

[1] Weil, wie wir sagten, die Kreisbewegung selbst nicht aus der Rotation des Zentralkörpers entsteht.

ob sie den Planeten nach rechts (Westen-Osten) oder nach links (Osten-Westen) bewegen. Wenn aber *die Richtung* der Rotation des Zentralkörpers mit der Richtung der Bewegung des Planeten übereinstimmt, so ist das ein Anzeichen dafür, dass die eine sich aus der anderen herleitet. Denn die durch den ersten Anstoss erhaltene und eine Zeit lang fortdauernde *Bewegungsenergie* reicht hin, um den Planeten eine bestimmte Richtung zu geben; denn infolge der beständigen Tätigkeit zweier Energiequellen wird der Planet immer hinreichende Bewegungsenergie aufgespart haben, die ihn in der Richtung der Tangente fortbewegt.

8. Auch die **Stellung der Axe der Planeten** und selbst der Sonne wird in dem neuen Sonnensystem nicht mehr ein unerforschliches Geheimnis sein.[1] Alle wissen, dass diese Rotationsaxe keine wirkliche Axe, sondern nur eine mathematische ist, deren Stellung durch die Rotationsebene (Äquator) oder durch die Pole erkannt wird.

Die Sonnenaxe fällt, da sie sich in gerader Linie bewegt, mit der Richtung der translatorischen Bewegung der Sonne selbst zusammen.

---

[1] Das ist, ich gebe es zu, das schwierigste Problem. Aber man darf ein wissenschaftliches System, das mit allen Tatsachen der Natur übereinstimmt, nicht deshalb zurückweisen, weil es ein einziges Faktum bis jetzt noch nicht vollständig klar erklären kann.

Während also für die Planeten der Himmelspol (oder der Pol des Äquators) verschieden ist von dem Pole der Ekkliptik oder von dem Apex: fällt der Apex[1] der Sonne mit ihrem Himmelspol (d. h. mit dem Polarstern) zusammen. Genauere Messungen der Zukunft werden zeigen, dass unser Sonnensystem sich weder nach dem Herkules, noch nach der Vega hin bewegt, sondern nach *δ Draconis,* d. h. nach dem **Pol** unserer Sonne und des ganzen Sonnensystems. Ausser den vielen hier aufgezählten Facta, mit denen das neue Sonnensystem übereinstimmt, wird dieses das glänzendste sein!

---

[1] Gegenwärtig suchen die Astronomen in der Nähe der *Vega* den Apex der Sonne, d. h. den Punkt, nach welchem hin sich die Sonne bewegt. Aber es kann doch eher der Fall sein, dass sich die Astronomen in der Bestimmung des Apex irren (wie ja in der Tat der Apex in kurzer Zeit vom Herkules bis zur Lyra „gewandert ist"), als dass die Bewegung der Sonne nicht von der geradlinigen Anziehung verursacht wird. Ferner ist der Nordpol der Sonne von der Vega nicht weiter entfernt, als die Vega vom Herkules (der Nordpolar-Stern der Sonne liegt im *Drachen;* seine Rektaszension ist 281°, seine Deklination 64°; der nächste helle Stern ist *δ* Draconis). Ausserdem geschicht die Bestimmung des Apex nach einer sehr relativen Norm (vgl. Müller), aus der nicht apodiktisch folgt, dass die Bewegung des Sonnensystems nach jenem Punkte hin gerichtet sei. Und nicht einmal die Astronomen glauben, dass der Apex unseres Systems in der Vega *endgiltig* gefunden sei.

Wenn man die Sonnenaxe als Richtlinie
als vertikal bezeichnet, wird *die Axe der Planeten*
notwendigerweise *schief* sein. Während nämlich
die Sonne, die in gerader Richtung fällt nur auf
einer Seite den Widerstand des Äthers findet,
erleidet der Planet, der eine Spiralbahn durchläuft, gleichsam von drei Seiten einen Widerstand. Er bewegt sich nämlich nach unten, vor-
wärts und drückt auch — wegen der Kreisbewegung — nach innen den Äther.

9. Die Deklination der Planetenbahnen,
die in dem alten System „ausnahmsweisen Störungen" zugeschrieben wird, ergibt sich in dem
neuen System auf ähnliche Weise wie die anderen
Tatsachen notwendig aus den Prinzipien der
Mechanik.

Wie wir im § V (Gesetz IV) gesehen haben,
wird die *absolute Bahn* der Planeten durch die
Diagonalen X O—X M—X N dargestellt; Y O—
Y M—Y N wird dann die relative Bahn der Planeten sein und X Y (gleich der Axe der Spirallinien) bezeichnet die Bahn der Sonne. Obgleich
nun die absoluten Bahnen der Planeten ungleich
sind, so würden sich dennoch, wie die Linien
l f — n g — n h beweisen, die Planeten immer in
der gleichen Höhe wie die Sonne befinden, *wenn
ihre Bewegung gleichförmig wäre*. Aber die Bewegung der Planeten erleidet — wie bekannt —
periodische Veränderungen. Deswegen wird *die
Höhe* der Planeten auch *periodische Ungleich-*

Astromechanische Beweise für das neue System. 393

heiten[1] haben und darin besteht die sogenannte „Abweichung (Deklination) der Bahnen von einander".

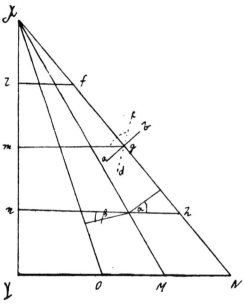

In dem neuen System wird also nachgewiesen, dass die Bahn (der Weg) der Planeten eine eigentliche „Ebene" gar nicht hat; denn der Planet kehrt niemals an denselben Punkt

---

[1] Es möge z. B. X M die Erdbahn sein, X O die Bahn des äusseren Planeten, X N die des inneren. Wenn der innere Planet, der sich im Aphel befindet, in seiner Bewegung langsamer wird, der andere hingegen im Perihel seine Schnelligkeit vermehrt, dann werden sie bezüglich unserer Ekkliptik die Winkel α und β bilden.

zurück.[1] Also kann eigentlich auch nicht die Rede sein von einer „Inklination der Ebene" einer Bahn zur „Ekkliptik"; dieser „Inklinationswinkel" wird durch die ungleiche Höhe der Planeten gebildet. Zweitens haben wir gesehen, dass diese ungleiche Höhe aus der Ungleichheit der Bewegung der Planeten sich herleitet. Und davon wieder ist die Hauptursache[2] die Exzentrizität der Planetenbahnen. Und in der Tat hat unter den Planeten Merkur die grösste „Inklination" (7 Grad[3]) seiner Bahn zu unserer Ekkliptik, wie er auch die grösste Exzentrizität hat (0·2 der grösseren Axe). Auch unser Mond hat eine grosse Exzentrizität; deswegen erreicht die Deklination seiner Bahn vom Erdäquator 28°.

Auch wenn man die absolute Bewegung der Planeten betrachtet, so existiert eine Ebene, nämlich die *Ebene des Sonnenäquators,* in der sich die Planeten bewegen. Aber diese Ebene ist a) nicht fest und unbeweglich, da sie mit der Sonne beständig nach unten sich bewegt; b) die Planeten halten diese abwärtssteigende Ebene

---

[1] Wie man vielleicht bis jetzt in der Astronomie „der relativen Bewegung" annahm. Die Planetenbahn hat nicht einmal *zwei Punkte*, die auf derselben Oberfläche lägen.

[2] Nicht die einzige; denn auch die „Anomalien" üben einen periodischen Einfluss auf die Bewegung der Planeten aus.

[3] Newcomb, S. 156.

nicht genau ein, sondern nur mit jener periodischen Abweichung (Oszillation), die von der Ungleichheit ihrer Bewegung herrührt.[1] Daher kann das *zweite Gesetz* über die absolute Bewegung der Planeten besser und genauer so gefasst werden: *Die Planeten irgend eines Systems bewegen sich alle in der Äquatorebene des Zentralkörpers, abgesehen von der periodischen Ungleichheit ihrer Höhen, die von der Ungleichheit ihrer Bewegung herrührt.*

10. Endlich ist *die Bahn der Monde* nach der neuen Astromechanik *unabhängig* von der Bahn der übrigen Planeten. Denn die Monde müssen sich nach dem eben erwähnten Gesetze in der Äquatorebene ihres eigenen Planeten bewegen. Der Äquator der Planeten weicht nun aber infolge verschiedener Inklination ihrer Axen sehr von unser Ekkliptik und von dem Sonnenäquator ab. Wenn also *a b* (vgl. die Figur) den Äquator irgend eines Planeten bezeichnet, und *d c* die Bahn seines Mondes, so sieht man leicht ein, wie die Bahnen einiger Monde einen Winkel von

---

[1] Wie ein in *vertikaler Stellung* sich befindliches Rad bei der Bewegung mit irgend einem seinem Punkte eine Epizyklallinie mit Schlingen beschreibt; ebenso wird dasselbe Rad, wenn es *horizontal liegend* nach unten fällt und dabei sich dreht, mit einem seinem Punkte eine Epyziklallinie ohne Schlingen beschreiben. Wenn wir noch dazu eine periodische Oszillation des Rades uns hinzudenken, dann haben wir ein vollkommenes Bild der Planetenbahn.

90° (und darüber hinaus) mit unserer Ekkliptik bilden können. Demnach macht in dem neuen Sonnnnsystem **die Monde des Uranus und der des Neptun** keine Schwierigkeit, sondern alles kann „nach den Prinzipien der exakten Mechanik" erklärt werden.

Wie *frei und leicht* bewegen sich also Astromechanik und Kosmogonie, wenn sie nicht „auf den Newtonschen Prinzipien" aufgebaut werden, wie Kant und Laplace angefangen haben, sondern wenn man die Bewegung der Gestirne *aus jetzt wirkenden Ursachen* erklärt! Dann brauchen wir nämlich nicht fortwährend unsere Zuflucht zu „Ausnahmen und aussergewöhnlichen Störungen" zu nehmen, sondern alle Momente der Bewegung der Planeten und der Gestirne folgen mit Naturnotwendigkeit „aus den Prinzipien der exakten Mechanik", wie ja überhaupt *in der physischen Natur kein Raum für die Ausnahmen ist, sondern alles von der eisernen Notwendigkeit der Naturgesetze regiert wird!*

SCHLUSS.

Nun schicke ich also die „neue" Physik und die „neue" Astronomie[1] auf ihren Lebensweg.

Einer von meinen Gegnern hat schon beim Beginne unserer Erörterungen und Disputationen gesagt, es würden sich aus der Revision der fundamentalen Axiome der modernen Physik so manche neue Wahrheiten ergeben. Da sich aus den Fundamentalgesetzen Newtons wie aus einem Stamme viele andere Lehren in der Physik und Astronomie entwickelt haben, so ist es nicht zu verwundern, wenn jetzt, wo dieser Stamm abgeschnitten ist, mehrere Thesen der Physik und Astronomie hinfällig werden und an ihrer Stelle neue Wahrheiten aus einem gesunden Stamme hervorspriessen. Die hauptsächlichsten derselben sind:

In der Physik: Die drei neuen Fundamentalgesetze der Bewegung. Die wahre Entstehung der beschleunigten Bewegung. Drei Gesetze über die Entwicklung der Bewegung. Der fortwährende

---

[1] In der Natur zwar ist sie nicht neu, da sich die Weltprozesse seit der Schöpfung nach den in der vorliegenden Arbeit dargelegten Prinzipien vollzogen haben; aber in der menschlichen Wissenschaft ist sie neu.

Verbrauch von Energie im Weltall. Neue Definitionen von Arbeit, Kraft und Quantität der Bewegung, eine neue Kräfteeinheit; die Gesetze des Widerstandes der Hindernisse. Nach der negativen Seite hin: Widerlegung (bezw. Revision) der drei Fundamentalgesetze Newtons. Widerlegung des Gesetzes von der Konstanz der Energien und des Entropiegesetzes. Die Irrealität der „Energie" der Lage und die Geheimnisse der Atwoodschen Maschine wurden ans Tageslicht gebracht.

In der Astronomie: Die Auffindung der Tangentialkraft, welche die Planeten bewegt. Die richtige und der Wahrheit entsprechende Astromechanik der Planeten und Monde: ebenso die Erklärung der Bewegung der Gestirne. Vier neue Gesetze über die absolute Bewegung der Planeten. Eine der Wahrheit entsprechende kosmogonische Theorie, die nach den Prinzipien der exakten Mechanik die Entstehung und den ganzen Mechanismus der Bewegung der Planeten erklärt. Die wahre Natur der Deklination der Planeten- und Mondbahnen.[1] Dazu kommen, im Buche einge-

---

[1] Im Texte (hauptsächlich im zweiten Buche) werden ausserdem noch mehrere andere Probleme angedeutet (z. B. die Bestimmung der Inklination der Axen, der Bahnen und zwar auch der absoluten Bahnen der Planeten, die Grösse der Attraktionskraft unserer Erde usw.), deren Lösung dann eigentlich nur noch ein mathematisches Problem bildet.

streut, mehrere neue **geometrische** Lehrsätze über die Natur der Spirallinien.

Endlich kann die christliche **Apologetik**, da das Prinzip von der Konstanz der Energien als falsch erwiesen ist, klarer und sicherer als je den kosmologischen Gottesbeweis auf den sichergestellten Anfang und das Ende der Welt aufbauen.[1] Ob diese Wahrheiten auf einmal oder nacheinander anerkannt werden, ob gleich oder erst nach 50 Jahren, darauf kommt wenig an.[2]

Wenn auch anfangs diese neuen Wahrheiten mit Strömen von Widerspruch und Feindschaft überschwemmt werden mögen, lange werden sie

---

[1] Ja man kann sogar einen neuen *astronomischen Beweis* (aus dem zweiten Buche) herleiten, wie im dritten Bande meines „Cursus brevis Philosophiae" gezeigt werden soll.

[2] Überall auf der weiten Erde stehen an der Spitze der Wissenschaften nicht nur tüchtige, von Gott berufene Männer, sondern bisweilen auch solche von mittelmässigem Talente, die das, was sie gelernt haben, auch mechanisch reproduzieren können, aber darüber hinaus nicht unabhängig zu denken vermögen, die keinen Sinn für die Wahrheit haben und den Geist der Naturwissenschaft nicht besitzen. Auch das ist wahr, dass infolge der vielen unnützen Versuche, die von einer falschen Wissenschaft gemacht werden, die Menschen anfangs auch einen wirklichen Fortschritt in den Wissenschaften mit einem gewissen Misstrauen anzunehmen und anzuschauen pflegen: wie wegen der vielen Sekten in den heidnischen Ländern auch das Vertrauen gegenüber der wahren Religion erschüttert wird.

sicher nicht unterdrückt und begraben werden können. „Wenn auch das Getreidekörnlein auf die Erde fallen und (für eine Zeit lang) tot sein sollte, so wird es doch leben und hundertfältige Frucht bringen."

Die Naturwissenschaft ist befreit von dem Bleigewicht, das ihr im 17. Jahrhundert an die Füsse gehängt wurde; die Physik und die Astronomie können ungehindert und frei *neue Wege* betreten. Die Wahrheit von der Existenz des *Allerhöchsten* aber steht in ihrer uralten kraftvollen Klarheit wieder da. Ihm allein sei Lob und Ehre in alle Ewigkeit!

INHALTSVERZEICHNIS.

I. BUCH.
Newtons System und das neue physische System.

Vorwort ... ... S. 5—10

§ I. **Die Axiome der theoretischen Physik.** S. 11—23
Experimentelle und theoretische Physik. — Energetik. — Fünf falsche Grundaxiome der Physik. — Unser streng naturwissenschaftliches Verfahren.

§ II. **Revision des I. und II. Newtonschen Gesetzes.** ... ... S. 24—45
Newtons Bewegungsgesetze. — A) *Prüfung des I. Newtonschen Gesetzes.* — Begriff der Trägheit. — Revision des I. Bewegungsgesetzes. — B) *Prüfung des II. Newtonschen Gesetzes.* — Einfluss der Schwerkraft.

§ III. **Revision des dritten Newtonschen Gesetzes.** ... ... S. 46—72
Begriff der Rückwirkung. — Widerlegung des III. Bewegungsgesetzes. — Die Poggendorfsche Wage. — Die Reaktion im Sinne Newtons.

§. IV. **Neue, wahre Fundamentalgesetze der Bewegung.** ... ... S. 73—102
I. Fundamentalgesetz der Bewegung. — II. Fundamentalgesetz der Bewegung. — III. Fundamentalgesetz der Bewegung. — Beleuchtung bisher ungelöster Probleme durch die neuen Bewegungsgesetze. — Irrige Schlüsse der modernen Energetik. — Falscher Arbeitsbegriff.

Inhaltsverzeichnis.

§ V. **Das Gesetz von der Konstanz der Energie ist eine Hypothese, die jeden Fundamentes entbehrt.** ... . S. 103—130
Konstanz der Energie. — A) *Das Prinzip von der Konstanz der Energie, angewandt auf das gesamte Universum, ist eine unbewiesene Behauptung, welche von keinem ernsten Physiker verteidigt wird.* — Konstanz der Weltenergie. — Konstanz der Energie im engeren Sinne. — B) *Das Prinzip von der Konstanz der Energie ist auch nicht für das den Experimenten der Physik zugängliche Feld bewiesen worden.* — Das Pendelexperiment. — Die wahre Pendeltheorie. — „Energie" der Lage. — Widerlegung der Konstanz der Energie.

§ VI. **Kritik des Entropiegesetzes.** ... ... S. 131—152
A) *Fundamentalbegriffe.* — B) *Das Entropiegesetz in der Apologetik.* — C) *Die Weltbewegung wird ein Ende haben.* — D) *Die Energie der Welt wird nicht in Wärme verwandelt.* — E) *Die aus verschiedenen Energien verwandelte Wärme hält sich nicht.*

§ VII. **Ständiger Verbrauch und stete Abnahme der Energie in der Welt.** S. 153—167
Ständiger Verbrauch der Energien. — Stete Abnahme der Energien.

§ VIII. **Fundament des Irrtums Newtons. Wahre Entstehung der beschleunigten Bewegung. Gesetze der Entwicklung der Bewegung.** ... ... S. 168—183

§ IX. **Indirekter Beweis des neuen Systems aus der Nichtigkeit der gemachten Einwürfe.** ... ... S. 184—194
Drei Klassen von Physikern. — Drei Sorten von Einwürfe. — Ohnmacht der Gegner. — Anfängliche Schwierigkeiten.

§ X. **Erwiderung auf die Einwürfe, die zur Verteidigung des ersten Newtonschen Gesetzes gemacht wurden.** (1—20 Einwürfe.) ... ... S. 195—216

§ XI. **Lösung der zu Gunsten des dritten Gesetzes von Newton vorgebrachten Einwürfe.** (1—12 Einwürfe.) ... ... S. 217—229

§ XII. **Lösung einiger Einwürfe, die zu Gunsten der Energieerhaltung und des Entropiegesetzes gemacht wurden.** (1—16 Einwürfe.) ... ... S. 230—242

§ XIII. **Neue Grundbegriffe.** ... ... S. 243—262
A) *Neue physikalische Grundbegriffe.* — Bewegungsquantität und ihre Einheit. — Definition der Kraft. — Beschleunigung und gleichförmige Bewegung. — Einheit der Kräfte. — Begriff der Arbeit. — Kraft und Energie. — Teilbarkeit der Bewegung. — Quantität und Intensität der Kräfte. — B) *Logische Grundbegriffe.* — Relativ und entgegengesetzt. — Positiv und negativ. — Umstand und Bedingung, Fähigkeit und Möglichkeit.

§ XIV. **Geheimnisse der Atwoodschen Maschine.** ... ... S. 263—290
Geheimnisse der Fallmaschine. — A) *Wie bisher die Newtonschen Gesetze „experimentell" bewiesen wurden.* — B) *Gesetze für den Widerstand der Bewegungshindernisse.* — Gesetze für den Widerstand der Reibung. — Gesetze für den Widerstand der Luft. — Gesetze für den Widerstand der Schwerkraft. — C) *Die neuen Wahrheiten werden sämtlich an der Fallmaschine experimentell erläutert.*

II. BUCH.
Das neue Sonnensystem.

Vorwort ... ... S. 293—296

§ I. **Das System Newtons findet in der Planetenbewegung keine Stütze.** ... S. 297—310
Die Energieerhaltung in der Astronomie. — Das dritte Newtonsche Gesetz in der Astronomie. — Das erste Newtonsche Gesetz in der Astronomie.

§ II. **Lösung des grossen Problems der Planetenbewegung.** ... ... S. 311—323
Woher die Tangentialkraft, welche die Planeten bewegt? — Entstehung der spiralförmigen Bahn der Planeten. — Einwürfe eines Astronomen. —

§ III. **Erklärung (Begründung) des neuen Sonnensystems.** ... ... S. 324—335
Die Solidität und Einfachheit des Systems. — Das System stimmt mit den Tatsachen überein. — Ausschliesslichkeit des Systems. — Die neuen Bewegungsgesetze in der Astronomie.

§ IV. **Das Problem der Bewegung der Sterne.** ... ... S. 336—343
Fremde Planetensysteme. — Es gibt keine Zentralsonne. — Sternensysteme. — Unser Leitstern. — Gleichmässige Bewegung der Sterne.

§ V. **Die Gesetze der absoluten Bewegung der Planeten. Vier neue Gesetze von den Planeten.** ... ... S. 344—362
Die absolute Bahn der Planeten. — Erstes Planetengesetz. — Zweites Planetengesetz. — Drittes Planetengesetz. — Viertes Planetengesetz. — Inklinationswinkel der Planetenbahn.

§ VI. **Studien über die Rotation der Planeten. Die Rotation der Planeten wird aus gegenwärtig wirkenden Ursachen erklärt.** ... ... S. 363—372

Physische Ursache der Rotation. — Stellung der
Planetenaxe. — Geschwindigkeit der Rotation. —
Richtung der Rotation.
§ VII. **Kritik der Kant - Laplaceschen
Theorie. Die wahre Kosmogonie.
Astromechanische Beweise für das
neue Sonnensystem.** ... ... S. 373—396
Die Kant-Laplacesche Theorie. — Ohnmacht der
Kant-Laplaceschen Theorie. — Feyes und Brauns
Theorien. — Die Möglichkeit einer kosmischen
Entwicklung. — Eine wahre Kosmogonie. — Astro-
mechanische Beweise für das neue System.
Schluss. ... ... S. 397—400

MIX
Papier aus verantwortungsvollen Quellen
Paper from responsible sources
FSC® C105338